정원을 가꾸는 이들과 숲을 산책하는
이들이 궁금해하는 식물의 모든 것

가드닝을 위한
식물학

일러두기

• 책 제목, 인명, 식물의 학명 등은 본문에 처음 나올 때 원어를 병기했다.

• 이외 용어는 특별히 이해를 돕기 위한 경우 말고는 본문에 원어 병기를 하지 않고, 찾아보기에 원어를 병기했다.

• 이 책에 소개된 식물의 국명(일반명)은 국가 표준 식물 목록에 올라 있는 이름을 우선적으로 따랐다.
  국가 표준 목록에 없을 때는 두루 쓰이는 이름을 썼고, 더러는 특징이나 유연관계를 참고해 직접 짓기도 했다.

• 학명은 기울임체로 표기했다.

• 옮긴이 주석은 본문 [ ] 안에 넣었다.

• 이 책에 실린 그림 중에서 따로 출처 표기를 하지 않은 것은 모두 공유 저작물이다.

PRACTICAL BOTANY FOR GARDENERS

정원을 가꾸는 이들과 숲을 산책하는
이들이 궁금해하는 식물의 모든 것

가드닝을 위한
식물학

제프 호지 지음 | 김정은 옮김

따비

Contents

달리아×호르텐시스 *Dahlia×hortensis*,
달리아

알로에 브레비폴리아*Aloe brevifolia*,
용산알로에

이 책의 활용법

『가드닝을 위한 식물학』은 정원 일에 관심이 있으면서 식물 속 숨은 과학에 조심스럽게 발끝을 담가 보고 싶어 하는 사람을 위한 책이다. 과학적 내용은 이해할 수 있는 수준에서 유지하며, 사용되는 식물학 용어에는 모두 설명을 달았다. 더 나아가, 실제 정원가들의 관심에서 너무 멀리 벗어나지 않도록 주의를 기울였다. 그래서 내용 설명을 위한 예시들은 주로 정원가들이 알고 있거나 이미 키우고 있을 법한 식물에서 찾았다. 책 전체에 걸쳐 배치된 '쓸모 있는 식물학'이라는 상자글은 정원가들이 특별히 흥미를 가질 만한 실용적인 정보를 담고 있다.

모두 9장으로 구성된 이 책은 장마다 정원가에게 중요한 식물학 영역을 다룬다. 그래서 식물계의 분류와 식물의 명명법(제1장), 씨앗의 발아와 성장(제5장)뿐만 아니라, 식물학의 시각에서 본 가지치기(제7장)에 관한 장도 있다. 제6장과 제9장에서는 식물학의

프루누스 페르시카*Prunus persica*, 복숭아
벚나무속*Prunus*은 관상수와 식용 식물로 이루어진 큰 무리로, 벚나무와 자두나무가 여기에 속한다. 페르시카*persica*라는 종명은 복숭아를 유럽에 전래한 지역인 페르시아(오늘날 이란)를 나타낸다.

영역을 넘어, 식물학과 매우 밀접한 연관이 있는 분야인 토양과학과 식물병리학, 곤충학을 살펴본다. 『가드닝을 위한 식물학』은 정해진 순서에 따라 읽도록 만들어진 책이 아니다. 각 장은 그 자체로 거의 하나의 주제를 마무리하며, 다른 장에서 다뤄지는 정보가 언급되면 확실하게 상호 참조 표시를 했다.

책 전체에 걸쳐 간간이 다양한 식물학자와 식물화가의 업적을 소개하는 글을 실었다. 이런 인물 소개글을 통해 독자들은 식물학의 역사적 맥락을 이해하고, 수세기에 걸친 그들의 탐구가 정원 일에 끼친 영향을 느껴 볼 수 있다. 이 책에서 어떤 최종 명단을 만들려는 뜻으로 15명의 식물학자를 선정한 것은 아니다. 식물학의 역사에는 매력적인 인물이 엄청나게 많이 등장하는데, 모두 다 매혹적인 발견을 했고 때로는 그들의 생각을 인정받으려고 분투하기도 했다. 식물학은 당연히 추가 연구가 필요한 하나의 주제이다.

『가드닝을 위한 식물학』은 정원가에게 정보를 주려는 책이기는 하지만, 실용적인 사례와 조언을 종합적으로 모두 다 담고자 하지는 않았다. 여러 해충과 질병에 관해서는 제9장에서 볼 수 있으며, 몇 가지 치료법도 확인할 수 있다. 제7장에서는 다양한 가지치기 방법을 설명한다. 이 주제들의 실용적인 면을 더 탐구하고자 하는 정원가는 이 분야에 관한 책을 더 읽어 보기를 권한다. 종합하자면, 이 책을 통해 독자들이 이 주제를 더 깊이 있게 이해하고, 정원 일을 더 풍요롭게 즐기며 살게 되기를 바란다.

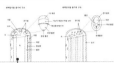

본문

총 9장으로 구성된 각각의 장은 이런 본문을 중심으로
진행된다. 명확한 도입 설명과 주제별 소제목을 달아
본문을 쉽게 이해할 수 있도록 했고, 함께 실려 있는 식
물 삽화에는 학명과 일반명을 모두 밝혀 놓았다.

쓸모 있는 식물학

책 전체에 걸쳐 배치되어 있는 작은 상자
글로, 이론을 실천으로 바꿀 수 있도록 정
원가들에게 실용적인 조언을 제공한다.

도해

수십 점의 매력적인 식물 그림과 함께,
이 책에는 과학적인 측면을 명확하게
설명하기 위한 도해도 다수 실려 있다.

특별 페이지

책 곳곳에는, 가지치기하는 법이나 종자
휴면을 중단시키는 방법처럼 정원가들
이 실제로 적용할 수 있는 내용을 간단
히 다루는 특별 페이지가 있다.

식물학자와 식물화가

식물학 역사에서 주목할 만한 인물들의 설명을
통해, 그들의 삶을 살펴보고 그들의 작업이 어떤
영향을 끼쳤는지 설명한다.

식물학을 뜻하는 'Botany'의 초기 형태는 17세기 말의 botanic으로,
프랑스어 botanique에서 왔다. botanique의 어원인 그리스어 botanikos는
'식물'을 뜻하는 그리스어 botanē에서 유래했다.
식물학은 식물에 관한 과학적 연구로, 여기에는 식물의 생리, 구조, 유전, 생태,
분포, 분류, 경제적 중요성에 관한 연구가 포함된다.

키카스 시아멘시스
Cycas siamensis,
은색소철

간단히 살펴보는 식물학의 역사

식물에 대한 최초의 단순한 연구는 초기 인류와 함께 시작되었다. 이들은 구석기 시대의 수렵·채집인들로, 처음으로 한곳에 뿌리를 내리고 농경을 시작한 사람들이었다. 이들의 연구는 사람과 식물 간 기초적인 상호작용을 확인하는 일이었다. 어떤 식물에 영양이 풍부하고, 어떤 식물을 먹을 수 있고, 어떤 식물에 독이 있는지 확인하여 대대로 구전한 것이다. 나중에는 이 상호작용에, 질병이나 다른 문제를 해결하기 위한 치료약으로 식물을 활용하는 것이 포함되었다.

식물에 관한 최초의 물리적 기록은 문자가 소통 수단으로서 발달한 시기인 약 1만 년 전에 만들어졌다. 그러나 진정한 식물 연구는 식물학의 아버지로 알려진 테오프라스토스Theophrastus(기원전 371~286년)와 함께 시작되었다. 아리스토텔레스의 제자인 그는 식물 연구, 즉 식물학의 시작점으로 여겨진다. 테오프라스토스는 식물에 관한 중요한 두 권의 책『식물의 역사Historia de Plantis』와『식물의 원인에 관하여De Causeis Plantarum』를 포함하여 많은 책을 썼다.

테오프라스토스는 쌍떡잎식물과 외떡잎식물, 속

씨식물과 겉씨식물의 차이를 이해했다(22~28쪽을 보라). 그는 식물을 큰키나무tree, 떨기나무shrub, 작은떨기나무undershrub, 풀herb이라는 네 개의 무리로 분류했다. 또, 그는 발아, 재배, 번식 같은 중요한 주제에 관한 글을 쓰기도 했다.

페다니우스 디오스코리데스Pedanius Dioscorides도 초기 식물학에서 중요한 인물이다. 그는 네로 황제 군대의 군의관이자 식물학자였다. 그가 기원후 50~70년에 쓴 5권으로 된 백과사전『약재에 관하여De Materia Medica』는 식물의 약리적 용도를 다뤘다. 이 책은 1600년대까지 가장 영향력 있는 연구였고, 후대의 식물학자들에게 중요한 참고 자료 역할을 했다.

중세 유럽에서는 순수한 식물학은 뒷전으로 밀리고, 식물의 약효에만 집중적으로 관심을 보였다. 그래서 식물에 관한 연구와 저술은 일반적으로 약초를 다루었고, 그중 가장 잘 알려진 작품은 니컬러스 컬페퍼Nicholas Culpeper의『완전한 약초Complete Herbal』와『잉글랜드 의사English Physician』일 것이다.

14세기와 17세기 사이에 유럽에서 르네상스가 나타나면서, 식물학은 부활을 맞이했다. 자연과 자연계에 관한 연구에서 그 중요성을 되찾고, 과학으로서 당당히 모습을 드러냈다. 한 지역이나 나라에 자생하는 식물들을 더 상세하게 묘사한 식물상植物相에는 약초가 추가되었다. 1590년대에는 현미경이 발명되면서 식물 해부학과 유성생식에 대한 연구가 더 세밀하게 이루어졌고, 최초의 식물생리학 실험이 수행되었다.

로니케라 × 브라우니*Lonicera × brownii*,
브라운 인동

인동과의 반상록 덩굴식물로, 로니케라 플랜티렌시스*Lonicera flantierenisis*와 L. 히르수타*L. hirsuta*의 잡종이다.

세계 곳곳에 대한 탐험과 더 먼 나라들과의 무역이 더 활발해지는 동안, 새로운 식물도 많이 발견되었다. 이런 새로운 식물들 가운데 어떤 것은 유럽의 정원에서 재배되었고, 어떤 것은 새로운 주식이 되었다. 그래서 이 식물들의 정확한 명명과 분류가 대단히 중요해졌다.

다윈의 『종의 기원The Origin of Species』이 발표되기 약 1세기 전인 1753년, 칼 린네Carl Linnaeus는 생물학에서 가장 중요한 저작 중 하나로 꼽히는 『식물의 종 Species Plantarum』을 발표했다. 린네의 책은 당시 알려져 있던 식물 종들을 수록하였다. 그는 일정한 방식으로 식물을 분류하는 체계를 정립하여, 누구라도 식물의 물리적 특성을 토대로 식물을 찾고 이름을 지을 수 있게 했다. 그는 식물을 분류하고, 모든 식물에 두 부분으로 이루어진 이름을 붙였다. 현재에도 쓰이는 이명법二名法 체계는 그렇게 시작되었다.

린네가 고안한 이러한 작업에 참여하는 과학자의 수가 점점 더 많아지기 시작하자, 식물 관련 지식도 크게 증가하면서 점점 더 많은 발견이 이루어졌다. 이런 발견을 이룬 과학자들은 점점 더 전문화되었고, 이는 더 많은 발견으로 이어졌다.

19세기와 20세기에는 더 정교한 과학 기술과 방법의 활용 덕분에 식물에 대한 지식이 기하급수로 증가했다. 19세기에는 현대 식물학의 토대가 확립되었다. 연구소, 대학, 연구 집단은 연구 결과를 논문으로 발표했다(이런 연구는 더 이상 소수 엘리트 '신사 과학자들'[재정적으로 독립적인 남성 과학자로, 취미로 과학 연구를 하였다]의 영역이 아니었다). 그 결과, 훨씬 더 광범위한 청중이 이런 모든 새로운 정보를 접할 수 있었다.

1847년에는 태양 복사에너지를 이용하는 광합성의 역할에 관한 학설을 최초로 논의했다. 1903년에는 식물 추출물에서 엽록소를 분리했고, 1940년대부터 1960년대까지 기간 동안 광합성 메커니즘을 완전히 이해했다. 새롭게 생기기 시작한 연구 분야 중에는 농업, 원예, 임업처럼 실용적인 경제 식물을 연구하는 분야뿐 아니라, 생화학, 분자생물학, 세포학처럼 식물

알료기네 하케이폴리아Alyogyne hakeifolia는 오스트레일리아 남부 지역에서 발견된다. 알료기네속은 무궁화속Hibiscus과 비슷하다.

의 구조와 기능을 극히 상세하게 연구하는 분야도 있었다.

20세기가 되자, 방사성 동위원소와 전자현미경, 그리고 컴퓨터를 포함한 풍부한 신기술의 도움으로, 식물이 어떻게 성장하고 환경 변화에 어떻게 반응하는지 탐구할 수 있게 되었다. 21세기에 가까워질 무렵에는 식물의 유전자 조작을 주제로 한 논의가 활발하게 이루어졌고, 그런 기술이 인류의 미래에 중요한 역할을 할 가능성이 커 보였다.

그러나 이 책을 쓰고 연구하면서 분명히 드러난 것은, 우리가 아직도 식물에 관해 모르는 것이 아주 많다는 점이다. 광합성의 신비가 밝혀진 지 60년밖에 되지 않았다는 사실은 많은 생각이 들게 한다. 우리를 기다리고 있는 수십만 종의 식물들 속에는 아직 밝혀지지 않은 비밀이 훨씬 더 많을 것이다.

릴륨 펜실바니쿰*Lilium pensylvanicum*,
날개하늘나리

제1장

식물계

인간은 자연을 연구하려고, 생명의 엄청난 다양성을 정리하여 비슷한 특징을 지닌 생물들끼리 묶는 방법을 오랫동안 모색해 왔다. 이것을 분류라고 하며, 이용한 분류 체계에 따라 모든 생물은 계界라고 불리는 몇 개의 큰 무리로 나뉜다.

정원가의 관점에서 볼 때, 식물의 분류는 "큰키나무인가, 떨기나무인가, 다년생인가, 알뿌리인가?"라는 질문에서 시작된다. 식물학자도 이런 구분을 알고는 있지만, 분류학(과학적 분류)은 이런 구분을 기반으로 하지 않는다. 다시 말해, 과학적으로는 식물계가 이런 식으로 분류되지 않는다.

식물계에 속하는 유기체는 그들의 진화적 집단으로 구분되는데, 비교적 단순한 조류에서 시작하여 더 고도로 발달한 꽃식물로 끝난다. 몇몇 예외를 제외하고, 식물계에 속하는 유기체는 모두 광합성을 통해 햇빛으로 스스로 양분을 만들 수 있는 능력을 지닌다.

처음에는 식물 분류가 복잡해 보일 수도 있을 것이다. 그러나 식물이 어떻게 분류되는지 알면 우리의 정원에서 자라고 있는 식물의 진가를 더 잘 음미하는 데도 도움이 되고, 더 많은 것을 배울 수 있는 튼튼한 토대가 되어 줄 것이다. 이 장에서는 식물계를 구분짓는 중요한 무리들을 다룰 것이다.

조류

조류는 아마 정원가들의 관심에서 가장 멀리 있다고 해야 할 것이다. 정원가가 생각할 때, 이 유기체는 연못의 녹조, 축축한 나무 데크나 정원의 바닥돌에 끼는 미끌미끌한 물때 말고는 하는 역할이 거의 없다.

그러나 조류를 한쪽으로 제쳐 두기 전에, 이 단순한 생명체가 식물계에서 꽤 큰 부분을 차지하고 생태계에서도 무척 중요한 역할을 하고 있다는 점을 말해 두고자 한다. 조류가 '단순하다'고 여겨지는 까닭은 다른 식물들처럼 다양한 형태의 세포로 구성되어 있지 않고, 뿌리나 잎처럼 각각 기능이 다른 부분들로 이루어진 복잡한 구조를 갖고 있지 않기 때문이다.

조류는 엄청난 다양성을 보여 준다. 우리 대부분은 다세포 조류인 해조류에 익숙하지만, 단세포 조류인

규조류는 흔한 조류이다. 빛과 수분만 충분하면 연못, 웅덩이, 축축한 이끼 등 거의 모든 곳에 나타난다. 규조류는 식물성 플랑크톤 중 가장 흔하며, 대부분 단세포이다.

식물성 플랑크톤도 그 종류가 아주 많다. 바다를 가득 채우고 태양에너지를 이용하여 양분을 생산하는 식물성 플랑크톤은 모든 해양 생물의 토대가 된다. 그 중 특별히 흥미로운 조류는 규조류이다. 현미경으로만 볼 수 있는 작은 단세포 조류인 규조류는 어떤 물속에나 살지만 눈에 보이지는 않는다. 규조류는 규소를 기반으로 만들어진 아름다운 세포벽으로 둘러싸여 있다.

지극히 '단순한' 형태에서 예상할 수 있듯이, 조류의 생식 전략은 더 고등한 식물에서 볼 수 있는 것만큼 복잡하지 않다. 대체로 조류는 무성생식을 통해 번식한다. 즉, 개개의 세포가 분리되거나, 여러 개의 세포로 이루어진 더 큰 단위가 떨어져 나가는 것이다. 유성생식은 움직일 수 있는 두 세포가 만나 완전히 융합해 이루어진다.

아스코필룸 노도숨 *Ascophyllum nodosum*,
노티드캘프

노르웨이다시마라고도 불리는 흔한 갈색 해초로,
식물을 위한 비료 제조에 이용한다.

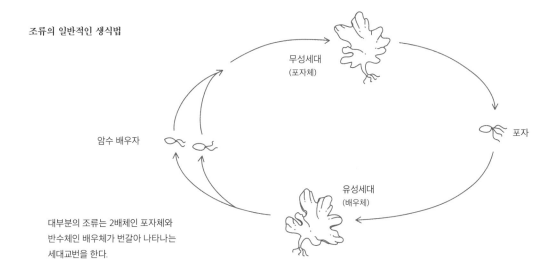

조류의 일반적인 생식법

무성세대
(포자체)

포자

암수 배우자

유성세대
(배우체)

대부분의 조류는 2배체인 포자체와
반수체인 배우체가 번갈아 나타나는
세대교번을 한다.

정원의 조류

조류 세포는 방수가 되는 큐티클이나 수분이 날아
가는 것을 방지하는 다른 수단을 만들지 못해, 물속
이나 축축하고 그늘진 곳에서 발견된다. 또, 조류가
자라고 번식하려면 물이 계속 있어야만 한다.

정원에서는, 연못이나 물이 고여 있거나 계속 습기
가 있는 곳에서는 거의 항상 조류를 볼 수 있다. 조류
는 토양 속에서도 발견할 수 있다.

연못의 조류

연못은 대부분의 정원가가 조류와 마주치는 장소
이다. 연못의 조류는 특히 날씨가 따뜻해지는 봄에는
꽤 골칫거리가 될 수도 있다. 조건이 맞으면 조류는
연못 물의 색을 순식간에 바꿔 놓을 수 있다. 보기 흉
한 더께가 생기거나, 실 같은 것(해캄)이 온통 물을 뒤
덮기도 한다. 그대로 방치하면, 조류가 물속의 산소를
모두 빼앗아 다른 연못 생물에 피해를 줄 수도 있다.

그럼에도 수생 정원에 자연스러운 먹이사슬이 형성
되려면 조류가 반드시 필요하다. 그리고 '균형'을 지키
기만 하면, 건강한 수생 환경을 유지하는 데도 도움
이 된다. 문제가 발생하는 경우는 연못이 햇빛에 너

무 많이 노출되거나, 온도 변화가 지나치게 심하거나
(특히 연못이 작은 경우), 영양 물질의 농도가 지나치게
높은 경우일 것이다. 영양 물질의 농도는 연못 안 및
바닥에 쌓인 잔해들이나 연못 물속에 녹아든 비료로
인해 높아질 수도 있다.

단단한 표면의 조류

조류는 축축한 길, 담장, 정원의 가구, 그 밖의 다
른 단단한 표면에 자라고, 특히 시원하고 그늘진 곳
에서는 더 잘 자란다. 그런 곳에서는 이끼류와 지의류
도 생길 수 있다. 단단한 표면에 조류가 생기면, 흔히
생각하는 것처럼 표면을 손상하지는 않지만(얼룩이나
자국이 남을 수는 있다), 아주 미끄러워져서 위험할 수
도 있다. 따라서 수압 청소나 실외 전용 청소 세제
로 제거하는 편이 좋다.

이끼류

식물학자들은 이런 종류의 식물 무리를 선태식물이라고 한다. 일반적으로 습한 곳에서만 서식하며, 사실상 물속에 사는 것도 많다. 다세포 유기체로서 조류보다 더 발달한 식물로 여겨지지만, 세포들 사이의 분화가 덜 일어나서 비교적 단순하다. 그래도 이끼류 중에는 물 수송을 위해 분화된 조직을 갖고 있는 종류도 있다.

정원가들에게는, 거의 모든 정원에서 흔히 볼 수 있는 솔이끼류[선류]가 우산이끼류[태류]보다 더 중요하다. 솔이끼류는 물기가 있거나 습하고 그늘진 곳에 뭉쳐서 자라거나 바닥에 깔리듯이 자라는 경향이 있다. 특히 물이끼는 지금도 화분용 퇴비에 많이 이용되는 토탄土炭의 주성분이어서, 정원가들에게는 상당히 이로운 이끼이다. 우산이끼류는 정원가들에게는 덜 알려져 있다. 솔이끼류와는 생김새가 꽤 다른 편인 우산이끼류는 납작한 가죽질의 엽상체를 갖고 있으며, 엽상체는 때로 갈라져 있기도 하다. 솔이끼류는 우산이끼류보다 구조가 더 정교하고, 꼿꼿이 서

있는 줄기에는 보통 아주 작은 잎이 달려 있다. 조류와 마찬가지로, 선태식물도 물이 있을 때만 유성생식을 할 수 있다. 물이라는 매개체가 없으면, 암수 생식세포(정자와 난자)가 만날 수 없다.

세대교번

선태식물과 함께, '세대교번'이라는 복잡한 생활 주기가 등장했다. 세대교번은 일정 정도 이상의 복잡성을 지닌 모든 식물에서 볼 수 있는 현상이다. 이 생활 주기는 배우체와 포자체라는 두 종류의 세대로 구성된다. 이끼류는 생활 주기의 대부분을 배우체 단계로 보낸다. 고사리류와 더 고등한 식물은 포자체 단계가 주를 이룬다. 꽃이 피는 식물에서는 배우체 단계가 크게 짧아지면서 이런 용어를 아예 언급하지 않는 경우가 많다(22쪽을 보라).

배우체 단계에서는 모든 개별 세포가 유기체의 유전물질을 절반씩만 지니고 있다. 따라서 우리가 이끼라고 알고 있는 구조는 사실 짝을 짓지 않은 '반쪽 세포'(반수체)일 뿐이다. 이 구조에서 방출하는 정세포

다세포 식물인 선태식물은 기본적인 구조를 갖춘 몸체가 있다.
생식 구조를 따로 만들며, 포자낭이라고 불리는 구조에서
만들어지는 포자를 통해 전파한다.

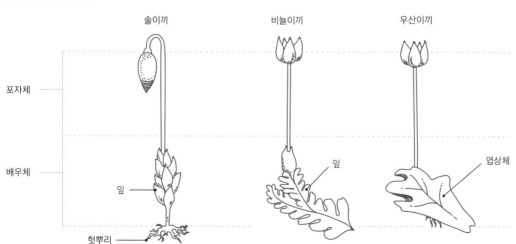

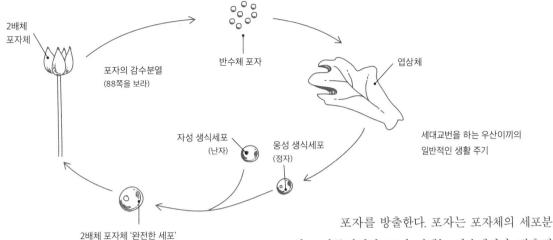

2배체
포자체

포자의 감수분열
(88쪽을 보라)

반수체 포자

엽상체

세대교번을 하는 우산이끼의
일반적인 생활 주기

자성 생식세포
(난자)

웅성 생식세포
(정자)

2배체 포자체 '완전한 세포'

포자를 방출한다. 포자는 포자체의 세포분열로 만들어져서, 포자 자체는 반수체이다. 방출된 포자는 비나 바람에 의해 흩어지고, 그중 일부가 새로운 이끼로 자란다.

와 난세포가 물이 있는 곳에서 만나 융합할 때, 비로소 '완전한 세포'(2배체)가 만들어지는 것이다. 이것이 포자체 세대가 되는데, 선태식물에서는 포자체 세대가 단순한 포자 생산 구조로 축소되어 배우체 옆에 부착되어 있다.

그 이름에서 알 수 있듯이, 2배체인 포자체 세대는

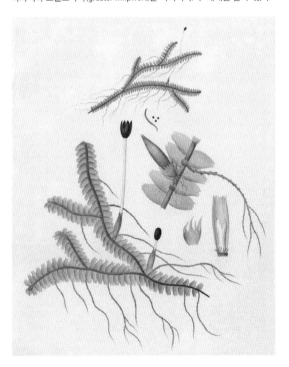

바차니아 트릴로바타(greater whipwort)는 이끼이다. 두 세대를 볼 수 있다.

쓸모 있는 식물학

정원의 이끼

이끼는 정원가에게 골칫거리로 여겨지는 경우가 더 많다. 잔디밭에 퍼지거나 홈통을 막기도 하고, 바닥 마감재와 목재 구조물 위에 보기 흉하게 자라기도 한다. 어떤 이끼는 장식으로 쓰이기도 한다. 일본식 정원에서는 이끼를 오래된 구조물을 장식하는 데 활용한다. 분재에서 흙을 덮는 용도로 널리 쓸 뿐 아니라, 매달아 놓는 화분에서 습기 유지를 위한 물질로 활용하기도 한다. 옥상 정원이 유행하면서 이끼의 활용도 늘어나고 있다. 그러나 자연 서식지에서 옮겨 온 이끼는 재배와 유지가 대단히 어려울 수도 있는데, 빛과 습도와 토양의 화학적 성질과 관련해 매우 특별한 요건이 필요한 경우가 종종 있기 때문이다. 벽돌, 나무, 그리고 하이퍼튜퍼hypertufa[시멘트에 다양한 크기의 모래, 자갈을 넣고 물로 반죽하여 굳힌 것으로 다공성 자연석처럼 보이며 주로 화분 형태로 만들어진다]를 비롯한 콘크리트 표면은 모두 이끼가 살기에 좋은 표면이다. 우유, 요구르트, 퇴비 같은 것이나 이 세 가지를 모두 섞은 물질을 활용하면, 이끼가 살기에 더 좋은 표면을 만들 수 있다. 그늘진 곳이나 화분 속 흙에서는 우산이끼가 문제가 될 수도 있다. 우산이끼는 그냥 두고 볼 수 없는 곳에 있을 때는, 잡초처럼 취급된다.

그레고어 요한 멘델
1822~1884

그레고어 멘델은 식물의 물리적 형질에 대한 유전 실험으로 유명하다.

현대 유전학의 창시자로 여겨지는 그레고어 요한 멘델Gregor Johann Mendel은 오늘날 체코에 속하는, 당시 오스트리아의 하인첸도르프에서 태어났고, 어릴 적 이름은 요한 멘델이었다.

그는 가족 농장에 살면서 일을 했고, 어린 시절에는 정원에서 주로 시간을 보내면서 양봉을 공부했다. 멘델은 올뮈츠 대학교의 철학 학교에 다니면서 물리학과 수학과 실천철학과 이론철학을 공부했고, 학문적으로 두각을 나타냈다. 당시 올뮈츠 대학교의 자연사와 농학부 학장이었던 요한 카를 네스틀러Johann Karl Nestler는 식물과 동물의 유전적 특성에 관한 연구를 지휘하고 있었다.

졸업반이 된 해에 수도사가 되기로 결심한 멘델은 아우구스티누스회 수도사가 되려고 브르노에 있는 성토마스 수도원에 들어갔고, 그곳에서 그레고어라는 이름을 받았다. 성토마스 수도원은 문화의 중심지였다. 멘델은 곧 연구와 수도회 일원들을 가르치는 일을 맡았고, 엄청난 규모의 수도원 장서와 실험 시설에 접근할 수 있었다.

수도원에서 8년을 지낸 뒤, 멘델은 수도원의 지원으로 빈 대학교에 입학해 과학 연구를 계속하였다.

그곳에서 그는 프란츠 웅거Franz Unger 밑에서 식물학을 공부했다. 웅거는 현미경을 사용하고 있었고, 다윈주의 이전 형태의 진화론 지지자였다. 빈 대학교에서 공부를 마친 뒤 다시 수도원으로 돌아온 멘델은 중등학교 교사로 발령되었다. 바로 이 시기에 그는 그의 명성을 떨치게 해 줄 실험에 착수했다.

멘델은 식물 잡종에서 유전 형질의 전달을 연구하기 시작했다. 당시에는 부모가 어떤 유전 형질을 갖고 있든지 자손은 그 형질들이 단순히 뒤섞이면서 희석된 형질을 물려받는다는 생각이 일반적이었다. 또 잡종은 몇 대가 지나면 원래의 형태로 되돌아간다는 생각도 널리 받아들여졌는데, 이는 잡종으로는 새로운 형태의 식물을 만들 수 없다는 것을 암시했다. 그러나 그런 연구 결과는 대개 실험 기간이 짧아 결과가 왜곡된 것이었다. 멘델의 연구는 8년 가까이 지속되었고, 연구에 쓰인 식물은 수만 개체에 달했다.

멘델이 실험한 식물은 완두였다. 멘델이 완두를 선택한 까닭은 뚜렷하게 드러나는 특징들이 많고, 쉽

"나의 과학 연구는 내게 큰 만족감을 주었다.
그리고 머지않아 온 세상이 내 연구 결과를 알아줄 것이라 확신한다."
― 그레고어 멘델

고 빠르게 자손을 얻을 수 있기 때문이었다. 그는 키큰 완두와 키 작은 완두, 씨앗이 둥근 완두와 주름진 완두, 씨앗이 초록색인 완두와 노란색인 완두를 포함해, 뚜렷하게 상반되는 특징을 지닌 완두들을 교배했다. 교배 결과를 분석하여, 멘델은 네 개의 완두 중 하나는 순종 우성 유전자, 하나는 순종 열성 유전자, 나머지 둘은 그 중간을 가지고 있다는 것을 증명했다.

이 결과에서 그가 내린 가장 중요한 결론 두 가지는 훗날 멘델의 유전 법칙으로 알려졌다. 멘델은 우성과 열성 형질이 부모에서 자손으로 무작위로 전달된다고 추론했고, 이는 훗날 분리의 법칙이 되었다. 이 형질들은 부모에서 자손으로 전달되는 다른 형질들과는 독립적으로 전달되었다는 결론에서 독립의 법칙이 나왔다. 또한, 그는 이런 유전이 기본적으로 수학의 통계 법칙을 따른다고도 제시했다. 비록 그의 실험은 완두에 관한 것이었지만, 그는 이 법칙이 다른 모든 생명체에도 들어맞을 것이라는 가설을 내놓았다.

1865년, 멘델은 브르노의 자연과학학회에서 그의 발견에 관해 두 차례 강연을 했다. 멘델의 연구 결과는 이 학회의 학술지에 「식물 잡종 실험Experiments on Plant Hybrids」이라는 제목으로 발표되었다. 멘델은 자신의 연구를 알리려는 노력을 그다지 하지 않았고 그의 연구가 언급되는 글은 거의 없었는데, 이는 당시 그의 연구가 온전히 이해되지 못했다는 것을 암시한다. 멘델이 당시에 이미 잘 알려져 있던 '잡종은 결국 원래의 형태로 돌아간다'는 것을 증명했을 뿐이라는 것이 일반적인 생각이었다. 변이성과 그것에 함축된 의미의 중요성은 제대로 꿰뚫어보지 못한 것이다.

1868년, 멘델은 14년 동안 가르쳤던 수도원 학교에서 수도원장으로 선출되었다. 이후 그는 막중한 행정 업무와 시력 저하로 인해 더 이상 과학 연구를 할 수 없었다. 그의 연구는 대체로 잘 알려지지 않았고, 그가 사망했을 때는 조금 불신을 받기도 했다. 1900년대로 들어서면서 식물의 교배와 유전학이 중요한 연구 분야로 부상했고, 멘델의 발견은 비로소 그 중요성을 인정받아 '멘델의 유전 법칙'이라고 불리기 시작했다.

라티루스 오도라투스_Lathyrus odoratus_, **스위트피**

완두는 멘델의 유명한 유전 실험의 재료였다. 완두에는 몇 가지 뚜렷한 특징이 있고, 쉽고 빠르게 자손을 얻을 수 있다는 장점이 있다.

지의류

지의류의 실체가 과학자들에게 발견된 것은 불과 150년 전의 일이었다. 균류와 조류가 공생하며 함께 살아가는 지의류는 기이한 동반자 관계를 맺고 있다. 오늘날에는 지의류가 균류 요소에 따라 분류되므로 식물에는 속하지 않지만, 오랫동안 식물학의 연구 주제였기에 여기 포함시켰다.

지의류는 지구상의 모든 서식지에서 자랄 수 있는 것으로 보인다. 극지의 기후에 노출된 암석처럼 매우 극단적인 몇몇 환경에서는 오직 지의류만 자랄 수 있는 것처럼 보인다. 게다가 2005년, 과학자들은 두 종의 지의류가 우주 공간의 진공 속에서 15일 동안 살 수 있다는 것을 발견하기도 했다. 더 일반적으로 볼 수 있는 지의류는 큰키나무와 떨기나무, 맨 바위, 벽, 지붕, 포장된 길, 흙 위에서 자란다. 약식으로, 지의류를 그 성장 방식에 따라 고착 지의류, 사상(실 모양) 지의류, 엽상(나뭇잎 모양) 지의류, 수상(가지 모양) 지의류, 분상(가루 모양) 지의류, 인상(비늘 모양) 지의류, 젤리 모양 지의류라는 일곱 무리로 나눈다.

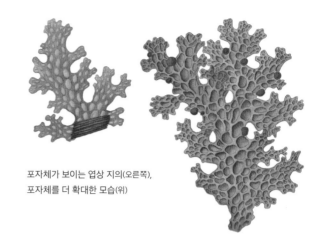

포자체가 보이는 엽상 지의(오른쪽),
포자체를 더 확대한 모습(위)

정원의 지의류

지의류는 잔디밭에서 자주 눈에 띄는데, 지의류의 등장은 당연히 정원가들에게 신경이 쓰인다. 지의류는 잔디의 외형에 영향을 줄 뿐 아니라, 빛을 차단하고(그래서 잔디를 죽이고) 표면을 미끄럽게 할 수 있다.

잔디에서 가장 흔하게 자라는 지의류는 개발톱지의(손톱지의속*Peltigera*)이다. 개발톱지의는 짙은 갈색이나 회색, 또는 거의 검은색을 띠며, 잔디밭과 수평으로 자라 납작한 구조를 이룬다. 대개 지의류는 배수가 좋지 않고 흙이 압축되어 있고 그늘진 잔디밭에서 더 번성하는 경향이 있으며, 잘 자라는 조건이 이끼류와 비슷해 두 종류가 함께 나타나기도 한다. 흥미롭게도, 개발톱지의에는 공기 중 질소를 고정하는 능력이 있어 토양을 비옥하게 한다는 이점도 있다.

잔디밭에 지의류가 자라는 것을 방지하려면, 배수를 개선하여 애초에 지의류가 자랄 수 없도록 근본적인 조건부터 바로잡아야 한다. 정원가가 사용할 수 있는 효과적인 화학적 방제법은 거의 없지만, 실외 전용 청소 세제를 이용하여 단단한 표면에 생긴 지의류를 문질러 벗겨 낼 수는 있다.

지의류는 그 모양이 다양하다. 어떤 것은 나뭇잎처럼 생겼고(엽상 지의),
어떤 것은 딱딱한 껍질처럼 생겼으며(고착 지의),
어떤 것은 나뭇가지 모양(수상 지의)이나
젤리 같은 형태를 띠고 있다.

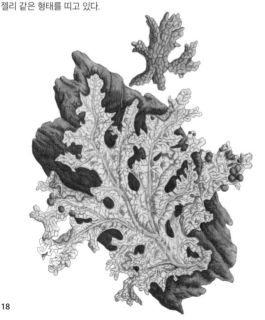

양치식물: 고사리와 그 친척들

진화적 관점에서 볼 때, 고사리와 그 친척들은 중요한 발달이 일어난 시기를 대표한다. 바로 식물이 더 많은 세포 분화를 보이기 시작한 시기이다. 양치식물에서 우리는 식물체 곳곳에 물과 양분을 운반하는 관들, 즉 최초의 관다발계를 볼 수 있고, 식물을 지탱하는 구조도 볼 수 있다. 또한, 이들은 진정으로 육상에 정착한 최초의 식물이기도 하다.

식물학자들이 양치식물이라고 분류하는 이런 식물 무리에는 석송, 고비, 속새 종류가 속한다. 정원가라면 아마 쇠뜨기라는 이름을 들어본 적이 있을 것이고, 고사리는 확실히 알 것이다. 그러나 (부처손을 포함한) 석송은 몇 가지 재배품종이 있지만 잘 모르는 경우가 많다. 석송을 뜻하는 영어명인 club moss에는 이끼를 뜻하는 moss라는 단어가 들어가지만, 석송은 이끼가 아니라 그보다 더 발달한 식물이다.

선태식물과 마찬가지로 양치식물도 뚜렷한 세대교번을 나타내지만, 양치식물은 생활 주기의 대부분

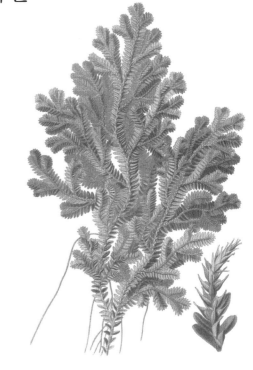

기는 줄기를 만드는 셀라기넬라 마르텐시 *Selaginella martensii*(마튼스부처손)는 습하고 그늘진 곳의 지면을 덮는 식물로 좋다.

을 포자체 단계로 보낸다는 점에서 선태식물과는 다르다. 이런 차이점 때문에 양치식물은 수직으로 갈라진 가지인 양치잎을 만들 수 있고, 때로는 포자낭이라는 특별한 작은 돌기 같은 것을 만들기도 한다. 포자낭이 터지면 포자가 방출되고, 이 포자가 발아하면서 유성세대가 시작된다.

포자낭

입술세포/환대

포자

자루

방출된 포자

조건이 맞으면, 포자낭이 터지면서 포자가 방출된다. 방출된 포자는 바람에 운반되고, 배우자를 생산하는 배우체로 자란다.

고사리 잎의 뒷면, 포자를 생산하는 포자낭이 보인다.

고사리의 포자낭

정원가들이 포자를 씨앗과 똑같다고 생각하는 것도 무리가 아니다. 둘 다 식물이 자신을 퍼뜨리는 방법이고 자라는 방식도 비슷하지만, 중요한 차이가 있다는 점을 주목해야 한다. 포자는 일반적으로 씨앗보다 훨씬 더 작고, 포자의 생산은 수정에 의존하지 않는다. 고사리는 씨앗을 만들지 않는다.

고사리의 포자를 퇴비가 깔린 모종 상자에서 키우면서 충분한 수분과 함께 필요한 만큼의 빛과 열을 주면, 포자가 자라기 시작할 것이다. 그러나 어린 고사리가 되는 것이 아니라 생활 주기의 다음 단계인 배우체 세대로 자라게 된다. 이 특이하게 생긴 식물을 전엽체라고 한다. 계속 습기를 유지하면서 물을 주면, 전엽체는 서서히 새로운 고사리로 자라기 시작할 것이다. 이 단계에서는 인간의 눈에는 보이지 않지만, 전엽체에서 생산된 정세포와 난세포의 수정이 일어나

고(이것이 유성생식 단계이다), 그다음에는 새로운 포자체 단계의 고사리로 자란다.

정원의 고사리

양치식물은 약 1만 종에 이르며, 위풍당당한 왕관고비(*Osmunda regalis*)부터 작은 부유성 수생식물인 물개구리밥의 일종인 단백풀(*Azolla filiculoides*)에 이르기까지, 그 크기와 서식지가 매우 다양하다. 물개구리밥은 잘 번식하는 특성이 있어 세계 일부 지역에서는 유해 식물로 여겨지지만, 어떤 지역에서는 벼처럼 물 속에서 자라는 작물의 성장률을 높여 주어 농사에 대단히 귀중한 풀로 여겨진다. 어쨌든 물개구리밥은 매우 잘 번식하는 식물이므로, 정원에서 골칫거리가 되지 않도록 조심해야 한다. 고사리도 잘 번식하여 퍼지는 특성이 있는 육상 양치식물이며, 전 세계적으로 가장 널리 분포하는 양치식물로 평가된다.

아주 많은 양치식물 종이 정원과 실내의 관상용 식물로 널리 재배되고 있으며, 식물 육종가들은 이런 양치식물을 이용하여 다양한 형태와 색깔의 양치잎을 지닌 수많은 재배품종을 만들어 냈다. 대부분 양치식물은 습하고 그늘진 숲속에서 자라므로, 정원에서도 이런 조건에서 가장 잘 자라는 편이다.

최근 정원에서 가장 인기 있는 양치식물 중에는 나무고사리라고 불리는 종류가 있다. 줄기가 있어 양치잎이 지면보다 높은 위치에 자라는 양치식물은 모두 나무고사리라고 불리며, 서늘한 기후에 사는 나무고사리로는 오스트레일리아 원산의 딕소니아 안타르티카*Dicksonia antarctica*가 가장 친숙할 것이다. 나무고사리의 '줄기'는 큰키나무나 떨기나무의 줄기와는 다

프테리듐 아퀼리눔*Pteridium aquilinum*, 고사리
고사리는 경작지를 쉽게 침범할 수 있다. 또, 발암물질을 함유하고 있어 가축을 죽게 할 수도 있다.

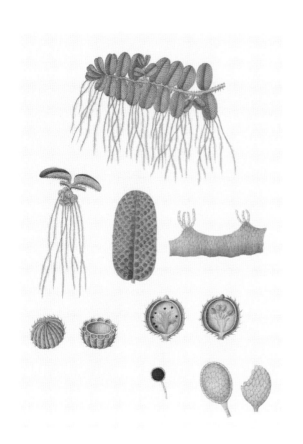

전 세계 숲의 최하층을 장악하던 식물 무리 중 유일하게 남아 있는 속이다. 석탄층에서 발견되는 화석을 보면, 속새속에 속하는 어떤 종은 키가 30미터가 넘었다는 것을 알 수 있다.

석송의 일종인 부처손속*Selaginella*은 식물학적으로 호기심을 불러일으킨다. 사막 식물인 셀라기넬라 레피도필라*Selaginella lepidophylla*는 건조하면 갈색이나 붉은색 공처럼 꽁꽁 말려 있다가 습해지면 다시 펼쳐지면서 초록색으로 살아난다고 해서 부활초라고 불린다. S. 크라우시아나*S. kraussiana*(크라우스부처손)은 온대 기후에서 자라는 관상용 식물이다. 다수의 재배 품종이 있는 부처손속은 낮게 깔리면서 빠르게 퍼져나가서, 그늘진 곳의 땅을 덮는 식물로 유용하다.

르다. 사실 이 줄기는 나무고사리가 위로 자라는 동안 계속 쌓인 섬유질 뿌리의 덩어리이다. 야생에는 삼림의 파괴로 인해 많은 나무고사리 종이 멸종 위협을 받고 있다.

고사리의 친척들

고사리의 친척 중 가장 주목할 만한 종류는 속새속*Equisetum*이다. 관상용으로 길러지는 종(속새*E. hyemale*와 좀속새*E. scirpoides*)은 소수에 불과하지만, 속새속은 세계 여러 지역에서 악명 높은 잡초인 북쇠뜨기*E. arvense*로 잘 알려져 있다. 쇠뜨기는 완전히 없애기 매우 어렵고, 정원 상황에 따라서는 집요하고 횡포한 골칫거리가 되기도 한다.

속새속에 관한 가장 특이한 사실은 이 식물이 '살아 있는 화석'이라는 점이다. 속새속은 약 4억 년 전,

어린
식물

성숙한
식물

겉씨식물: 구과식물과 그 친척들

겉씨식물은 더 복잡한 형태의 식물로, 종자식물이라는 더 큰 무리에 속한다. 종자식물은 기본적으로 모두 종자를 만드는 식물이다. 모든 겉씨식물은 복잡한 관다발계를 지니고 있으며, 식물체를 지탱하는 리그닌lignin(목질소) 조직이나 생식을 위한 원추체 같은 분화된 해부학적 구조로 이루어져 있다. 종자식물에는 모든 구과식물과 소철류(합쳐서 겉씨식물이라고 한다)뿐 아니라, 다음에서 다룰 꽃식물(속씨식물)도 포함된다(25쪽을 보라).

종자는 식물의 진화에서 중대한 발전을 의미한다. 고사리류 같은 하등한 식물이 겪는 중요한 난관은 배우체 세대가 외부 환경에 취약하다는 점인데, 종자식물은 연약한 배우체를 특별한 조직으로 감싸 보호해 이 문제를 극복한다. 자성 생식세포는 밑씨 속에 들어 있고, 웅성 생식세포인 정세포는 꽃가루 알갱이 속에 들어 있다. 두 생식세포가 만나면 수정이 일어

깅코 빌로바*Ginkgo biloba*, 은행나무

나고, 밑씨는 종자로 발달한다.

겉씨식물의 영어 용어인 gymnosperm은 '벌거벗은 씨앗'이라는 뜻이다. 이는 꽃식물(속씨식물)의 씨방 속에 들어 있는 밑씨가 겉씨식물에도 있다는 것을 나타낸다. 그런데 겉씨식물은 속씨식물과 달리 밑씨가 감싸여 있지 않다.

정원가들은 겉모습만 보고도 일반적인 겉씨식물, 즉 구과식물과 소철류를 알아볼 수 있을 것이다. 여기에서 유일한 예외는 아마 은행나무일 것이다. 낙엽성인 넓은 잎이 달려 있는 은행나무는 가장 구과식물 같지 않은 구과식물이다.

구과식물

구과毬果식물에는 흔히 솔방울이라고 불리는 원추체가 달려 있는데, 실제로 구과식물은 자성과 웅성의 두 종류 원추체를 만든다. 작은 웅성 원추체는 바람에 날리는 다량의 꽃가루를 만들고, 더 큰 자성 원추체는 장차 종자가 될 밑씨를 담고 있다. 종자가 퍼지

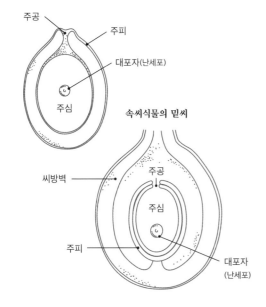

겉씨식물의 밑씨

주공
주피
대포자(난세포)
주심

속씨식물의 밑씨

씨방벽
주공
주심
주피
대포자(난세포)

속씨식물의 밑씨는 씨방에 둘러싸여 있지만, 겉씨식물의 밑씨는 그렇지 않다. 그래서 '벌거벗었다'는 뜻의 '나자裸子식물'이라고도 불린다.

는 방식은 다양하지만, 주로 바람에 날리거나 동물에 의해 운반된다.

일부 구과식물에서는 몇 가지 특이한 변이를 볼 수 있다. 주목속*Taxus*, 향나무속*Juniperus*, 개비자나무속 *Cephalotaxus*은 '장과berry를 닮은' 구과 열매를 만드는 대표적인 세 가지 종류이다. 종자가 생긴 원추체를 구과 열매라고 하는데, 이 세 종류에서는 구과 열매가 고도로 변형되어 있다. 때로는 하나의 종자가 다육질의 가종피, 즉 변형된 비늘로 둘러싸여 말랑말랑한 장과 같은 구조로 발달한다. 이런 구과 열매는 그 열매를 먹고 종자를 퍼뜨려 줄 새나 다른 동물을 끌어들인다.

꽃식물(속씨식물)과 비교해, 구과식물은 그 전체 종수는 적지만 지표면에서 더 넓은 지역을 차지하고 있다. 구과식물은 북반구의 광활한 냉대림 전체에 걸쳐 가장 우세한 식물이며, 일부 구과식물은 특히 고도가 높고 서늘할 경우에는 더 남쪽까지 뻗어 있다. 구과식물은 그 연한 목재가 주로 건설과 종이 제조에 이용되고 있어 경제적 가치가 높고, 세계 전역의 인공 숲에 널리 식재되고 있다.

구과식물은 진화뿐만 아니라 인공 교배를 통해서

쿠프레수스 셈페르비렌스*Cupressus sempervirens*(오른쪽)와 구름측백나무*Thujopsis dolabrata*(왼쪽)의 가지·잎과 작은 웅성 원추체, 큰 자성 원추체가 보인다.

도 무수히 많이 만들어지고 있다. 한랭기후에 사는 구과식물은 전형적으로 뾰족한 원뿔 형태를 나타내는데, 이런 수형은 눈이 흘러내리는 데 도움이 된다. 반면, 햇빛이 강한 지역에 사는 구과식물은 푸르스름하거나 은빛이 도는 잎으로 자외선을 반사한다. 식물 육종가는 종종 돌연변이를 활용하거나 잡종 교배를 시켜 정원수로 쓰일 새로운 재배품종을 만들고는 한다. 그래서 우리에게 레일란디측백(× *Cuprocyparis leylandii*)이 있는 것이다. 이 교배종은 1870년 무렵에 북아일랜드에서 처음 나왔는데, 몬터레이양백(*Cupressus macrocarpa*)과 누트카황백(*Xanthocyparis nootkatensis*)의 교배로 만들어졌다.

구과식물은 대부분 상록수이지만, 잎갈나무속 *Larix*, 금전송속*Pseudolarix*, 낙우송속*Taxodium*, 메타세쿼이아속*Metasequoia*, 글립토스트로부스속*Glyptostrobus*은 낙엽수이다.

소철과 은행나무

소철은 멀리서 보면 야자나무와 무척 비슷해 보이지만, 자세히 살펴보면 뚜렷한 차이를 확인할 수 있다. 단단하고 나무 같은 소철의 큰줄기는 섬유질로 된 야자나무의 큰줄기와는 무척 다르며, 잎이 달려

유니페루스 코무니스*Juniperus communis*, 두송

정원의 소철류

정원에서 자라는 소철류는 비교적 종류가 적으며, 소철(*Cycas revoluta*)이 가장 흔하다. 재배되는 다른 소철류로는 자미아속*Zamia*, 마크로자미아속*Macrozamia*, 레피도자미아속*Lepidozamia*이 있다. 소철류는 모든 종이 멸종 위기종 국제 거래 협약Convention on International Trade in Endangered Species(CITES)에 의해 보호되고 있어, 소철류를 구입할 때는 재배 정보를 꼭 확인해야 한다.

키카스 레볼루타*Cycas revoluta*, 소철

빌로바 한 종뿐이다. 역시 살아 있는 화석인 은행나무는 약 2억 7,000만 년 전 화석 기록으로 처음 등장하며, 유연관계가 가까운 식물은 없다. 그래서 식물학자들은 은행나무가 다른 식물들 사이에서 차지하는 위치를 확실히 정하지 못하고 있다. 은행나무는 밑씨가 씨방 속에 들어 있지 않아 현재로서는 겉씨식물에 포함시키고 있지만, 은행나무 '열매'의 형태적 특성은 이 문제를 혼란스럽게 한다. 낙엽성인 은행나무의 잎은 멋진 부채꼴을 이루고 있으며, 가을에 잎이 떨어질 무렵이 되면 눈부시게 밝은 노란색으로 바뀐다.

정원의 구과식물

특정 구과식물에 대한 유행이 오고가기는 하지만, 잎과 가지의 모양이 독특한 멋진 구과식물은 정원의 중심을 이룬다. 인기 있는 몇몇 속을 예로 들면, 전나무속*Abies*, 아라우카리아속*Araucaria*, 개잎갈나무속*Cedrus*, 쿠푸레수스속*Cupressus*, 향나무속*Juniperus*, 소나무속*Pinus*, 가문비나무속*Picea*, 편백속*Chamaecyparis* 따위가 있다. 말 그대로 수천 가지의 잡종과 재배품종이 있는데, 그 범위는 키 작은 떨기나무에서 높이 100미터가 넘는 거대한 나무에 이른다.

있는 수관 부분은 야자나무보다 훨씬 더 뻣뻣하고 사철 푸르다. 또한, 원추체가 달린다는 것도 중요한 차이점이다.

다 그런 것은 아니지만, 소철은 아주 느리게 자라는 경우가 많다. 재배되는 소철은 2~3미터 이상 자라는 경우가 거의 없다. 또, 수명이 매우 길어 1,000년 이상 되었다고 알려진 소철도 있다. 소철은 살아 있는 화석으로 여겨지며, 공룡 시대인 쥐라기 이래로 모양이 거의 변하지 않았다. 대부분의 소철에는 매우 특화된 꽃가루 매개동물이 있는데, 대개 특정 종의 딱정벌레가 그 역할을 한다.

자연 상태에서는 아열대와 열대의 꽤 넓은 지역에 분포하고 있으며, 때로는 반건조 지대나 습한 열대우림에서도 자란다. 재배할 때는, 온실에서 기르지 않는 한 온대나 열대 기후에서만 볼 수 있다. 야생 소철은 지나친 채집과 서식지 파괴로 인해 많은 종이 멸종 위기에 처해 있다. 엔케팔라르토스 우디*Encephalartos woodii* 같은 일부 종은 현재 재배품종으로만 존재한다.

은행나무 종류 중 현존하는 종은 은행나무인 G.

키카스 룸피*Cycas rumphii*, 일반적으로 룸피소철the queen sago palm이라 불리며, 줄기의 속으로는 알갱이 모양의 녹말인 사고sago를 만들 수 있다.

속씨식물: 꽃식물

꽃식물(속씨식물)은 육상식물 중 가장 규모가 크고 다양한 무리이다. 겉씨식물과 마찬가지로 종자를 만드는 종자식물이지만, 중요한 차이가 하나 있다. 바로 꽃을 만든다는 점이다.

그러나 식물학적으로 볼 때, 두 종류 사이에는 몇 가지 다른 차이점도 있다.

- 종자는 씨방의 단위인 심피心皮로 둘러싸여 있다.
- 씨방은 수정 후에는 열매로 발달하고, 성숙한 종자는 열매 속에 들어 있다. 열매야말로 꽃식물의 독특한 특징이다.
- 종자 속에는 배젖이라고 불리는, 양분이 풍부한 물질이 들어 있는데, 배젖은 발생하고 있는 식물을 위해 양분을 제공한다.

속씨식물에서는 배우체 세대가 크게 축소되어, 각각의 꽃 속 몇 개의 세포로만 구성된다. 이에 관해서는 제3장(88쪽)에서 더 자세히 살펴볼 것이다. 속씨식물의 꽃과 종자와 열매에 관한 더 자세한 해부학적 구조는 제2장에서 볼 수 있다.

꽃식물은 식물계 내에서 진화적 분화가 가장 많이 일어난 식물군이다. 다른 식물군과 차별화되는 꽃식물만의 여러 특징은 많은 진화적 장점을 제공해 꽃식물의 성공을 보장해 왔다. 그 덕분에 꽃식물은 지구상의 거의 모든 육지를 뒤덮고 다른 식물이 살지 못하는 곳에서도 살아남았다.

꽃식물의 조상들

꽃식물의 조상은 겉씨식물에서 나왔으며, 화석 기록으로 볼 때 이 변화는 2억 4,500만~2억 200만 년 전에 일어났을 것으로 추정된다. 그러나 화석 기록에는 중간중간 빈틈이 있어 세부적인 사정을 정확하게 알기는 어렵다. 아마도 최초의 속씨식물 조상은 겉씨식물이 살지 않는, 배수가 좋은 언덕 지대에서 자랄 수 있도록 적응한 작은 교목이나 큰 관목이었을 것이다.

진정한 속씨식물은 약 1억 3,000만 년 전의 화석 기록에 처음으로 나타났고, 아르카이프룩투스 랴오닝겐시스*Archaefructus liaoningensis*는 지금까지 알려진 가장 오래된 속씨식물 화석이다. 대부분의 다른 초기 속씨식물과 마찬가지로, 이 종 역시 더 성공적인 종들로 빠르게 대체되는 과정에서 멸종을 맞이했다. 그러나 온대와 열대 지방에는 수천 년 동안 변함없는 모습으로 살아가는 고대의 종들이 여전히 남아 있다. 대표적인 예는 태평양의 뉴칼레도니아에만 살고 있는 희귀한 떨기나무인 암보렐라 트리코포다*Amborella trichopoda*일 것이다.

선태식물과 소철류가 번성하고 있던 서식지를 속씨식물이 넘겨받기 시작한 것은 지금으로부터 약 1억

초기 꽃식물인 딜로피아 카첸시스*Dillhoffia cachensis*의 화석. 현재는 멸종했으며 약 4,950만 년 전의 화석이다.

속Asarum처럼 정원가에게 친숙한 종류가 다수 포함된다. 당연히 이 식물 중 일부는 꽃의 해부학적 구조가 겉씨식물과 비슷한 특징을 나타낸다(목련 꽃이 좋은 예다). 예를 들면, 수술의 모양이 구과식물의 웅성 원추체처럼 비늘 모양인 것도 있고, 심피가 있는 꽃대가 겉씨식물의 자성 원추체처럼 길쭉한 것도 있다.

가장 최근에 진화한 무리 중 하나인 국화아강 Asteridae에서는 꽃가루받이와 씨앗 전파의 효율이 극대화되는 방향으로 해부학적 구조가 변형된 꽃을 볼 수 있다. 이를테면, 꽃잎은 서로 합쳐져 있는 경우가 많고, 아주 단순화된 꽃들이 종종 한 줄기에 이삭처럼 뭉쳐 있다(이런 예로는 수백 송이의 아주 작은 꽃들로 이루어진 거대한 두상頭狀화인 해바라기를 들 수 있다).

목련은 진화적 의미에서 가장 오래된 꽃식물 중 하나이며, 목련의 생식기관은 겉씨식물의 것과 매우 비슷하다.

홍화쑥국Tanacetum coccineum은 대부분의 국화 종류와 마찬가지로 개개의 작은 꽃(낱꽃)들이 함께 뭉쳐서 꽃가루받이를 극대화한다.

년 전의 일이다. 6,000만 년 전이 되자, 속씨식물은 겉씨식물이 차지하고 있던 우점종의 자리를 거의 다 넘겨받았다. 당시의 꽃식물은 나무가 주를 이뤘지만, 훗날 (나무가 아닌) 초본 꽃식물의 등장은 속씨식물의 진화에 또 다른 도약을 이끌어 냈다. 나무에 비해 수명이 훨씬 짧은 편인 풀은 단기간에 더 많은 변종을 만들 수 있고, 그래서 더 빨리 진화할 수 있다.

속씨식물의 한 계통인 외떡잎식물이 등장한 것도 이 시기이다. 속씨식물강은 전체 꽃식물의 약 1/3을 차지하는 외떡잎식물과 그 나머지인 2/3를 차지하는 쌍떡잎식물로 나눌 수 있다. (두 분류군의 차이는 28쪽에 설명되어 있다.) 현존하는 꽃식물의 종수는 25만~40만 종으로 추정된다.

목련아강Magnoliidae은 가장 원시적인 꽃식물들로 이루어져 있다. 목련아강에는 목련속Magnolia, 수련속Nymphaea, 월계수속Laurus, 드리미스속Drimys, 페페로미아속Peperomia, 약모밀속Houttuynia, 족두리풀

꽃의 특성

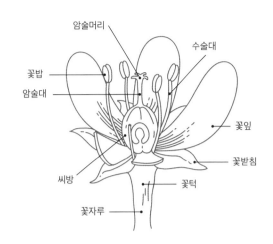

속씨식물의 꽃은 대단히 다양하다. 꽃의 구성과 꽃이삭의 형태와 꽃잎의 모양에서 수많은 차이와 특징이 나타나지만 기본적인 구조는 모두 동일하다.

꽃덮개(화피)는 꽃의 바깥 부분인 꽃잎과 꽃받침을 가리킨다. 꽃잎과 그 바깥쪽에 있는 꽃받침은 생김새가 꽤 다른 경우가 많다. 꽃받침은 초록색을 띠면서 약간 나뭇잎처럼 보이고, 꽃잎은 색이 다양하고 화려하다. 그러나 꽃잎과 꽃받침이 구별되지 않는 경우도 많다(튤립과 수선화 같은 경우에는 '꽃덮이조각'이라고 부르기도 한다). 꽃잎이나 꽃받침 중 하나가 없는 경우도 있고, 둘 다 없을 수도 있다. 양귀비속 *Papaver*의 꽃은 꽃눈이 꽃받침으로 감싸여 있지만, 꽃받침이 빨리 떨어져서 꽃이 피었을 때에는 꽃받침을 볼 수 없다. 더 진화된 꽃에서는 꽃덮개 부분이 서로 융합되어 있을 수도 있다. 열매가 열리는 거의 모든 식물이 그렇듯이, 딸기속 *Fragaria*에서는 열매가 커지는 동안 꽃잎이 떨어지고 나뭇잎처럼 생긴 꽃받침만 남는데, 그 꽃받침이 바로 사람들이 딸기를 먹기 전에 떼어 내는 부분이다.

수술은 꽃의 웅성 부분을 가리키며, 꽃밥과 수술대로 이루어져 있다. 수술대는 꽃밥을 지탱하며, 꽃밥은 꽃가루를 만든다. 감탕나무속 *Ilex*(호랑가시나무)에서 볼 수 있듯이, 어떤 식물은 암꽃이나 수꽃만 갖고 있으며(단성화), 이런 식물의 암그루에는 웅성 부분이 없다.

암술은 꽃의 자성 부분을 가리킨다. 일반적으로 암술은 꽃의 중심부에 있다. 그 주위로 수술이 있고, 그 바깥쪽에는 꽃덮개가 있다. 암술은 하나의 암술머리와 암술대, 하나 또는 여러 개의 심피로 이루어진다. 심피 속에는 밑씨가 들어 있다. 암술머리는 꽃가루가 안착하는 지점이어서 종종 표면이 끈끈하기도 하고, 꽃가루를 받기 가장 좋은 위치에 있으려고 긴 암술대에 의해 꽃의 바깥쪽으로 쭉 뻗어 있는 경우도 많다. 암술머리에 성공적으로 안착한 꽃가루에서는 관이 자

란다. 이 관은 암술대를 뚫고 아래로 내려가서 수정이 일어나는 장소인 밑씨에 도달한다.

모든 꽃식물은 주위 환경에 있는 동물들과 함께 진화해 왔고, 꽃의 형태에는 종종 이런 관계가 반영되기도 한다. 그렇게 형성된 대단히 독특하고 기이한 꽃가루받이 메커니즘으로는 벌과 벌난초(*Ophrys apifera*)의 관계, 기생좀벌과 무화과나무속 *Ficus*의 관계를 들 수 있다. 이 경우에 식물은 동물을 속이기도 하고, 동물에게 일종의 이득을 제공하기도 한다.

쓸모 있는 식물학

정원의 꽃식물과 농업의 꽃식물

속씨식물은 관상용 식물의 대다수를 차지할 뿐 아니라, 재배품종의 수도 엄청나게 많다. 그래서 정원가들이 그들만의 그림을 그릴 수 있는 방대한 팔레트를 형성한다.

그러나 농업도 거의 전적으로 속씨식물에 의존하고 있다는 점을 잊어서는 안 된다. 속씨식물은 사실상 식물을 기반으로 하는 모든 식품뿐 아니라 대부분의 가축 사료까지도 공급하고 있다. 모든 꽃식물 중 현재 경제적으로 가장 중요한 무리는 벼과 Gramineae(화본과)이다. 세계 곳곳에서 주식으로 이용되는 보리, 옥수수, 귀리, 벼, 밀 등이 모두 벼과에 속하는 식물이다.

외떡잎식물과 쌍떡잎식물

전체 꽃식물의 약 3분의 1은 외떡잎식물이다. 외떡잎식물이라 불리는 까닭은, [씨앗이 발아하면서 나는 첫 잎인] 떡잎이 한 장뿐이기 때문이다. 쌍떡잎식물은 떡잎이 두 장이며, 씨앗이 발아할 때 이 차이를 곧바로 확인할 수 있다.

외떡잎식물과 쌍떡잎식물의 또 다른 중요한 차이는 줄기 속에 들어 있는 관다발(물과 양분을 운반하는 세포들)의 배열이다. 쌍떡잎식물에서는 관다발이 줄기의 바깥쪽 부분을 따라 원통 모양으로 배열되어 있다. 그래서 나무의 껍질 부분을 둥글게 벗기는 환상박피를 하면, 이런 중요한 조직이 모두 제거되므로 나무가 죽는다. 외떡잎식물에서는 관다발이 무작위로 배열되어 있어서, 환상박피의 영향을 받지 않는다.

또, 쌍떡잎식물에서는 곧은 원뿌리를 볼 수 있지만, 외떡잎식물은 그렇지 않다. 외떡잎식물에서는 원뿌리가 금방 죽고 그 자리에 막뿌리가 자란다. 잎의 형태에도 뚜렷한 차이가 나타난다. 잎맥이 그물처럼 복잡한 쌍떡잎식물과 달리, 외떡잎식물의 잎맥은 거의 항상 나란하다.

외떡잎식물은 꽃잎 같은 꽃의 구성 요소들이 모두 3의 배수로 배치되어 있다. 이런 외떡잎식물 꽃의 특징을 3수성이라고 한다. 또, 외떡잎식물은 대개 지하부 구조가 잘 발달해 있는데, 이런 지하부 구조는 식물이 휴면하는 동안 의지할 수 있는 저장기관으로 쓰

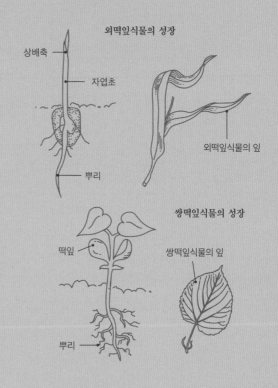

외떡잎식물의 성장

상배축
자엽초
뿌리
외떡잎식물의 잎

쌍떡잎식물의 성장

떡잎
뿌리
쌍떡잎식물의 잎

인다. 대다수의 외떡잎식물은 풀이지만, 야자나무, 대나무, 유카 같은 일부 종류는 나무로 자란다. 관다발의 배열로 볼 때, 외떡잎식물 줄기의 물리적 구조는 쌍떡잎식물의 큰키나무와 떨기나무의 줄기와는 상당히 다르다.

외떡잎식물이 서식지를 주로 차지하는 경우는 아주 드물다. 이런 특성에서 벗어나는 대표적인 외떡잎식물이 화본류일 것이다. 흔히 잡초라고 불리는 화본류는 가장 성공적인 식물 무리의 하나로, 지구 전역에 걸쳐 1만 종 이상이 분포하고 있다. 화본류가 성공을 거둔 비결에는 동물들에게 심하게 먹혀도 견딜 수 있는 능력이 한몫했을 것이다.

붓꽃과Iridaceae에 속하는 크로커스. 알륨allium, 크로커스, 수선화, 설강화처럼 정원에서 흔히 볼 수 있는 알뿌리 식물은 모두 외떡잎식물이다.

식물의 명명과 일반명

식물의 명명과 식물학에서 쓰는 라틴어는 초보 정원가들을 주눅 들게 할 수도 있을 것이다. 그럼에도, 생명체를 분류하는 분류학은 우리가 자연계를 이해하는 데 반드시 필요한 과학이다. 분류학이 없다면, 우리가 이야기하고 있는 식물이 무엇인지, 우리가 기르거나 사고 있는 식물이 무엇인지 어떻게 확신할 수 있겠는가.

아퀼레지아 불가리스*Aquilegia vulgaris*, 새매발톱꽃

분류학은 생물학을 위한 사전 같은 역할을 하지만, 자연의 생명체들은 과학자들이 만든 인공적인 규칙의 틀 안에 들어가기를 끊임없이 거부한다. 따라서 명명 체계도 지속적으로 수정되어야만 한다. 정원가는 식물의 이름이 바뀌는 것이 불만스러울 수도 있겠지만, 더 많은 것을 알게 되고 더 많은 종이 발견될수록 명명 체계도 그에 맞춰 조정되어야 한다.

일반명

일반명, 즉 국명의 사용은 때때로 기억하기도 쉽고 발음하기도 쉬워 더 매력적인 제안처럼 보인다. 그러나 일반명은 종종 오용되거나 오해를 불러일으키고, 때로는 번역 과정에서 의미가 변질되기도 해서, 큰 혼란과 중복을 야기할 수도 있다. 또 한 가지 문제는 일반명이 나라마다 다르다는 점이다. 심지어 한 나라 안에서도 지역에 따라 다를 수도 있다. 일본어나 히브리어처럼 로마자가 아닌 문자를 쓰는 언어로 번역할 때는 문제가 더 복잡해진다. 이를테면, 'bluebell'이라는 일반명은 북아메리카에서는 갯지치속*Mertensia*을, 잉글랜드에서는 히야킨토이데스 논-스트립타*Hyacinthoides non-scripta*를, 스코틀랜드에서는 캄파눌라 로툰디폴리아*Campanula rotundifolia*를, 오스트레일리아에서는 솔리야 헤테로필라*Sollya heterophylla* 종들을 가리킨다.

사람들은 대부분은 클레마티스clematis, 푸크시아fuchsia, 호스타hosta, 히드란자hydrangea, 로도덴드론rhododendron 같은 꽃 이름을 거리낌 없이 일반명으로 쓰지만, 이런 이름은 그 식물의 학명이기도 하다. 이렇게 학명이 더 잘 알려져 있는 식물도 있다. 오히려 호스타는 'plantain lily'라는 영어 일반명을 듣기가 더 어렵다.

일반명은 다른 방식으로도 오해를 불러일으킬 수 있다. 이를테면, 누운백일홍creeping zinnia은 백일홍속*Zinnia*이 아니고(산비탈리아 프로쿰벤스*Sanvitalia procumbens*이다), 꽃피는 단풍flowering maple이라는 뜻을 지닌 아부틸론*Abutilon*은 단풍나무속*Acer*이 아니고, 저녁 앵초evening primrose라는 뜻을 지닌 달맞이꽃(달맞이꽃속*Oenothera*)은 앵초속*Primula*이 아니다. 이런 엄청난 혼란 때문에 우리는 식물학에서 라틴어를 쓰는 것이다.

학명

식물에 대한 과학적 명칭의 적용은 전 세계적으로 받아들여지는 단일 규칙인 '조류, 균류, 식물 국제 명명규약International Code of Nomenclature for algae, fungi and plants(ICN)'을 따른다. 작물에 대해서도 '작물 국제 명명규약International Code of Nomenclature for Cultivated Plants(ICNCP)'을 통해, 때때로 작물에 추가적으로 부여되는 이름을 관리한다. 식물의 이름은 모두 이 두 가지 규칙을 이상적으로 따라야 한다.

현대 식물명의 기원

식물 명명법의 과학은 최초로 식물 분류법에 관한 글을 쓴 그리스 철학자 테오프라스토스(기원전 370~287년)까지 거슬러 올라간다. 그러나 분류학은 르네상스 시대에 들어와서야 비로소 근대적인 여정을 시작했다. 당시 항해와 탐험을 통해 아메리카 대륙 같은 먼 이국땅의 풍부한 식물상이 새롭게 발견되자, 식물학에 대한 관심이 되살아난 것이다.

약 100년 사이에, 유럽에는 지난 2,000년 동안보다 20배가 넘는 식물이 새롭게 소개되었다. 테오프라스토스의 연구에만 기댈 수 없었던 과학자들은 스스로 그 종들을 기재해야만 했다. 새로운 식물은 이전의 기록이 전혀 없기 때문이었다.

쓸모 있는 식물학

과, 속, 종

식물을 종류별로 나누려고, 그래서 더 쉽게 이름을 붙이고 더 쉽게 찾을 수 있게 하려고, 분류학자들은 다양한 분류 단계를 정했다. 정원가에게 가장 중요한 분류 단계는 가장 하위에 속하는 세 단계인 과와 속과 종이다. 모든 생물의 학명은 이 중 마지막 두 단계인 속과 종의 이름으로 이루어진다. 속명은 첫 글자를 대문자로 쓰고 종명은 모두 소문자로 써야 하며, 둘 다 기울임꼴로 나타내야 한다.

따라서 우리는 데이지를 *Bellis perennis*, 블랙커런트를 *Ribes nigrum*, 너도부추를 *Armeria maritima*라고도 표기한다.

리베스 니그룸*Ribes nigrum*, 블랙커런트

"이름이 없이는 영원한 지식은 존재할 수 없다."
— 린네

최초의 근대적인 식물지는 오토 브룬펠스Otto Brunsfels와 레온하르트 푹스Leonard Fuchs에 의해 15세기와 16세기에 만들어졌다. 1583년에는 안드레아 케살피노Andrea Caesalpino가 식물학 역사에서 가장 중요한 책 중 하나인『식물에 관하여 16De Plantis libri XVI』을 발표했다. 세심한 관찰과 긴 라틴어 설명이 눈길을 끄는 이 책은 꽃식물을 다룬 최초의 과학서였다.

1596년, 장 보앙Jean Bauhin과 가스파르 보앙Gaspard Bauhin 형제는『식물도감Pinax Theatri Botanici』을 발표했다. 이 책에서 그들은 수천 종의 식물에 이름을 붙였고, 결정적으로 라틴어 설명을 단 두 단어로 짧게 줄였다. 오늘날 식물학자들이 사용하는 두 단어로 된 명명 체계인 이명법은 이렇게 발명되었다.

그러나 일반적으로 근대적인 식물 명명의 시발점이라고 여겨지는 책은 1753년에 출간된『식물의 종Species Plantarum』이다. 이 책을 쓴 스웨덴 과학자 칼 린네는 이 책에서 소개한 이명법 체계를 후속 연구를 통해 더욱 발전시켰고, 공통된 특징을 토대로 생물의 무리를 정의하는 학문 분야를 만들었다. 조지프 뱅크스Joseph Banks 같은 여행가는 제임스 쿡James Cook 선장의 인데버호를 타고 전 세계를 돌아다니면서 세계 곳곳에서 수집한 표본을 린네에게 보내 분류 작업을 하게 했다.

린네는 식물의 유성생식에 대한 인식을 높이기도 했다. 꽃의 구조에 대한 관찰은 그의 분류 작업에서 중요한 기준이 되기 때문이었다. 그는『자연의 체계Systema Naturae』를 통해 린네 분류 체계의 원리와 일관적인 유기체의 명명법을 소개했다.

식물의 학명 뒤에는 대개 그 학명을 지은 사람을 나타내는 약어가 붙는다. 그러면 그 학명에 대한 권한을 지닌 명명자를 알 수 있다. 린네를 나타내는 약어는 'L'이다.

식물의 과

식물 분류의 다른 모든 단계와 마찬가지로, 식물을 과별로 분류하는 목적은 연구를 더 쉽게 하기 위해서이다. 정원가에게 과라는 분류군이 처음에는 그저 학문적 관심의 대상으로만 보일지도 모르지만, 한 식물이 속한 과에 대한 지식은 그 식물이 정원에서 어떤 모습으로 어떻게 꽃을 피우고 열매를 맺을지 어느 정도 가늠하게 해 준다. 식물의 과명은 첫 글자를 대문자로 표시하며, 국제 명명규약에서는 기울임꼴로 표기할 것을 권한다.

키도니아 오브롱가*Cydonia oblonga*,
털모과

로사 키넨시스*Rosa chinensis*,
'셈페르플로렌스Semperflorens'
월계화

과명

대다수의 과명은 전통적으로 그 과에 속하는 속명을 토대로 하며, -*aceae*로 끝난다. 이를테면, *Rosa*(장미속)를 토대로 *Rosaceae*(장미과)가 되는 것이다. 그러나 전통적으로 이런 유형을 따르지 않는 과도 여럿 있다. 이런 관행을 따르지 않는 과명도 문제없이 계속 사용할 수는 있지만, 오늘날의 추세는 -*aceae*로 끝나는 과명이다. 국화과*Compositae*(*Asteraceae*), 십자화과*Cruciferae*(*Brassicaceae*), 벼과*Gramineae*(*Poaceae*), 물레나무과*Guttiferae*(*Clusiaceae*), 꿀풀과*Labiatae*(*Lamiaceae*), 콩과*Leguminosae*(*Fabaceae*라고 하거나 이전의 세 아과를 토대로 실거리나무과*Caesalpiniaceae*, 미모사과*Mimosaceae*, 콩과*Papilionaceae*로 나누기도 한다), 야자나무과*Palmae*(*Arecaceae*), 산형과*Umbelliferae*(*Apiaceae*)는 괄호 안의 이름 같은 더 현대적인 과명도 있다.

바버라 매클린톡
1902~1992

미국의 과학자 바버라 매클린톡Barbara McClintock은 코네티컷주 하트퍼드에서 태어났고, 어릴 적 이름은 엘리너 매클린톡이었다. 그는 세계에서 가장 뛰어난 세포유전학자 중 한 사람이 되었고, 옥수수의 유전을 연구했다.

고등학교 시절부터 정보와 과학을 무척 좋아했던 매클린톡은 식물학을 공부하려고 코넬 대학교의 농과대학에 입학했다. 그녀는 유전학과 새로운 분야인 세포학(세포의 구조, 기능, 화학적 특성에 대한 연구)에 흥미를 느껴 코넬 대학교 대학원에서 유전학을 연구하게 되었다. 옥수수 세포유전학의 발전과 세포의 구조와 기능, 특히 염색체에 관한 연구에서 그녀가 평생에 걸쳐 이룩한 성과는 그렇게 시작되었다.

매클린톡은 연구 주제가 적성에 잘 맞아 꼼꼼하게 공부했고, 곧 인정을 받았다. 대학원 2년 차에, 그녀는 지도교수가 사용하던 방법을 개선하여 옥수수의 염색체를 확인할 수 있었다. 지도교수가 몇 년이나 씨름하던 문제를 해결한 것이었다!

매클린톡은 획기적인 세포유전학의 방법으로, 옥수수의 염색체를 연구하고 생식 과정에서 일어나는 염색체의 변화를 조사했다. 그녀는 옥수수 염색체를 시각화하는 기술을 개발했고, 유전자 재조합과 염색체의 유전정보 교환 방식을 비롯해 생식 과정의 여러 기본적인 유전 작용을 현미경 분석을 통해 밝혀냈다.

세계에서 가장 뛰어난 세포유전학자 중 사람인 바버라 매클린톡은 철저한 접근 방식과 연구로 유명했다.

그녀는 최초의 옥수수 유전자 지도를 만들어, 특정 염색체 영역이 특정한 물리적 특성을 만드는 일에 관여한다는 것을 증명했다. 그리고 염색체의 재조합이 새로운 특징과 어떤 연관이 있는지도 설명했다. 당시까지만 해도, 감수분열(88쪽을 보라)이 일어나는 동안 유전자가 재조합될 수 있다는 가설은 그야말로 가설에 불과했다. 또, 그녀는 유전자가 물리적 특성의 발현을 어떻게 조절하는지 증명했고, 한 세대에서 다음 세대로 전달되는 옥수수 유전정보의 표현이나 억제를 설명하려는 학설들을 발전시키기도 했다.

안타깝게도, 매클린톡은 너무 제멋대로인 조금 '괴짜' 같은 사람으로 여겨졌고, 대부분의 과학 연구소와는 어울리지 않는 생각을 지닌 '여류 과학자'로 치부되고는 했다. 그 결과, 코넬 대학교와 미주리 대학교 사이에서 여러 연구소를 전전하며 오랜 시간을 보냈다. 한동안은 독일에서 연구하기도 했다. 유전자 조절에 관한 그녀의 연구는 개념을 이해하기 어려워, 당시의 사람들에게는 잘 받아들여지지 않았다. 매클린톡은 자신의 연구에 대한 반응을 종종 "당황, 심지어 적대적"이라고 묘사했다. 그러나 그녀는 결코 낙담하지 않고 연구를 이어 나갔다.

1936년, 드디어 미주리 대학교에서 교수직을 제안받고 5년 동안 조교수로 근무한 뒤, 그녀는 자신이 절대로 승진하지 못하리라는 것을 깨달았다. 미주리 대학교를 떠난 매클린톡은

제아 마이스 Zea mays,
옥수수

바버라 매클린톡 박사는 옥수수의 색깔 변이가 특별한 유전인자 때문이라는 것을 알아냈다.

가 되는 종으로 자리를 잡았다.

매클린톡은 자신의 옥수수 유전학 연구를 위해, 1957년 중앙아메리카와 남아메리카에서 발견되는 토종 옥수수 품종들에 대한 조사를 시작했다. 그녀는 옥수수 품종의 진화를 자세히 살피고, 염색체의 변화가 옥수수의 형태와 진화적 특성에 어떤 영향을 끼쳤는지 연구했다. 매클린톡과 동료 연구진은 이런 연구 결과를『옥수수 품종의 염색체 구조The Chromosomal Constitution of Races of Maize』라는 책으로 발표했다. 이 책은 옥수수에 대한 진화생물학, 민족식물학, 고식물학의 이해에 큰 역할을 했다.

매클린톡은 노벨상 이외에도 수많은 상을 수상하고 미국 국립 과학 아카데미의 세 번째 여성 회원으로 선출되는 등 그녀의 획기적인 연구를 인정받았다. 그는 킴버 유전학상, 미국 과학 훈장, 벤자민 프랭클린 과학 공로상을 수상했고, 영국 왕립학회의 외국인 회원으로 선출되었다. 그리고 미국 유전학회의 첫 여성 회장이 되기도 했다.

어느 여름 동안 콜드스프링하버 연구소에서 연구를 했고, 그 이듬해에 마침내 정규직으로 채용되었다. 이곳에서 매클린톡은 옥수수 염색체의 유전자 표현 과정을 알아냈다.

매클린톡은 이 연구와 다른 연구로 노벨 생리의학상을 수상함으로써, 단독으로 노벨상을 수상한 최초의 여성이 되었다. 노벨 재단은 이동성 유전인자를 발견한 그녀의 공로를 인정했고, 스웨덴 과학 아카데미는 그녀를 그레고어 멘델에 비교했다.

1944년에 매클린톡은 스탠퍼드 대학교에서 빵곰팡이의 일종인 네우로스포라 크라사Neurospora crassa의 세포유전학적 분석을 수행했다. 그녀는 이 종의 염색체 수와 생활 주기 전체를 밝혀내는 데 성공했다. 그 이래로 N. 크라사는 유전자 분석의 전형적인 본보기

옥수수 알갱이의 모자이크성 색깔 변이 중 일부. 바버라 매클린톡은 이 변이가 색소의 합성을 억제하는 물질로 인한 결과라는 것을 알아냈다.

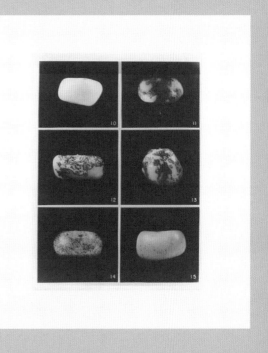

속

속(단수는 genus, 복수는 genera)은 하나 이상의 종을 포함하는 분류군이다. 정원가들은 종종 '속'이라는 분류군이 더 알맞은 상황에 '과'를 쓰고는 한다. 이를테면, 만약 누가 모든 사과는 같은 과에 속한다고 주장해도 그리 이상하게 들리지는 않을 것이다. 이 주장에 기술적으로는 틀린 곳이 없지만, 사실 사과가 속하는 장미과*Roseaceae*에는 배, 장미, 뱀무, 산사나무도 모두 포함된다. 아마 그 주장은 모든 사과가 같은 속(사과나무속*Malus*)에 속한다는 의미일 것이다.

같은 속에 속하는 종들 사이에는 여러 가지 중요한 물리적 특성이 공통적으로 나타나는데, 이런 이유 때문에 속은 정원 가꾸기와 원예, 실용적 목적을 위해 식물을 구별할 수 있는 가장 유용한 분류 단계이다. 대부분의 속은 쥐손이풀속*Geranium*처럼 공통점이 꽤 명확하게 나타나지만, 어떤 속은 한 속에 속하는 식물의 범위가 너무 다양해 서로 연관이 있다는 것을 상상하기 어려울 수도 있다. 사막 식물인 유포르비아 비로사*Euphorbia virosa*와 인기 있는 화초인 유포르비아 폴리크로마*Euphorbia polychroma*를 비교해 보자. 2,000종이 넘는 식물을 포함하는 이 거대한 속에서, 두 식물 사이의 차이가 엄청나다고 해도 그리 놀랍지

깅코 빌로바*Ginkgo biloba*,
은행나무

는 않다. 그래도 두 식물의 꽃에는 공통된 특성이 나타난다.

속의 규모는 다양하다. 단 1종으로만 이루어진 속도 있고, 수천 종을 포함하는 속도 있다. 이를테면, 은행나무인 깅코 빌로바*Ginkgo biloba*와 파리지옥인 디오나이아 무스키풀라*Dionaea muscipula*는 각각 그 속에 속하는 유일한 종이다. 반면, 진달래속*Rhododendron*에는 약 1,000종의 식물이 있다.

때로는 속명을 줄여 알파벳 약자와 점으로 나타내기도 한다. 이런 약자는 같은 속이 반복적으로 언급되어 의미의 혼란이 없을 때 볼 수 있다. 맥락이 확실할 때는, 번번이 *Rhododendron*을 다 쓸 필요 없이, 간단히 'R.'이라고만 쓰면 된다.

말루스 도메스티카*Malus domestica*,
사과, '크림슨 뷰티crimson beauty'
사과나무속*Malus*은 장미과에 속하는 여러 속 중 하나이며, 장미과는 산사나무속*Crataegus*, 산딸기속*Rubus*, 마가목속*Sorbus* 등을 포함하는 매우 큰 과이다.

세 종류의 멋진 속

겨우살이속*Viscum*

겨우살이는 70~100종의 반⁺기생성 관목으로 이루어진 식물군이다. 겨우살이는 자체적인 광합성 활동과 숙주 식물로부터의 양분 흡수가 조합된 독특한 방식의 양분 획득 전략을 취하고 있다.

겨우살이는 살아 있는 숙주 식물에 부착되지 않으면 생활 주기를 완성할 수 없어 '절대 기생체'라고도 알려져 있다. 숙주 식물은 목질의 떨기나무와 큰키나무이고, 겨우살이는 종마다 특정 종의 나무에 기생하는 경향이 있다. 그러나 대부분의 겨우살이속 식물은 서로 다른 여러 종의 숙주에 적응할 수 있다.

시계꽃속*Passiflora*

특이한 꽃이 피는 이 덩굴 식물은 남아메리카에서 흔히 볼 수 있으며, 에스파냐 선교사들은 이 꽃을 이용하여 예수 이야기, 특히 십자가형에 관한 이야기를 다소 독창적인 방식으로 가르쳤다. 시계꽃은 예수의 수난을 가리킨다는 의미로 '수난꽃passionflower'이라고도 불린다.

파시플로라 카이룰레아*Passiflora caerulea*,
푸른시계꽃

- 덩굴손은 예수를 채찍질한 채찍으로 설명되었다.
- 열 장의 꽃잎과 꽃받침은 열두 사도 중 (예수를 배반한 가룟 유다와 예수를 부인한 베드로 성인을 제외한) 열 명을 가리켰다.
- 100개가 넘는 수술로 이루어진 둥근 부분은 가시관을 나타냈다.
- 세 개의 암술머리와 다섯 개의 꽃밥은 십자가에 박힌 세 개의 못과 예수의 몸에 난 다섯 개의 상처를 상징했다.

네펜테스속*Nepenthes*

육식성의 벌레잡이통풀로 이루어진 네펜테스속은 식물이 환경에 적응하려고 어디까지 분화할 수 있는지 보여 준다. 네펜테스의 잎은 크게 변형되어 항아리 모양의 덫이 되었고, 곤충을 잡기 위한 이 덫에는 때로 더 큰 동물이 잡히기도 한다. 잡힌 동물들은 덫 안에서 소화되어 네펜테스의 양분으로 쓰인다. 각각의 잎, 즉 '덫'은 세 가지 요소로 구성된다. 뚜껑은 통 속으로 빗물이 들어가서 소화액이 희석되는 것을 막아 주고, 화려한 색깔의 테두리는 곤충을 유혹하는 미끼로 작용하며, '통'은 먹이를 유혹하여 빠뜨려 죽이고 결국 소화시키는 액체를 담고 있다.

벌레잡이통풀(네펜테스속)의 잎은 항아리 모양의 덫으로 변형되어 곤충과 다른 동물을 잡는다.

종

종은 무엇일까? 종은 서로 교배가 가능한 집단이며, 다른 종과는 생식적으로 격리되어 있다.

식물 분류의 기본 단위는 종(단수는 'specie'가 아니라 species이며, 복수도 같다)이다. 단수를 나타낼 때는 'sp.' 복수를 나타낼 때는 'spp.'로 줄여 쓰기도 한다. 종은 같은 속의 다른 종과는 완전히 다른 여러 중요한 특징을 공통적으로 지니고 있는 개체들의 집단으로 정의될 수도 있다.

같은 종의 식물들은 상호 교배하는 개체들의 집단을 형성하는데, 여기서 나온 자손들은 비슷한 특징을 지닌다. 그리고 결정적으로 이 자손들은 거의 항상 다른 종과 생식적으로 격리되어 있다. 격리는 중요한 요소인데, 비슷한 다른 개체군들과 구별되는 그 개체군만의 뚜렷한 특성이 진화할 수 있게 해 주기 때문이다.

수백만 년에 걸친 대륙의 이동은 더 많은 종 분화를 유발했고, 그로 인해 우리는 지중해 동부의 플라타누스 오리엔탈리스와 북아메리카 동부의 P. 오키덴탈리스*P. occidentalis*를 갖게 된 것이다. 두 종 모두 버즘나무의 일종이다. 생태적 장벽도 종 분화를 유발

플라타누스 × 히스파니카*Platanus × hispanica*, **런던버즘나무**

이 종은 플라타누스 오리엔탈리스와 P. 오키덴탈리스의 잡종이다(잡종은 ×로 표시한다).

플라타누스 오리엔탈리스*Platanus orientalis*, **버즘나무**

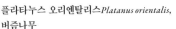

한다. 예를 들어, 실레네 불가리스*Silene vulgaris*는 내륙에서 발견되고 S. 우니플로라*S. uniflora*는 해안 지역에서만 자란다.

그러나 종 분화가 지질학적 시간 규모처럼 오랜 시간에 걸쳐서만 일어나는 것은 아니다. 오늘날에도 격리가 일어날 때마다 종 분화가 일어나는 것을 볼 수 있다. 인간이 초래한 생태적 격리의 예로는 웨일스의, 구리 폐기물로 오염된 땅을 들 수 있다. 광산업의 유물인 셈이다. 앵글시 북동쪽에 위치한 파리스 산은 구리로 인해 식생이 심하게 파괴되었고, 과학자들은 이곳에 서식하는 아그로스티스 카필라리스*Agrostis capillaris*라는 풀에서 구리 내성을 지닌 형태의 종 분화가 일어난 것을 관찰하기 시작했다.

동일한 속에 속하는 서로 다른 두 종이 수천 년 동안 격리되어 있다가 만나면, 때로는 여전히 서로 교배할 수 있다는 것이 발견되기도 한다. 이런 경우에는 삽종 교배와 잡종의 형성을 관찰할 수 있다. 그래서 런던버즘나무(*P. × hispanica*)는 앞서 언급한 두 종류의 버즘나무가 17세기에 에스파냐에서 함께 자라면서 자연적으로 생긴 것으로 여겨진다.

종명

종명은 정원가들이 그 식물을 더 잘 아는 데 도움이 될 수도 있다. 종명에는 그 식물이 어떻게 자라는지, 또는 어디에 자생하는지에 관한 자료가 담겨 있을 수도 있기 때문이다. 가장 흔히 쓰이는 종명에는 다음과 같은 뜻이 있다.

- 아우레아*aurea*, 아우레움*aureum*, 아우레우스*aureus*: 황금색
- 에둘리스*edulis*: 먹을 수 있는
- 호리존탈리스*horizontalis*: 수평으로 또는 땅과 가까이 자라는
- 몬타나*montana*, 몬타눔*montanum*, 몬타누스*montanus*: 산에서 온
- 물티플로라*multiflora*, 물티플로룸*multiflorum*, 물티플로루스*multiflorus*: 꽃이 많은
- 오키덴탈레*occidentale*, 오키덴탈리스*occidentalis*: 서쪽과 관련된
- 오리엔탈레*orientale*, 오리엔탈리스*orientalis*: 동쪽과 관련된
- 페레네*perenne*, 페레니스*perennis*: 다년생
- 프로쿰벤스*procumbens*: 기어가는
- 로운디폴리아*roundifolia*, 로운디폴륨*roundifolium*, 로툰디폴리우스*rotundifolius*: 잎이 둥근
- 셈페르비렌스*sempervirens*: 잎이 늘 푸른
- 시넨세*sinense*, 시넨시스*sinensis*: 중국에서 온
- 테누이스*tenuis*: 가느다란
- 불가레*vulgare*, 불가리스*vulgaris*: 흔한

툴리파 몬타나*Tulipa montana*(산튤립):
이 이름은 이 식물의 자연 서식지가 이란 북서부의 돌이 많은 언덕과 산악 지대라는 것을 나타내며, 미국에 있는 몬태나주와는 연관이 없다.

종의 수명

대체로 식물은 수명이 긴 편이며 때로 수천 년을 살기도 하지만, 어떤 식물은 수명이 몇 주에 불과할 수도 있다. 세계적으로 최장수 기록을 갖고 있는 식물은 미국 캘리포니아 화이트 산에 사는 피누스 롱가이바*Pinus longaeva*이다. 일반적으로 그레이트베이슨잣나무라고 불리는 이 식물은 2013년에 5,063살이었다. 가장 수명이 짧은 식물 중에서는 유럽과 아시아와 아프리카 북서부에 서식하는 한해살이 식물인 아라비돕시스 탈리아나*Arabidopsis thaliana*를 예로 들 수 있는데, 이 식물은 생활 주기를 6주 만에 완성할 수 있다.

한해살이 식물은 발아, 성장, 개화, 종자 형성으로 이루어진 생활 주기를 모두 1년 안에, 또는 한 계절 안에 완성한다. 또는 위에서 예로 든 것처럼 훨씬 더 짧은 기간에 끝내기도 한다.

두해살이 식물은 생활 주기를 완성하는 데 2년이 걸린다. 첫해에는 싹이 트고 영양성장(잎, 줄기, 뿌리의 성장)이 일어난다. 그 후에는 휴면을 하면서 날씨나 환경 조건이 좋지 않은 기간을 견딘다. 그 이듬해에는 일반적으로 영양성장을 조금 더 한 뒤에 꽃을 피우고 씨앗을 맺은 다음 죽는다.

여러해살이 식물은 2년보다 더 오래 산다. 두해살이 식물처럼, 여러해살이 식물도 해마다 휴면할 수 있다. 때로는 지면 위로 나와 있는 부분이 다 말라 죽기도 하지만, 살기 좋은 계절이 되면 다시 자라나 해마다 꽃과 열매를 맺는다. 정원가에게 '여러해살이 식물'이라는 용어는 대개 풀을 뜻하며, 식물학자들은 이렇게 나무가 아닌 식물을 herb라고 부른다(제2장 47쪽을 보라). 정원가에게 허브herb는 완전히 다른 의미이다. 정원가와 식물학자의 전문용어 사이에는 미묘한 차이가 존재한다.

아종, 변종, 품종

때로는 하나의 종 안에서 엄청나게 다양한 변이가 일어날 수도 있다. 식물학자들은 이런 이상異常을 처리하려고 종을 아종, 변종, 품종으로 정리하기도 한다. 분류 체계의 다른 모든 단계와 마찬가지로, 이런 이름을 붙일 때도 규칙이 존재한다.

자연에서 서식 범위가 대단히 한정적인 칠레소나무(Araucaria araucana) 같은 일부 종에서는 개체들 사이의 작은 변이만 나타난다. 따라서 칠레소나무는 종명으로만 알려져 있다. 변이도 존재하지 않고, 식물 육종가들이 어떤 재배품종도 만들지 않았기 때문이다.

아라우카리아 아라우카나Araucaria araucana, 칠레소나무
칠레소나무는 종만 알려져 있고, 변종이나 품종이 없다.

그러나 어떤 종은 아주 복잡하다. 대표적인 예로는 시클라멘 헤데리폴리움Cyclamen hederifolium(가을시클라멘)이 있다. 적어도 두 가지 변종(콘푸숨confusum과 헤데리폴리움)이 있으며, 이 변종 중 하나는 두 가지 품종(알비플로룸albiflorum과 헤데리폴리움)으로 갈라진다.

아종

야생에서 식물이 넓은 범위에 분포할 경우, 개체군은 지리적 영역에 따라 조금씩 다른 특성을 획득할 것이다. 특히 격리된 지역에서 이런 특성은 더 뚜렷하며, 이런 특성을 획득한 개체군은 하나의 종 안에서 아종subspecies(약어는 'subsp.' 또는 'ssp.')으로 구별될 수 있다.

그래서 우리는 유럽 남부의 자연에서 유포르비아 카라키아스Euphorbia characias의 서로 다른 두 아종을 볼 수 있다. 지중해 서부에는 카라키아스 아종, 지중해 동부에는 울페니wulfenii 아종이 서식하며, 이 두 아종은 식물의 키와 꿀샘의 색이 다르다.

변종

같은 지리적 영역 안에 있는 하나의 종이나 아종 중에서 가끔씩 뚜렷하게 다른 개체나 개체군이 나타날 수 있는데, 이런 개체나 개체군은 변종variety(전문용어는 varietas, 약어는 'var.')으로 인정받기도 한다. 변종은 종이나 아종의 범위에 걸쳐 나타날 수 있지만, 지리적 분포와 항상 일치하지는 않는다. 변종의 예로는 피에리스 포르모사 var. 포레스티Pieris formosa var. forrestii가 있다.

변종은 자연적으로 발생하며, 대개 같은 종의 다른 변종들과 자유롭게 교배할 수 있다. '변종'은 종종 재배품종을 가리킬 때 잘못 쓰이기도 한다. 보통 자연적으로 발생하는 변종과 달리, 재배품종은 재배 과정에서 나온 변종만 일컫는 용어이다.

품종

품종form(전문용어는 forma, 약어는 'f.')은 일반적으로 가장 하위에 있는 식물 분류 단계이다. 품종은, 중요하지는 않지만 뚜렷한 차이를 나타내는 꽃 색과 같은 변이를 설명하는 데 활용하며, 변종과 마찬가지로 지리적 분포와는 별로 상관이 없다.

품종의 두 가지 예를 들면, 흰 꽃이 피는 제라늄 마쿨라툼Geranium maculatum 품종인 G. 마쿨라툼 f. 알비플로룸G. maculatum f. albiflorum과 노란 꽃이 피는 모란 품종인 파이오니아 델라바이 var. 델라바이 f. 루테아 Paeonia delavayi var. delavayi f. lutea가 있다.

잡종과 재배품종

정원가는 '잡종'과 '재배품종'이라는 용어에 익숙해져야 할 것이다. 관상용 식물에 흔히 쓰이는 이 용어들은 식물 육종가의 노력으로 개량된 품종을 뜻한다.

잡종

야생이나 정원에서 함께 자랄 때, 일부 식물 종 사이에서는 자연적으로나 인간의 개입에 의해 교배가 일어난다. 그 결과 생긴 자손을 잡종이라고 하며, 잡종 상태는 종명 앞에 곱셈 기호를 써서 나타낸다. 예를 들어, 제라늄 × 옥소니아눔*Geranium × oxonianum*은 G. 엔드레시*G. endressii*와 G. 베르시콜로어*G. versicolor* 사이의 잡종이다. 같은 속의 서로 다른 종 사이의 잡종은 종간 잡종, 다른 속 사이의 잡종은 속간 잡종이라고 한다.

대다수의 잡종 교배는 같은 속 안에서 일어난다. 이를테면, 헤더heather의 일종인 에리카 카르네아*Erica carnea*와 E. 에리게나*E. erigena* 사이의 잡종은 에리카 × 달레이엔시스*Erica × darleyensis*라고 불린다.

속간 잡종에는 새로운 잡종 속명이 주어지고, 종의 조합이 달라지면 별개의 종으로 취급된다. 여기서는 곱셈 기호가 속명 앞에 놓인다. 마호니아 아퀴폴륨*Mahonia aquifolium*과 베르베리스 사르겐티아나*Berberis sargentiana* 사이의 잡종은 × 마호베르베리스 아퀴사르겐티× *Mahoberberis aquisargentii*라고 불리며, 로도히폭시스 바우리*Rhodohypoxis baurii*와 히폭시스 파르불라*Hypoxis parvula* 사이의 잡종은 × 로독시스 히브리다× *Rhodoxis hybrida*라고 불린다.

접목 잡종 또는 접목 키메라라고 불리는 특별한 잡종도 있다. 여기서는 두 식물이 유전적으로 섞이는 것이 아니라 두 식물의 조직이 물리적으로 섞인다. 접목 잡종은 덧셈 기호로 나타낸다. 그래서 키티수스 푸르푸레우스*Cytisus purpureus*와 라부르눔 아나기로이데스*Laburnum anagyroides*의 접목으로 + 라부르노키티수스 '아다미'+ *Laburnocytisus 'Adamii'*가 만들어지고, 크라타이구스*Crataegus*과 메스필루스*Mespilus* 사이의 접목 키메라는 + 크라타이고메스필루스+ *Crataegomespilus*이다.

재배품종

변이를 지닌 새로운 식물은 재배 과정에서 우연히 생기거나 식물 육종가들이 인위적으로 만들기도 하는데, 이런 식물을 재배품종이라고 한다(재배품종을 뜻하는 cultivar는 재배된 변종CULTIvated VARiety의 줄임말로, 약어는 'cv'다). 재배품종에는 재배품종명이 주어진다. 순수한 학명과 구별하려고, 재배품종명은 에리카 카르네아 '앤 스파크스'*Erica carnea 'Ann Sparkes'*처럼 작은따옴표로 표시하고, 기울임꼴로도 쓰지 않는다.

1959년 이래로 만들어진 새로운 재배품종명은 이제 국제적인 규칙을 따르고, 학명 부분과 확실히 구별하려고 적어도 어느 정도는 현대어로 나타낸다. 그전에는 탁수스 바카타 '엘레간티시마'*Taxus baccata 'Elegantissima'*처럼 재배품종에도 라틴어 방식의 이름을 붙였다.

탁수스 바카타*Taxus baccata*, 서양주목

그룹, 그렉스, 시리즈

같은 종에 비슷한 재배품종이 많이 존재하는 경우, 또는 공인된 재배품종에 변이가 일어나는 경우(대개 번식 재료[특정 변종 식물을 만들거나 번식시키기 위한 씨앗이나 식물의 일부분]를 잘못 선택할 때 발생한다), 더 큰 집단을 아우르려고 그룹명이 주어지기도 한다. 그룹명에는 항상 그룹이라는 단어가 포함되며, 재배품종명과 함께 쓰일 때는 보통 괄호 안에 표기한다. 이를테면, 악타이아 심플렉스(아트로푸르푸레아 그룹) '브루넷'*Actaea simplex*(Atropurpurea Group) 'Brunette', 브라키글로티스(더니든 그룹) '선샤인'*Brachyglottis*(Dunedin Group) 'Sunshine' 같은 식이다. 식물학의 분류 단계인 종, 아종, 변종, 품종도 그룹으로 취급될 수 있다. 식물학에서는 더 이상 분류 단계로 인정받지 못하지만, 정원에서는 여전히 구별할 가치가 있으면 그룹명이 유용하게 쓰인다. 예를 들어, 로도덴드론 캄필로기눔 미르틸로이데스 그룹*Rhododendron campylogynum* Myrtilloides Group은 유용하게 쓰이지만 미르틸로이데스 변종var. *myrtilloides*

브라키글로티스*Brachyglottis*,
나무데이지

은 더 이상 식물학적으로 인정되지 않는다.

복잡한 잡종 교배의 계통을 세세하게 기록으로 남기는 난초에서는 이런 그룹 체계가 훨씬 더 정교해진다. 잡종마다 특정 교배를 통해 나온 모든 자손을 아우르는 그렉스명grex name(그렉스는 라틴어로 '무리'라는 뜻이다)이 주어진다. 같은 그렉스의 자손들은 아무리 달라도 서로 연관이 있는 것이다. 그렉스의 약어는 'gx'이고, 플레이오네 샨퉁 gx*Pleione* Shantung gx와 같은 식으로 표기한다. 플레이오네 샨퉁 gx '뮤리엘 하버드'*Pleione* Shantung gx 'Muriel Harberd'는 이 그렉스에서 나온 유명한 재배품종이다. 그렉스명은 따옴표 없이 (기울임꼴이 아닌) 로마자로 표기하며, gx는 그렉스명의 앞보다는 뒤에 붙는다.

시리즈명은 씨앗으로 기르는 식물, 특히 제1대 잡종에 종종 사용된다. 시리즈는 여러 개의 비슷한 재배품종을 포함할 수 있다는 면에서 그룹과 비슷하지만, 어떤 명명법에 구애 받지 않고 주로 상업적 용도로 쓰인다. 식물을 재배하는 사람들은 종종 재배품종의 정체를 밝히지 않아, 같은 특색의 식물이 오랜 시간에 걸쳐 여러 시장에 맞게 다양한 이름으로 다시 나올 수도 있다.

악타이마 심플렉스*Actaea simplex*,
서양노루삼

상업명

여러 재배품종에는 '판매명' 또는 '상품명'이 함께 주어진다. 이런 이름들은 상업명이라고 한다. 상업명에는 정해진 규정이 없다. 나라마다 다른 경우도 많고, 시간이 지나면서 바뀌기도 한다. 어떤 상업명은 상표로 등록되기도 하는데, 그러면 그 이름을 재배품종명처럼 취급하는 것이 금지된다.

상업명은 재배품종명이 이해하기 어려운 암호 같을 때 주로 쓴다. 품종 보호권Plant Breeders' Rights(아래를 보라)에 식물을 등록하려는 용도로만 만든 재배품종명 중에는 상업적 이용이 현실적으로 어려운 이름도 있다. 이런 이름은 장미 이름에서 흔히 볼 수 있다. 식물의 상표에는 재배품종명이 명확하게 표시되어야 하지만, 종종 상업명이 더 중요하게 여겨지기도 한다. 상업명이 브라더 캐드펠Brother Cadfael인 장미는 재배품종명이 '오스글로브Ausglobe'이고, 로사 골든 웨딩*Rosa* Golden Wedding은 '아로크리스Arokris'이다. 재배품종명은 일정하지만(이는 어떤 식물을 구입하는지 확실하게 알 수 있으므로 정원가들에게 유용하다), 상업명은 시장의 요구에 맞춰 변할 수 있다.

상업명은 재배품종의 별칭과 비슷할 수도 있고, 종종 재배품종명인 양 잘못 표기되기도 한다. 상업명에는 작은따옴표를 치지 않아야 하고 재배품종명과는 뚜렷하게 구별되는 서체로 인쇄해야 한다. 이를테면, 선댄스Sundance라는 상업명으로 판매되는 코이샤 테르나타 '리치'*Choisya ternata* 'Lich'는 *Choisya ternata* 'Lich' Sundance 또는 *Choisya ternata* Sundance ('Lich')로 표기해야 하며, *Choisya ternata* 'Sundance'라고 쓰면 안 된다.

다른 유형의 상업명으로는 외국어로 된 재배품종명에서 유래한 이름이 있다. 이런 상업명은 재배품종명의 외국어를 발음하거나 읽기 어렵다는 문제가 생길 수도 있다. 이런 예로는 하마멜리스 × 인테르메디아 매직 파이어('포이어차우버')*Hamamelis × intermedia* Magic Fire ('Feuerzauber')가 있다.

품종 보호권

품종 보호권(PBR)은 새로운 재배품종에 대한 권리를 보호하려고 특별히 설계된 지적 재산권의 한 형태이다. 어떤 식물이 국제적으로 합의된 특정 기준을 충족하면, 그 식물을 개발한 육종가가 재산으로 등록할 수 있게 해 주는 것이다. 품종 보호권은 식물 육종가가 그들의 일을 통해 상업적 이익을 얻는 것을 도우려고 만들었다.

품종 보호권을 획득하면, 특정 지역에서 정해진 기간 동안 권리를 보장 받는다. 그러면 권리자는 회사들이 자신의 재배품종을 기를 수 있도록 허가하고 재배된 식물마다 로열티를 받는다. 그들의 품종 보호권을 취급하는 사무소는 전 세계에 걸쳐 있으며, 품종 보호권이 있는 식물은 권리자의 허가 없이는 종자, 꺾꽂이, 미소대량증식을 포함한 어떤 방법으로도 상업적 목적을 위한 번식이 금지된다.

하마멜리스 × 인테르메디아 매직 파이어 ('포이어차우버')
Hamamelis × intermedia Magic Fire ('Feuerzauber'),
인테르메디아풍년화
'매직 파이어'라는 상업명은 독일어 이름인 포이어차우버를 영어로 옮긴 것이다.

프루누스 도메스티카*Prunus domestica*,
서양자두나무

제2장

성장, 형태, 기능

일정 수준 이상 진화한 모든 식물은 분화된 기관들로 이루어진 복잡한 체계를 갖추고 있으며, 각각의 기관은 식물의 성장과 번식을 위해 필요한 다양한 기능을 수행한다. 이런 기관들의 형태는 그 식물이 진화한 서식 환경의 영향을 받는다. 그러므로 형태와 서식지, 그리고 기능은 모두 서로 연관이 있다.

식물의 성장에서 우리가 기대하는 것은 다육질의 줄기나 털이 많은 잎 같은 식물의 모든 부분이 일종의 기능을 수행해, 자연 서식지에서 그 식물이 더 효율적으로 살아가게 해 주는 것이다.

어떤 특성의 기능은 아직까지 제대로 이해되지 않고 있다. 어떤 해부학적 특성은 심지어 불필요해 보이기까지 한다. 한때는 식물의 진화 역사에서 모종의 기능을 수행했겠지만, 오늘날에는 더 이상 필요하지 않은 것이다.

재배에서는 식물의 형태와 기능이 서식지와 크게 연관이 없을 것이다. 농업이 태동할 무렵부터 인간은 식물을 자연 서식지의 환경적 압력에서 분리하였고, 인간 스스로가 압력으로 작용하여 식물을 재배하고 개량해 왔다. 그 최종 결과는 인간의 요구에 맞는 형태와 기능을 갖춘 관상용 식물이나 경제 식물이다.

식물의 성장과 발달

식물은 빛, 온도, 습기 같은 특정 요건이 맞으면 성장할 것이다. 식물마다 필요한 조건이 다르므로, 이 세 조건 중 하나 또는 세 가지 모두가 작용하여 특정 식물의 성장을 유발할 수 있다. 낮의 길이에 반응하는 식물도 있고(예를 들면, 토끼풀은 봄에 점점 더 길어지는 낮의 길이에 반응한다), (북아메리카 치와와 사막에 사는 부활초인 셀라기넬라 레피도필라처럼) 비가 내린 후에만 자라는 식물도 있고, (유럽참나무인 쿠에르쿠스 로부르*Quercus robur*처럼) 평균 기온이 어느 수준 이상 올라가야만 잎을 틔우는 나무도 있다. 거꾸로, 이와 같은 조건이 맞지 않으면 식물은 성장을 멈출 것이다. 이런 경우에는 휴면(또는 죽음)에 이를 수도 있다.

분열조직

모든 성장은 세포 수준에서 일어나며, 식물에서 성장은 세포들이 빠르게 분열하고 있는 분열조직에서만 제한적으로 일어난다. 성장은 식물 전체의 형태와 구조를 변화시키고, 궁극적으로 그 식물의 복잡성을 한층 더 높여 준다.

이런 분열조직에는 어떤 특별한 형태로 분화되지 않은 '시원세포'가 있다. 시원세포는 뿌리 끝이나 눈 같은 뿌리와 줄기의 말단(정단 분열조직), 나무 식물의 나무껍질(수피) 바로 안쪽에서 줄기나 뿌리를 굵어지게 하는 형성층(측생 분열조직) 같은 식물의 특정 영역에서만 발견된다. 분열조직은 그 식물이 살아 있는 한 분열을 계속할 수 있으므로, 잠재적으로는 무한한 성장이 가능하다.

식물의 성장과 발달을 통해 놀라울 정도로 다양한 형태가 만들어지지만, 세포 수준에서는 이 모든 것이 단 세 가지 사건으로 설명된다. 그리고 이 세 가지 사건은 모두 분열조직에서 일어난다.

1. 세포분열(체세포분열)
2. 세포 확대
3. 세포 분화(일단 최종적인 크기에 도달한 세포는 특별한 기능을 얻게 되고 분열이 중단된다.)

이 세 단계는 다양한 방식으로 일어날 수 있으며, 이를 통해 한 식물 내의 조직과 기관의 다양성뿐만 아니라 다른 종류의 식물들 역시 설명할 수 있다.

새롭게 형성된 분열조직은 3차원적으로 커지기도 하지만, 줄기와 뿌리처럼 길쭉한 식물 기관에서는 주로 1차원적으로 확대가 일어난다. 따라서 세포가 커지면 곧 길이가 길어지면서, 확대되고 있는 세포에 물리적 압력을 가한다. 이렇게 확대된 세포들이 분열조

셸라기넬라 레피도필라*Selaginella lepidophylla*
여리고의 장미라고 불리는 부활초

직의 뒤로 밀려나면서 길이 성장이 일어나는 것이다.

절간節間 분열조직은 (대나무를 포함한) 화본과 식물 같은 외떡잎식물(제1장 28쪽을 보라)에서만 발견되는 특징이다. 이 식물들의 분열조직 영역은 마디 아래쪽 (대나무의 경우) 또는 줄기에서 잎몸이 시작되는 부분 (화본류 풀의 경우)에 있다. 엄청난 양의 대나무 잎을 먹어 대는 판다나 항상 풀을 뜯는 소를 생각하면, 분열조직이 이런 위치에 있는 것은 초식동물에게 먹히는 것에 대한 화본류 식물의 적응일 가능성이 크다. 그러면 먹힌 뒤에도 식물이 빠르게 성장할 수 있기 때문이다. 이것은 정원가들에게도 잔디를 깎을 때마다 중요한 영향을 끼친다.

세포 분화

길게 자란 분열조직세포는 분화를 시작하여 특별한 기능을 갖는 세포로 성숙된다.

유柔조직

가장 많이 만들어지는 세포 조직은 아마 유조직일 것이다. 세포벽이 얇은 '다목적' 식물세포로 이루어진 유조직은 다양한 기능을 수행한다. 유조직의 유용한 점은 분열 잠재력이 있어 필요하면 분열조직의 형태로 되돌아갈 수 있다는 점이다.

일반적으로 유조직이라 불리는 기본 분열조직세포

횡단면   종단면

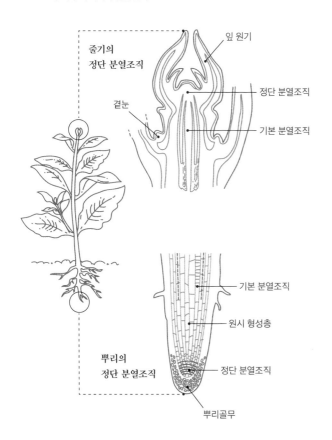

정단 분열조직, 즉 생장점은 눈이 있는 가지 끝과 뿌리 끝에서 볼 수 있다. 여기에서는 새로운 세포의 성장이 시작되므로, 정단 분열조직의 뒤로는 뿌리나 새 가지가 발달한다.

줄기의 정단 분열조직

곁눈

잎 원기

정단 분열조직

기본 분열조직

기본 분열조직

원시 형성층

뿌리의 정단 분열조직

정단 분열조직

뿌리골무

쓸모 있는 식물학

유조직의 기능

풍부한 유조직은 식물의 부피를 키우는 역할을 하지만, 이런 '충전재' 용도 말고도 여러 유용한 기능을 수행한다.

- 물 저장: 건조한 지역에 사는 식물은 유조직 속에 수분을 저장할 수 있고, 이 수분은 식물을 꼿꼿하게 지탱하는 역할도 한다.
- 공기의 출입: 유조직세포들 사이에는 기체 교환이 가능한 넓은 공간이 있으며, 공기가 들어 있는 이런 공간은 추가적인 부력이 필요한 일부 수생식물에도 유용할 수 있다.
- 양분 저장: 유조직세포는 고체 또는 물에 녹은 수액 형태로 양분을 저장할 수 있다.
- 수분 흡수: 일부 유조직세포는 식물의 필요에 의해 주위 환경에서 물을 흡수할 수 있도록 변형되었다(예: 뿌리털 세포).
- 보호: 어떤 유조직은 식물의 손상을 방지하는 데 도움이 된다.

후각조직

후각厚角조직은 유조직과 비슷하지만 세포벽이 셀룰로스[섬유소]로 인해 두꺼워져 있다. 그래서 후각조직은 특히 어린 줄기와 잎을 지탱하는 지지조직으로 작용할 수 있을 정도로 단단하지만, 추가적인 성장이 일어날 수 있을 정도로 충분히 유연하기도 하다. 후각조직은 다시 분열조직으로 되돌아가서 측생 분열조직을 형성할 수도 있다.

세포벽이 두껍고 단단한 후각세포

횡단면　　　　　　종단면

후막조직

후막厚膜조직은 리그닌(나무 같은 물질)이 풍부한 매우 두꺼운 세포벽을 갖고 있다. 이 조직은 식물의 성장이 끝났을 때만 발달한다. 일단 리그닌이 침전되면 더 이상 성장할 수 없고, 이 시점에서 세포는 목질의 세포벽만 남기고 죽기 때문이다. 나무 식물을 물리적으로 지탱하는 부분이 바로 이 후막조직이다.

후막조직에는 섬유와 후막세포라는 두 가지 기본 형태가 존재한다. 섬유는 끝으로 갈수록 가늘어지는 기다란 세포이며, 종종 다발로 묶여 있다. 후막세포는 공 모양 세포로, 즙이 많은 열매의 과육에서 자주 볼 수 있다. 배(배나무속Pyrus)에서 모래알처럼 씹히는 질감을 주는 것이 바로 후막세포이다.

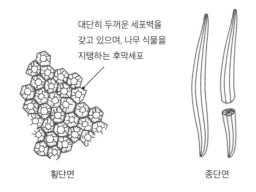

대단히 두꺼운 세포벽을 갖고 있으며, 나무 식물을 지탱하는 후막세포

횡단면　　　　　　종단면

식물의 유형: 식물학자 대 정원가

대부분의 정원가들은 식물을 나눌 때, 관상적 용도에 따라 큰키나무, 떨기나무, 덩굴식물, 다년초, 바위에 사는 식물(고산식물), 1년초와 2년초, 알뿌리(구근)와 알줄기(구경)와 덩이줄기(괴경) 식물, 선인장과 다육식물, 양치식물, 허브, 수생식물 같은 10~11개의 큰 범주로 나눌 것이다. 이 외에 소철과 이끼류도 이런 범주에 포함될 수 있다.

식물학자들이 보는 세계는 다르다. 식물학자도 이런 용어를 일부 또는 전부 사용할 수 있지만, 엄격하게 정의된 식물학자들의 용어는 종종 정원가에게는 이상하거나 직관적으로 이해되지 않을 수도 있다. 다음은 그런 용어들 중 가장 일반적으로 쓰이는 것들이다.

큰키나무와 떨기나무

식물학자들에게 큰키나무와 떨기나무는 뚜렷한 차이가 없다. 그래서 두 종류를 합쳐 간단히 나무 식물이라고 부르기도 하지만, '지상식물'이라는 용어도 있다. 지상식물은 지표에서 25센티미터보다 높은 위치에 눈이 달리는 모든 식물을 가리킨다.

유럽밤나무(Castanea sativa)처럼 확실히 큰키나무인 식물도 있지만, 라일락(수수꽃다리속Syringa)이나 유럽호랑가시나무(감탕나무속)는 종이나 재배품종에 따라 큰키나무처럼 자라기도 하고 떨기나무가 되기도 한다. 오스트레일리아 사람들에게 친숙한 '말리mallee'라는 용어는 떨기나무처럼 여러 갈래로 가지를 내는 큰키나무인 유칼립투스나무를 묘사하는 데 쓰인다. 식물학자들은 풀과 떨기나무의 중간에 해당하는 식물인 아관목subshrub을 묘사하려고, 지표에서 25센티미터보다 낮은 위치에 눈이 달리는 식물을 '지표식물'이라 부르기도 한다.

정원가들이 흔히 하는 말에 따르면, 떨기나무는 큰 줄기가 밑동에서 여러 갈래로 갈라지지만 큰키나무는 큰 줄기(수간)가 하나뿐이다. 다양한 원예학 책의

시링가 불가리스*Syringa vulgaris*,
라일락

저자들은 큰키나무에 대한 정의를 시도해 왔고, 대부분 하나의 수간이 특정 높이 이상 되어야 한다고 말한다. 그 높이는 정의하는 사람에 따라 3미터가 되기도 하고 6미터가 되기도 한다. 때로는 여기에 수간의 지름이 20센티미터 이상이어야 한다는 조건이 추가되기도 한다. 짐작하겠지만, 이런 경계는 애매해 작은 나무가 누군가의 눈에는 큰 떨기나무처럼 보일 수 있다는 사실을 받아들여야 한다.

여러해살이 식물, 다년초, 허브

2년 이상 사는 식물은 모두 여러해살이 식물이라고 하는데, 여기에는 큰키나무, 떨기나무, 알뿌리, 뿌리줄기(근경), 고산식물이 다 포함된다. 정원가에게 여러해살이 식물은 나무가 아니면서 겨울에 잎이 지는 모든 식물, 주로 꽃이 피는 주연周緣식물[주작물의 주위에 심는 식물]을 뜻한다. 이렇게 특별히 마련해 둔 이름을 탈취 당했다는 것이 정원가들로서는 못내 아쉬울 수도 있겠지만, 이 경우에는 식물학자들과 논쟁할 여지가 없다. 여러해살이 식물을 뜻하는 영어 단어 'perennial'은 사전적 정의가 '끊임없이 반복되거나 무기한 지속되는'이기 때문이다.

이런 까닭으로, 정원가들은 그들의 주연식물을 정의하는 용어로 '다년초'에 만족하는 편이 더 좋을 것이다. 다년초라는 용어는 모든 나무를 제외하고(그러나 나무와 비슷하게 자라고 때로는 아관목으로 간주되기도 하는 샐비어, 타임, 러시아세이지 같은 일부 식물의 경우에는 경계가 모호해지기도 한다), 알뿌리, 알줄기, 덩이줄기, 고산식물, 선인장도 제외한다. 그러나 추가적인 난점이 있는데, 식물학에서 '초본'은 휴면기(주로 겨울) 동안 지상부가 완전히 죽어 사라지는 식물을 가리킨다는 점이다. 정원가는 헬레보어와 일부 고사리류(예를 들면, 골고사리)처럼, 다년초 중에도 지상부가 완전히 죽지 않고 계속 자라는 식물이 많다는 것을 알고 있을 테다. 이런 경우에는 시든 잎을 잘라 주면 생생한 모습을 계속 유지할 수 있다.

식물학자들이 '허브'에 관해 이야기할 때는 더 많은 혼란을 일으킨다. 우리 모두가 알고 있는 허브는 로즈마리나 바질(*Ocimum basilicum*)처럼 화분이나 텃밭에서 쉽게 길러 요리에 활용할 수 있는 식물이다. 또한, 달맞이꽃이나 라벤더 같은 약용식물도 허브에 속한다. 식물학자에게 허브는 나무가 아닌 모든 식물, 온갖 다양한 풀을 아우르는 용어이다. '반지하식물'이라는

아스플레늄 스콜로펜드리움*Asplenium scolopendrium*,
골고사리

정원가들이 잘 접하기 어려운 매혹적인 식물 중 거대초본이라는 종류가 있다. 거대한 다년초처럼 생긴 거대초본은 남극과 가까운 뉴질랜드 연안의 섬들에 서식한다. 고립된 환경에서 진화한 식물은 종종 독특한 특징을 나타내는데, 섬에 사는 식물들도 예외가 아니다. 이를테면, 캠벨섬데이지(Pleurophyllum speciosum)는 지름 1.2미터가 넘는 엄청난 크기의 로제트rosette[짧은 줄기에 여러 장의 잎이 장미꽃 모양으로 뭉쳐난 형태]를 형성한다. 고립된 지역에서 발견되는 다른 거대한 풀로는 킬리만자로 산의 덴드로세네키오Dendrosenecio를 들 수 있다. 정원가들은 아티초크(Cynara cardunculus)와 거대한 화본류인 미스칸투스 × 기간테우스Miscanthus × giganteus 같은 일부 관상용 다년초도 마땅히 '거대초본'의 지위를 보장받아야 한다고 생각할지도 모른다.

용어를 쓰기도 하는데, 이는 눈이 토양의 표면이나 그 근처에 있는 식물을 가리킨다.

여러해살이 식물 중 딱 한 번만 꽃과 열매를 맺고 죽는 식물을 '1회 결실' 식물이라고 한다. 이런 종류로는 유카와 대나무, 메코놉시스속Meconopsis과 에큠속Echium의 일부 식물이 있다. 그러나 대부분의 여러해살이 식물은 사는 동안 대체로 해마다 꽃을 피우며, 이런 식물을 '다회 결실' 식물이라고 한다.

1년초와 2년초

정원가들이 1년초라고 알고 있는 식물은 식물학자들에게 한해살이 식물로 분류된다. 1년초는 생장하기 좋은 계절에 꽃을 피우고 씨를 맺고 죽는 생활 주기 전체를 끝낸 다음, 종자 상태로 휴면기를 보낸다. 따라서 '1년초'라는 용어는 따로 설명이 필요 없다. 정원가들은 정원을 금세 다채롭게 장식할 수 있는 1년초에 매우 친숙할 것이며, 흔히 기르는 1년초 종류로는 수란꽃(Limnanthes douglasii), 흑종초(Nigella damascena), 한련화가 있다.

혼란은 정원가들이 화단용 식물에 관해 이야기할

때 시작된다. 화단용 식물은 한두 계절만 화단에 심었다가 그대로 뽑아 버려서, 정원가들은 화단용 식물을 종종 1년초라고 부른다. 베고니아와 아프리카봉선화(물봉선속Impatiens) 같은 화단용 식물은 일반적으로 다년초이지만, 서리가 내리기 쉬운 기후에서는 겨울을 나지 않아(또는 한 계절이 지난 후에는 볼품없고 시들시들해져서) 1년초처럼 키운다.

2년초는 딱 두 해를 산 다음에 꽃을 피우고 씨를 맺고 죽는 1회 결실 식물이다. 대표적인 2년초로는 디기탈리스 푸르푸레아Digitalis purpurea와 에큠 칸디칸스Echium candicans가 있다. 많은 채소가 2년초다. 쑥부지깽이속Erysimum처럼 수명이 짧은 일부 다년초는 2년초로 분류되기도 해서, 여기서 또 한 번 경계가 희미해진다. 어떤 다년초가 다른 다년초에 비해 더 오래 산다는 사실은, 좋아하는 식물이 갑자기 죽으면 발을 동동 구르는 성격의 정원가들에게는 근심거리가 되기도 한다. 요점은 다년초의 수명이 다 제각각이라는 것이다. 에키나시아echinacea는 상대적으로 수명이 짧을 수도 있고, 붓꽃은 단순히 더 오래 사는 것일 수도 있다.

트로파이올레움 마유스Tropaeolum majus, 한련화

덩굴식물

식물학자들에게 덩굴식물을 뜻하는 영어 용어는 vine이다. 열대 지방에서 볼 수 있는 거북이사다리(*Bauhinia guianensis*) 같은 아주 큰 목질 덩굴식물은 리아나 liana라고 불리는데, 서양사위질빵(*Clematis vitalba*)처럼 온대 숲에 사는 큰 덩굴식물도 리아나로 정의될 수 있다.

정원가들에게 'vine'이라는 단어는 포도나무(포도속*Vitis*)라는 뜻이고, 덩굴식물은 'climber'라는 용어로 불린다. 덩굴식물은 스위트피(*Lathyrus odoratus*)처럼 풀일 수도 있고, 등나무나 포도나무처럼 나무일 수도 있다.

클레마티스 비탈바*Clematis vitalba*, 서양사위질빵

정원가들이 묘사하는 덩굴의 유형은 다양하다. 세 가지만 예로 들면, 기는 덩굴, 감는 덩굴, 달라붙는 덩굴이 있다. 그 밖에도, 덩굴은 늘어지기도 하고, 아치를 이루기도 하고, 뻗어 가기도 한다. 이런 다양한 용어는 모두 덩굴식물의 생장 방식을 대략적으로 묘사하지만, 공통점이 하나 있다. 대부분의 덩굴식물은 자신을 온전히 지탱하기에는 너무 약하거나 무르다는 점이다. 덩굴식물은 주변에 지지대 역할을 해 줄 식물이 있어야만 빛을 받아 꽃을 피우고 열매를 맺고 살아갈 수 있다. 정원가들은 (장미를 감고 올라가는 클레마티스처럼) 다른 식물이나 지지물을 이용하여 덩굴식물을 키울 수 있다.

달라붙는 덩굴

이 덩굴식물은 덩굴손 끝에 생긴 비정상적인 뿌리인 기근[공기뿌리]을 이용해 어디에나 잘 달라붙어 자란다. 이렇게 빨판처럼 접착력이 있는 기근을 형성하는 식물로는 아이비(송악속*Hedera*)와 몇몇 등수국 종류가 있다. 이런 덩굴식물을 정원에서 키우려고 따로 지지 구조를 만들 필요는 없다. 이런 덩굴은 무엇이든 지 자연스럽게 타고 올라갈 것이다.

감는 덩굴

감는 덩굴은 덩굴손이나 줄기나 잎자루로 지지대를 감아 타고 올라가는 식물이다. 감는 덩굴에는 으아리속*Clematis*, 인동속*Lonicera*, 등나무속*Wisteria* 식물이 포함된다. 정원에서 감는 덩굴을 기르려면 격자나 끈이나 철망 같은 보조 지지 장치가 필요하다.

기는 덩굴

기는 덩굴은 (장미처럼) 갈고리 같은 가시를 이용하거나, 칠레배풍등(*Solanum crispum*)처럼 새 가지가 빠르게 자라면서 지지대를 기어 올라가는 식물이다. 정원에서 이런 종류의 덩굴을 안정감 있게 세워 두려면 줄기를 묶을 수 있는 튼튼한 지지 장치가 필요하다.

정원에서 자라는 관목 중에는 덩굴은 아니어도 담이나 벽에 기대어 자라는 것이 많다. 이런 관목의 예로는 피라칸타*Pyracantha*와 카이노멜레스*Chaenomeles*가 있으며, 많은 과일나무도 이런 방식으로 자라게 할 수 있다. 그러면 식물을 2차원적으로만 자라게 할 수 있으므로, 정원가들은 정원 공간을 알뜰하게 활용할 수 있다.

덩굴식물이 타고 올라가는 큰키나무와 떨기나무는 진화적 측면에서 볼 때 확실히 불리한 점이 있다. 정원가들은 정원에 있는 유칼립투스나무가 해마다 수피가 벗겨진다는 것을 아마 알고 있을 테다. 이는 덩굴식물이 타고 오르기 어렵게 하기 위한 적응이라는 주장이 있다.

알뿌리, 알줄기, 덩이줄기

식물학자들이 종합적으로 '지하식물'이라고 부르는 용어는 튤립(산자고속*Tulipa*)처럼 땅속 구조에서 자라는 모든 식물을 뭉뚱그려 일컫는 것이다. 여기에는 마른 땅에서 자라는 식물(지중식물), 습지에서 자라는 식물(소택식물), 물속에서 자라는 식물(수련 같은 수생식물)이 포함된다.

'지하식물'이라는 용어가 더 널리 쓰이지 않는다는 것은 안타까운 일이다. 대부분의 정원가들에게 무척 헷갈리고 조금 무의미한 알뿌리, 알줄기, 뿌리줄기,

덩이줄기 사이의 미묘한 차이를 찾는 것보다 훨씬 유용하기 때문이다. 현재로서는 정원가들이 한동안 이네 가지 용어에 꼼짝없이 묶여 있어야 한다.

알뿌리는 아주 두껍고 짧은 줄기에 달려 있는 일종의 땅속 눈으로, 두터운 비늘에 단단히 싸여 있다. 양파는 전형적인 알뿌리다. 알줄기는 크로커스*Crocus*와 글라디올러스*Gladiolus*처럼 비늘이 없이 부풀어 있는 땅속줄기다. 덩이줄기는 땅속 저장기관으로, 원 식물에서 분리되어 새로 자랄 수 있다. 추운 기후에서는 종종 덩이줄기를 캐내어 서리가 내리지 않는 곳에서 겨울을 나게 한다. 달리아와 감자는 덩이줄기를 만드는 식물이다. 뿌리줄기는 땅 위로, 또는 부분적으로 파묻혀 옆으로 기어가는 줄기이다. 독일붓꽃은 전형적인 뿌리줄기이다. 알뿌리, 알줄기, 덩이줄기, 뿌리줄기는 82~83쪽에서 좀 더 자세히 다룰 것이다.

암생식물

암생岩生식물은 식물 자체의 유형보다는 식물의 서식지 유형을 더 특별하게 언급한다. 암생식물은 관목이 될 수도 있고, 다년초나 1년초가 될 수도 있으며, 때로는 고산식물이라고도 알려져 있다. 이 식물들의 공통점은 모두 추운 곳에 산다는 것이다. 이런 서식지는 생장기가 짧고, 겨울철에 비가 잘 내리지 않고 (게다가 수분도 눈 속에 갇혀 있다), 겨울철 기온이 매우 낮으며, 토양이 배수가 잘되는 편이다.

암생식물의 대표적인 서식지는 고산 지대의 초원이나 자갈 비탈이지만, 이와 조건이 비슷한 해안 절벽이나 기슭과 같은 곳을 좋아하는 식물도 암생식물에 포함될 수 있다. 고산식물은 대체로 수목한계선보다 높은 산꼭대기 부근에 산다. 극지방에 가까워질수록 암생식물의 서식지는 해발 고도가 낮아진다. 적도 부근에서는 가장 높은 산봉우리에서만 고산 지대의 환경을 볼 수 있다. 고산식물이나 암생식물을 정원에서 키우려면, 특별한 고산형 온실, 물 빠짐이 좋은 바위 정원이나 자갈 비탈 바닥, 마른 돌담을 만들고, 그 식물들이 필요한 조건을 정확히 맞춰 주어야 한다.

쓸모 있는 식물학

착생식물

착생식물은, 다른 식물(주로 나무)이나 인공 구조물에 붙어 자라지만 숙주 식물로부터 양분을 빨아들이지는 않는 식물을 가리킨다. 착생식물의 뿌리는 그 식물을 숙주 식물의 표면에 고정하고, 공기 중이나 숙주의 표면에서 수분을 빨아들이는 역할을 한다. 착생식물은 갈라지거나 팬 틈새에 모인 부식물에서 양분을 얻고, 자체적으로 빗물을 모을 수 있는 특별한 구조를 갖고 있다.

온대 정원에는 착생식물이 흔치 않다. 아열대나 열대 지방에는 박쥐란(*Platycerium*)과 틸란드시아 같은 착생식물의 수가 더 많은 편이다. 난초 중에는 착생식물이 매우 많은데, 난초를 실내에서 기를 때 뿌리를 내리게 하려는 기이한 조건들이 이것으로 설명된다.

틸란드시아속*Tillandsia*의 종 공중식물
틸란드시아는 파인애플과에 속하는 착생식물이며, '공중식물'이라 불리기도 한다.

눈

눈은 줄기에 있는 휴면 상태의 돌기로 정의되며, 환경 조건이 좋아지면 눈에서는 새로운 부분이 자랄 수도 있다. 이때 자라는 부분은 눈의 종류에 따라 영양기관이나 꽃이 되는데, 어떤 눈에서는 뿌리가 생기기도 한다.

눈은 보통 잎겨드랑이(엽액)나 가지 끝에 생기지만, 식물의 다른 부분에서도 종종 발견된다. 눈은 일정 기간 휴면하다가 성장이 필요할 때만 활성화될 수도 있고, 형성되자마자 자랄 수도 있다.

식물이 만들 수 있는 눈의 종류는 수없이 많다. 눈의 종류는 돋아 있는 위치, 생김새, 기능에 따라 구분할 수 있다.

눈의 형태

비늘눈

비늘눈은 추운 기후에 사는 식물에서 많이 발견되며, 비늘 모양으로 변형된 잎에 싸여 보호되고 있다고 해서 그렇게 불린다. 이런 비늘은 연약한 눈의 내부를 단단히 감싸고 있다. 눈비늘[아린]은 추가적인 보호 작용을 하는 끈끈한 진액으로 덮여 있는 경우도 있다. 낙엽수에서는 종종 눈의 모양과 눈비늘의 수로 종을 확인할 수도 있다.

맨눈

맨눈은 눈을 보호하는 비늘이 없이, 아직 발달되지 않은 작은 잎으로 덮여 있는 눈이며, 종종 털이 아주 많다. 이 털에는 약간의 보호 기능이 있으며, 때로는

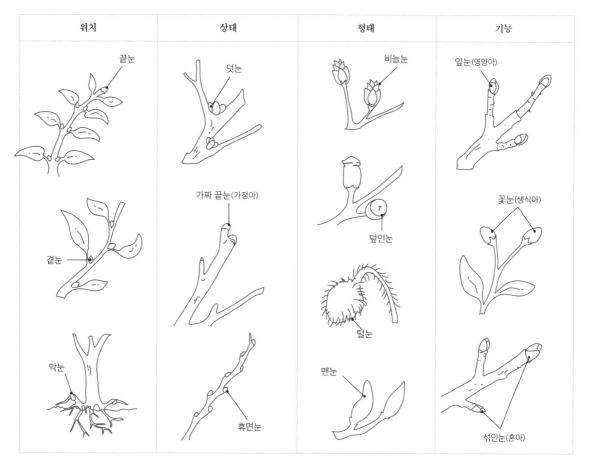

위치	상태	형태	기능
끝눈	덧눈	비늘눈	잎눈(영양아)
곁눈	가짜 끝눈(가정아)	덮인눈	꽃눈(생식아)
막눈	휴면눈	털눈 / 맨눈	섞인눈(혼아)

털눈이라고도 불린다. 갯버들(버드나무속 *Salix*의 일부 종)의 꽃눈 같은 일부 비늘눈도 털로 보호되어 있다.

많은 1년초와 다른 풀 식물은 뚜렷한 눈을 만들지 않는다. 사실 이런 식물에서는 눈이 크게 퇴화되어, 잎겨드랑이에서 아직 분화되지 않은 분열조직세포 덩어리를 이루고 있을 뿐이다. 반대로, 일부 풀에서는 눈이 있어도 눈으로 여겨지지 않는다. 이를테면, 양배추를 비롯해 일부 십자화과 채소에서는 눈이 먹는 부분이다. 양배추의 머리, 즉 중심부는 거대한 끝눈이고, 방울다다기양배추는 큰 곁눈이다. 콜리플라워와 브로콜리 송이는 꽃눈 덩어리로 이루어져 있다.

다양한 유형의 눈

한 식물에는 다양한 유형의 눈이 있으며, 모두 저마다 다른 기능이 있다.

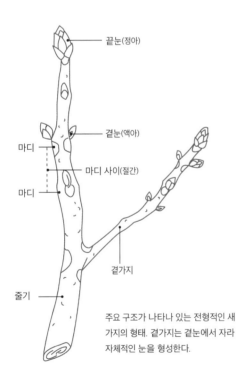

주요 구조가 나타나 있는 전형적인 새 가지의 형태. 곁가지는 곁눈에서 자라 자체적인 눈을 형성한다.

(그림 라벨)
끝눈(정아)
곁눈(액아)
마디
마디 사이(절간)
마디
곁가지
줄기

끝눈 또는 정아

정아라고도 불리는 끝눈은 줄기의 끝에 생긴다. 끝눈은 성장 조절 호르몬을 생산하기 때문에, 끝눈보다 아래에 있는 곁눈의 성장 정도는 끝눈의 성장에 의해 조절된다. 정아 우세라고 불리는 이런 현상은 일부 구과식물에서 가장 잘 나타난다. 좋은 예로는 크리스마스트리로 주로 키우며 수형이 뚜렷한 피라미드 모양을 이루는 노드만전나무(*Abies nordmanniana*)가 있다. 만약 끝눈이 동물에게 먹히거나 다른 손상으로 사라지면, 정아 우세 현상도 사라지고 아래에 있는 눈들이 끝눈의 자리를 대신하려고 더 왕성하게 자라기 시작할 것이다. 이런 반응을 잘 활용하면 풍성한 가지를 만들 수 있다.

곁눈 또는 액아

액아라고도 불리는 곁눈은 잎이 줄기와 접하는 지점인 잎겨드랑이에 주로 형성된다. 곁눈은 대개 잎이나 곁가지로 발달한다.

막눈

부정아라고도 불리는 막눈은 수간이나 잎이나 뿌리처럼 일반적이지 않은 자리에 생기는 눈이다.

어떤 막눈은 뿌리에 형성되어 정원가들이 '흡지'라고 부르는 새로운 성장물을 만들기도 한다. 미국붉나무(*Rhus typhina*) 같은 나무 종에서 많이 볼 수 있는 흡지는 골칫거리가 될 수도 있지만, 때로는 번식 방법으로 이용되기도 한다.

일부 식물에서는 잎에 형성되는 막눈이 번식에 이용되기도 하는데, 이는 식물과 정원가에게 모두 이로운 일이다. 정원에서 톨메아 멘지에시*Tolmiea menziesii*라는 지피식물이 빠르게 번져 땅을 다 덮을 수 있는 것도 바로 이런 능력 때문이다.

숨은눈

잠아라고도 불리는 숨은눈은 막눈의 일종이다. 숨은눈은 일부 나무의 수피 아래에 휴면 상태로 존재

유칼립투스 오블리콰*Eucalyptus obliqua*,
오스트레일리아참나무

잎눈과 꽃눈

영양아라고도 불리는 잎눈은 대개 작고 가늘며 잎으로 발달한다. 생식아라고 불리거나 과일나무에서는 열매눈이라고 불리기도 하는 꽃눈은 잎눈보다 더통통하며, 미성숙 상태의 꽃이 들어 있다. 섞인눈(혼아)에는 미성숙 상태의 꽃과 잎이 둘 다 들어 있다.

과실수에서 꽃눈의 생산은 복잡한 과정이며, 재배품종, 대목[접붙이기를 위한 바탕 나무], 빛의 양, 이용할 수 있는 물과 양분에 의해 결정된다. 그러나 이런 요소에 어느 정도 영향을 주어 잎눈의 형성보다 꽃눈의 형성을 더 촉진하는 것도 가능한데, 이는 생산량을 증진하려는 과수 재배자에게 유용하다.

이런 증진은 세심한 가지치기와 식물이 필요로 하는 양분의 충족 같은 다양한 방식을 통해 이룰 수 있다. 과일나무의 전통적인 형태잡기(과수 울타리, 시렁, 지지대 따위를 이용하는 방법)도 나무의 수직 성장을 둔화시켜 수액의 흐름을 제한하는 역할을 하고, 이에 따라 양분과 호르몬의 흐름도 줄인다. 이런 기술은 열매눈의 형성을 촉진하고 잎과 줄기 같은 영양 기관의 성장을 감소시키기 위해 고안되었다.

한다. 숨은눈의 성장은 물리적 손상에 대한 반응으로, 혹은 다른 눈이 남아 있지 않을 때 촉발될 수도 있다. 정원가들은 대개 줄기를 바싹 잘라 내는 가지치기를 함으로써 숨은눈을 불러내지만, 모든 식물이 숨은눈에 의지해 새 가지를 만들 수는 없다는 점을 알아야 한다. 이를테면, 많은 구과류와 라벤더, 로즈마리는 이렇게 강한 가지치기를 하면 죽을 수도 있다.

오스트레일리아의 유칼립투스나무는 숨은눈에 크게 의존하는데, 이는 잦은 산불 때문에 생긴 진화적 적응이다. 유칼립투스나무의 눈은 극히 높은 온도를 견디려고 매우 깊숙이 자리 잡고 있다. 이런 휴면 상태의 눈은 산불에 의해 생장이 유발되고, 그 후 복구를 위한 성장을 시작한다.

어떤 종은 막눈에서 뿌리가 자랄 수도 있어, 정원가들은 꺾꽂이를 할 때 이 능력을 활용한다. 버드나무와 포플러는 겨울에 잘라 낸 맨가지에서 쉽게 뿌리를 낼 수 있고(묵은 가지꽂이), 장미도 이런 방법으로 번식을 할 수 있다. 일부 나무에서는 몇 개의 숨은눈이 동시에 움을 틔워 '웃자람 가지'라고 불리는 가느다란 가지들이 무성하게 생기기도 한다.

로사 펜둘리나*Rosa pendulina*,
알프스장미

예전에는 한 번만 꽃을 피우는 장미 종이 많았지만, 현대의 재배품종은 여름 내내 꽃눈을 만든다.

로버트 포춘
1812~1880

수수께끼 같은 악명 높은 식물 사냥꾼이자 식물학자인 로버트 포춘Robert Fortune의 대담한 탐험이 없었다면, 오늘날 우리의 정원은 훨씬 더 초라했을 것이다. 그는 몇 번에 걸친 외국 여행을 통해 200종 이상의 관상용 식물을 영국으로 들여왔다. 그의 방문지는 주로 중국이었으나, 인도네시아, 일본, 홍콩, 필리핀 등지도 돌아다녔다. 그가 영국으로 들여온 식물들은 큰키나무와 떨기나무가 많았고, 그 외 덩굴과 다년초도 있었다.

오늘날 잉글랜드 북동부에 위치한 더럼 카운티의 켈로에서 태어난 포춘은 처음에는 에든버러의 왕립 식물원에 고용되었다. 훗날 그는 치즈윅에 있는 런던 원예학회(왕립 원예학회의 전신) 식물원의 온실 부관리자로 임명되었다. 그로부터 몇 달 후, 포춘은 왕립 원예학회의 중국 식물 채집가 자격을 얻었다.

1848년에 약간의 여비를 받고 첫 여행을 떠날 때 그에게 주어진 임무는, "영국에서 아직 재배되지 않는 관상용 식물이나 유용한 식물의 씨앗을 수집"하고 중국의 원예에 대한 정보를 얻어오는 것이었다. 특히 푸른 꽃이 피는 작약을 찾아내고, 황제의 개인 정원에서 기르는 복숭아를 조사하라는 지시가 내려졌다.

그가 여행을 다녀올 때마다 영국의 정원과 온실은 점점 더 풍요로워졌다. 중국댕강나무(*Abelia chinensis*), 중국등나무(*Wisteria sinensis*), 레티쿨라타동백(*Camellia reticulata*), 국화chrysanthemum 종류, 삼나무(*Cryptomeria japonica*), 팥꽃나무속*Daphne*의 다양한 종들, 둥근잎말발도리(*Deutzia scabra*), 약자스민(*Jasminum officinale*), 일본앵초(*Primula japonica*), 다양한 진달래속의 종들을 포함하여, A부터 Z까지 거의 모든 알파벳 머리글자로 시작하는 속의 식물들이 영국으로 들어왔다.

그의 여행은 새롭고 이국적인 수많은 식물을 유럽에 소개하는 결과를 가져왔지만, 아마 그의 가장 유명한 업적은 1848년에 영국 동인도회사를 대신해 중국에서 차나무를 반출하여 인도의 다르질링 지역까지 성공적으로 가져온 일일 것이다. 포춘은 차나무를 운반하려고 당시로서는 최신 발명품인 너새니얼 백쇼 워드Nathaniel Bagshaw Ward의 워드 상자Wardian case를 이용했지만, 안타깝게도 2,000그루의 차나무와 어린 식물들이 대부분 얼어 죽었다. 그러나 포춘이 데려온 중국인 차

1800년대 중반에 극동 지역을 탐험한 로버트 포춘은 200종이 넘는 관상용 식물을 영국으로 들여왔다.

"중국과 일본에서 널리 행해지는 분재 기술은 사실 매우 단순하다…. 분재는 식물생리학의 가장 흔한 원리 중 하나를 기반으로 한다. 나무에서 수액의 흐름을 막거나 지연할 수 있는 것은 무엇이든지 나무와 잎의 형성도 어느 정도 방해할 것이다."
— 로버트 포춘, 『3년 중국 북부 지방 방랑』 중에서

카멜리아 시넨시스*Camellia sinensis*,
차나무

로버트 포춘은 중국에서 인도로 차를 들여와서 오늘날 우리가 알고 있는 인도 차 산업의 확립에 중요한 역할을 했다.

로도덴드론 포르투네이*Rhododendron fortunei*,
운금만병초

포춘은 중국 동부에 있는 해발 900미터의 산간 지방에서 자라고 있는 이 식물을 발견했다. 운금만병초는 영국에 소개된 최초의 중국산 진달래속 식물이다.

재배 기술자들의 기술과 지식은 인도 차 산업의 정착과 성공에 중요한 역할을 했을 것이다.

여행하는 동안 포춘은 대체로 환대를 받았지만, 강한 적개심을 경험하거나 성난 무리로부터 칼로 위협을 받은 적도 있다. 황해에서는 큰 폭풍을 만나 죽을 고비를 넘기기도 했고, 양쯔 강에서는 해적의 공격을 받기도 했다.

그는 중국어를 능숙하게 구사하게 되어, 현지인처럼 옷을 입고 중국인들 사이에서 눈에 잘 띄지 않게 다닐 수 있었다. 그 덕분에 별다른 저지를 받지 않고 외국인의 출입이 금지된 중국 곳곳을 다닐 수 있었다. 그는 변발까지 해서 중국인들 사이에 잘 섞여들 수 있었다.

그의 여행 이야기는『3년의 중국 북부 지방 방랑 Three Years' Wanderings in the Northern Provinces of China』(1847),『중국 차 재배지 여행A Journey to the Tea Countries of China』(1852),『중국인들 사이에서 살기A Residence Among the Chinese』(1857),『에도와 북경Yedo and Peking』(1863)을 비롯해 몇 권의 책으로 발표되었다.

그는 1880년에 런던에서 사망하여 브롬튼 묘지에 묻혔다.

수많은 식물의 학명이 로버트 포춘의 이름을 따서 지어졌는데, 포춘개비자나무(*Cephalotaxus fortunei*), 쇠고비(*Cyrtomium fortunei*), 좀사철나무(*Euonymus fortunei*), 큰비비추(*Hosta fortunei*), 케텔리리아 포르투네이(*Keteleeria fortunei*), 당남천죽(*Mahonia fortunei*), 오스만투스 포르투네이(*Osmanthus fortunei*), 흰줄무늬사사 '포르투네이'(*Pleioblastus variegatus* 'Fortunei'), 운금만병초(*Rhododendron fortunei*), 로사 × 포르투네아나(*Rosa × fortuneana*), 왜종려(*Trachycarpus fortunei*) 등이 있다.

뿌리

관다발계(수분 운반 체계)가 있는 식물에서 뿌리는 매우 중요하다. 뿌리는 식물을 그 자리에 안전하게 고정해 줄 뿐 아니라, 흙이나 배지에서 식물이 필요로 하는 물과 양분을 빨아들인다.

물과 그 속에 녹아 있는 무기 양분을 실제로 흡수하는 부분은 뿌리의 표면에 있는 수많은 뿌리털이다. 수많은 뿌리털이 흙 속 균류와 균근을 형성해 서로에게 유익한 공생 관계를 맺는다. 세균 중에도 식물의 뿌리와 결합하는 종류가 있는데, 이 세균들은 공기 중의 질소를 식물이 사용할 수 있는 형태로 바꿀 수 있다. 식물은 이런 공생 관계에서 대단히 큰 이득을 볼 수 있는데, 상대의 도움으로 중요한 양분을 얻기 때문이다(58쪽을 보라).

정원가에게는 식물의 뿌리를 보살피는 일이 중요하다. 그러려면 토양을 잘 준비하여 좋은 상태로 유지해야 한다. 이런 정원에서는 식물이 잘 자라 빨리 자리를 잡고, 뿌리도 튼튼하다는 것을 알 수 있을 것이다.

의 역할을 하는 것이 주된 기능이다. 따라서 식물을 옮길 때는 가느다란 뿌리들이 너무 많이 상하지 않도록 주의를 기울여야 한다. 잔뿌리의 손상은 회복을 크게 지연할 수 있고, 너무 많이 상하면 식물이 죽을 수도 있기 때문이다.

근계의 모양은 땅 위로 드러난 식물의 모양만큼이나 다양하지만, 정원가에게는 거의 보이지 않아 잘 알려져 있지 않다. 어떤 뿌리는 아래로 똑바로 자라 커다란 곧은뿌리를 형성하기도 하고, 또 다른 뿌리는 진달래속의 종들에서 발견되는 것처럼 뿌리 표면이 세밀한 망을 이루기도 한다. 가장 깊은 뿌리는 주로 사막과 온대 침엽수림에서 발견되며, 가장 얕은 뿌리는 툰드라와 온대 초원 지대에서 볼 수 있다.

사막 식물은 다양한 전략으로 극단적 환경에 대처한다. '내건성 식물'이라고 알려진 종류의 식물은 다육성 조직에 물을 비축해 두거나, 넓은 지역에 뻗어 있는 거대한 근계로 부족한 물을 가능한 한 많이 모으려 한다. 서아시아의 낙타가시나무(*Alhagi maurorum*)는 사막 식물 중 근계가 가장 넓게 펼쳐져 있는 식물 중 하나이다.

뿌리는 종종 특별한 적응을 하기도 한다. 그래서 식물을 지탱하고 물과 무기양분을 흡수하는 기능 외

뿌리의 구조

근계는 원뿌리와 곁뿌리로 구성된다. 원뿌리가 특별히 우세하지는 않다. 그래서 전체 근계는 자연스럽게 섬유 모양을 이루고, 사방으로 가지를 치며 넓게 펼쳐진 뿌리의 망을 형성한다. 이렇게 형성된 뿌리는 식물 전체를 단단히 고정하고 지탱할 수 있으며, 넓은 영역에서 물과 양분을 찾을 수 있다.

원뿌리는 목질일 수도 있고, 두께가 2밀리미터 이상일 때는 일반적으로 물과 양분을 흡수하는 능력을 상실한다. 대신 식물을 고정하고, 더 가느다란 섬유 같은 뿌리들을 식물의 나머지 부분과 연결하는 구조

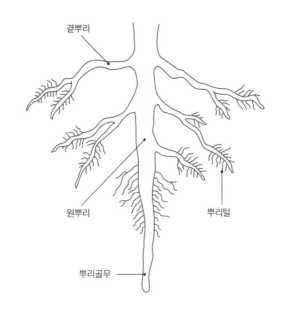

곁뿌리

원뿌리

뿌리털

뿌리골무

수선화속*Narcissus sp.*의 종,
수선화

에, 물과 양분의 저장 같은 다른 기능을 수행할 수도
있다. 식물의 지상부가 다 죽고 땅속 구조만 남겨 휴
면에 들어갈 수 있는 식물도 많다. 그 두 가지 예를
들면, 감자의 덩이줄기와 수선화의 알뿌리가 있다.

막뿌리

막눈(52쪽을 보라)과 마찬가지로, 막뿌리(부정근)는
줄기나 잎이나 오래된 목질 뿌리 같은 특이한 자리에
생기는 뿌리이다. 식물의 뿌리나 줄기나 잎을 잘라 내
어 번식시킬 때는 막뿌리가 중요할 수도 있는데, 잘라
낸 식물의 일부분이 새로운 근계를 만들게 하는 것이
그 목표이기 때문이다.

헤데라 헬릭스*Hedera helix*,
아이비

아이비는 식물체를 구조물에 부착할 수 있는 기근을 만들고,
그 기근을 이용하여 구조물을 타고 올라가며 자란다.

기근

기근氣根은 가장 흔한 형태의 막뿌리이며, 착생란
같은 열대 식물의 일반적인 특징이다.

기근은 일부 덩굴식물이 벽이나 다른 식물을 타고
올라갈 때 몸을 부착하는 것을 도와준다. 이런 덩굴
식물의 대표적인 예로는 아이비(송악속)와 등수국이
있다. 이 식물들은 오래된 담장에 무성하게 자란 줄
기를 제거할 때 벽돌 조각이 통째로 딸려 나올 정도
의 강한 힘으로 부착되기도 한다.

기생무화과나무(무화과속*Ficus*)의 씨앗은 다른 나무
의 가지에서 발아한다. 이 나무에서 나오는 기근은
땅 쪽으로 자라는데, 시간이 흐를수록 점점 더 많아
지면서 숙주 식물을 '조여 죽인다.' 어떤 식물은 줄기
에서 '버팀뿌리(지주근)'를 내려 보내 식물의 지지 작
용을 돕는다. 텃밭에 있는 다 자란 옥수수(*Zea mays*)
에서도 버팀뿌리를 관찰할 수 있다.

캥김뿌리

캥김뿌리(수축근)는 확장과 수축을 통해 히아신스
(히아신스속*Hyacinthus*)와 백합(백합속*Lilium*) 같은 식물

의 알뿌리나 알줄기를 땅속으로 더 깊이 끌어넣는다. 이런 뿌리는 식물을 고정하고 계속 파묻혀 있게 하는 역할을 한다. 서양민들레(*Taraxacum officinale*)의 곧은뿌리도 비슷한 기능을 수행한다.

빠는뿌리

빠는뿌리(흡근, 기생근)는 겨우살이(*Viscum album*)와 새삼(새삼속*Cuscuta*) 같은 기생식물에서 자란다. 이런 뿌리는 다른 식물의 조직을 뚫고 들어가 물과 양분을 흡수할 수 있다.

무릎뿌리

'무릎뿌리' 또는 '호흡근'은 땅에서 공기 중으로 올라가며 자란다. 무릎뿌리에는 기체 교환을 위한 숨구멍(피목)이 있으며, 주로 습지나 물이 고여 있는 곳에서 볼 수 있다. 숨구멍이 있는 뿌리는 물속에서도 살 수 있다. 정원에서는 큰 연못가에 심어진 낙우송(*Taxodium distichum*)에서 호흡근을 가장 많이 볼 수 있다.

덩이뿌리

덩이뿌리(괴근)는 뿌리의 일부분이 양분이나 물을 저장하려고 부풀어 오를 때 나타나며, 고구마(*Ipomoea*

batatas) 같은 식물에서 볼 수 있다. 덩이뿌리는 곧은뿌리와는 뚜렷이 구별된다.

뿌리의 관계: 뿌리혹과 균근

뿌리혹은 완두 종류(콩아과*Papilionaceae*)를 포함한 대부분의 콩과 식물에서 뚜렷하게 볼 수 있다. 뿌리혹이라는 특별한 뿌리 구조에서는 그 속에 살고 있는 리조븀과*Rhizobiaceae* 세균과의 복잡한 공생 작용이 일어나고 있다. 이 세균은 공기 중 질소를 식물이 활용할 수 있는 형태로 고정해 토양 속 질소에 대한 식물의 의존도를 감소시킨다. 그래서 농민이 줘야 하는 질소 비료에 훨씬 덜 의지하는 콩과 식물은 인기 작물이 되었다.

리조븀과 세균 중 가장 중요한 두 가지 속은 리조븀속*Rhizobium*(일반적으로, 대두와 땅콩 같은 열대와 아열대 콩과 식물에서 볼 수 있다)과 브래디리조븀속 *Bradyrhizobium*(완두와 토끼풀 같은 온대 콩과 식물에서 주로 볼 수 있다)이다.

이 세균들은 뿌리에서 분비되는 플라보노이드라는 화학물질을 감지하고, 자기만의 화학적 신호를 보낸다. 식물의 뿌리털은 세균의 존재를 감지하여 세균을 둘러싸기 시작한다. 그러면 세균은 뿌리털의 세포벽으로 감염사絲를 침입시키고, 그렇게 자라기 시작한 뿌리혹은 마침내 뿌리의 옆면에 크게 자리 잡는다.

남세균*Cyanobacteria*도 일부 식물의 뿌리와 연관이 있지만, 꽃식물 중에서는 유일하게 군네라속 *Gunnera*(대엽초라고 불리는 G. 마니카타*G. manicata* 같은 식물)만 영향을 받는다. 남세균과 연관된 식물 중 가장 중요한 식물은 전통적으로 무논에 번성하는 작은 식물인 물개구리밥속*Azolla*일 것이다. 논에서 물개구리밥은 벼를 키우는 생물학적 비료로 작용한다.

균근 연합은 균류와 연관이 있다. 균근은 '곰팡이 뿌리'라는 뜻이며, 전체 식물의 3/4이 넘는 식물이

타락사쿰 오피키날레*Taraxacum officinale*, **서양민들레**

균류와 이런 연합을 이루는 것으로 추정된다. 균류는 종종 토양 속에서 실 모양의 균사로 이루어진 넓고 촘촘한 매트 같은 것을 형성하는데, 식물은 균사를 자신의 뿌리 속으로도 들어오게 해, 균류가 형성해 놓은 기존의 양분망을 이용한다. 그 대가로 균류도 식물로부터 양분을 얻는다.

거의 모든 난초가 생활 주기 중 적어도 한 시기에 균근 연합을 형성하는 것으로 알려져 있다. 송로는 균근을 이루는 균류로 유명하며, 대개 특정 종류의 나무와 연합을 이룬다. 즉, 선호하는 숙주가 따로 있는 것이다. 심지어 송로 균근이 이미 접종되어 있는 나무를 구입할 수도 있고, 새 나무를 심을 때 뿌리 주변에 뿌릴 수 있도록 건조 상태의 균근이 판매되기도 한다.

뿌리와 정원가

뿌리는 환경에 반응하고, 그에 맞춰 성장을 조절한다. 일반적으로 뿌리는 식물이 필요로 하는 환경에 맞는 공기와 무기 양분과 수분이 있는 곳이면 어느 방향으로나 자란다. 반대로, 토양이 너무 건조하거나 너무 습한 곳, 그 외 토양의 다른 조건이 좋지 않은 곳, 무기 양분의 농도가 지나치게 높아 민감한 뿌리털을 손상시킬 수도 있는 곳은 멀리할 것이다. 그래서 과도한 양분 공급은 뿌리의 성장에 역효과를 줄 수도 있으므로, 비료는 주의 깊게 권장량만 주는 것이 중요하다. '혹시 모르니까 조금 더' 주면, 문제가 일어날 수도 있다.

토양의 양분은 뿌리가 흡수할 수 있도록 물에 녹은 상태여야 해서, 흙을 촉촉하게 유지하는 것이 중요하다. 마른 흙에서는 양분의 효용성이 훨씬 떨어진다. 토양의 산도pH 역시 특정 양분의 효용성에 영향을 줄 수 있다(144쪽을 보라).

토양이 (흙다짐 같은) 손상을 입거나 물빠짐이 나쁘면 뿌리의 성장에 좋지 않은 효과가 나타날 수도 있다. 물이 고여 있는 토양에서는 식물이 뿌리를 내리

원예 식물의 뿌리는 대부분 지표면과 비교적 가까운 곳에 있는데, 그런 곳은 통기성과 양분 농도가 식물의 생장에 좋은 편이다. 칼루나속Calluna, 동백나무속Camellia, 에리카속Erica, 수국속, 진달래속 같은 관목을 포함하여 뿌리가 얕은 식물은 건조한 땅을 가장 못 견디는 식물에 속하므로, 그런 조건을 세심하게 살펴 주어야 한다. 유기물로 토양을 한 겹 덮어 주는 것이 도움이 될 수 있지만, 너무 두껍게 덮어 주면 뿌리가 '질식'할 수도 있다. 자연 환경에서는 낙엽이 이런 역할을 한다.

동백나무속*Camellia sp.*의 종, 동백

지 못할 수도 있고, 뿌리가 너무 오래 물에 잠겨 있으면 환경에 적응하지 못하고 죽어 버릴 수도 있다. 겨울에 그런 손상이 일어나면, 이듬해에 식물이 다시 성장하는 계절이 오기 전까지는 그 영향을 알아채지 못할 수도 있다. 이런 식물은 성장을 유지하는 데 필요한 물을 토양에서 빨아들이지 못하고, 이내 죽게 될 것이다. 이런 이유로, 식물을 기르는 화분에는 적당한 배수구가 있는 것이 중요하다.

토양과 흙다짐은 제6장에서 더 다룰 것이다.

프로스페로 알피니
1553~1617

유럽인들이 날마다 즐겨 먹는 커피와 바나나는 프로스페로 알피니 Prospero Alpini 덕분에 처음 알려졌다. 그는 이 두 작물을 유럽에 들여온 인물이었다.

때로는 프로스페로 알피노Alpino라고도 표기되는 알피니는 식물학자이자 내과의사이며, 이탈리아 북부 비첸차의 마로스티카에서 태어났다.

그는 파두아 대학교에서 의학 공부를 마치고 파두아 근처의 작은 마을인 캄포 산피에트로에서 2년 동안 의사로 일하다가, 카이로 주재 베네치아 영사 조르조 에모Giorgio Emo의 의학 고문으로 임명되었다. 이는 알피니의 큰 소원 중 하나를 이룰

프로스페로 알피니는 대추야자를 인공적으로 번식시킨 최초의 인물로 알려져 있다. 그는 식물의 암수 구별을 알아냈고, 이것은 린네의 분류 체계에 적용되었다.

절호의 기회였다. 내과의사로서 식물의 약리적 특성에 매우 관심이 많았던 그는 이탈리아보다 더 좋은 환경에서 식물학을 공부하고 싶었다.

그는 이집트에서 3년을 보내면서 이집트와 지중해의 식물상을 폭넓게 연구했다. 또한, 대추야자를 관리하는 일을 맡기도 했고 최초로 대추야자를 인공 수정한 인물로도 알려져 있다. 이 일을 하는 동안 그는 식물에서 양성 간 차이를 연구했고, 이는 훗날 린네 분류 체계의 토대가 되었다. 그는 이렇게 말했다. "대추야자는 암수의 가지들이 서로 섞여 있지 않으면, 또는 수그루의 잎이나 꽃에서 발견되는 가루를 암꽃 위에 뿌려 주지 않으면, 암그루에 열매가 맺히지 않는다."

이탈리아로 돌아온 그는 계속 의사로 일하다가 1593년에 파두아 대학교의 식물학 교수가 되었다. 이와 함께, 파두아 대학교에서 유럽 최초로 설립한 식물원의 책임자로도 임명되었다. 그는 그 식물원에서 많은 종류의 동양 식물을 재배했다.

알피니는 의학과 식물학에 관한 책 몇 권을 라틴어로 썼는데, 그의 책 가운데 가장 중요하고 가장 잘 알려진 것은 『이집트 식물지De Plantis Aegypti Liber』이다. 이집트 식물상에 관한 선구적 연구를 담은 이 책에서는 이국의 낯선 식물을 유럽 식물학계에 소개했다. 그는 초기 저서인 『이집트 의학De Medicinia Aegyptiorum』에서 유럽인으로서는 최초로 커피나무, 커피콩, 커피

무사 아쿠미나타Musa acuminata, 바나나
유럽 최초로 바나나에 대한 식물학적 설명을 내놓은 프로스페로 알피니는 이 식물을 유럽에 소개한 것으로 인정받고 있다.

1592년에 알피니가 발표한 『이집트 식물지』의 표지와 이 책에 실린 아단소니아 디기타타*Adansonia digitata*(바오밥나무) 열매의 그림.

의 효능에 관해 언급했다. 그는 바나나, 바오밥나무에 관해 유럽인 최초로 식물학적 설명을 내놓았다. 그가 설명한 생강과*Zingiberaceae*의 한 속에 대해, 훗날 린네는 알피니의 이름을 따서 알피니아*Alpinia*(꽃양하속)라고 명명했다. 『이국의 식물De Plantis Exoticis』은 그의 사후인 1629년에 발표되었다. 이 책은 당시 새롭게 재배되기 시작한 외래 식물들을 묘사하고 있으며, 이런 이국적인 식물들만을 전문적으로 다룬 최초의 책 중 하나로 꼽힌다. 이 책은 지중해 지역, 그중에서도 특히 크레타 섬의 식물상에 집중하며, 많은 수의 크레타 섬 식물을 처음으로 설명했다.

그는 처음 일을 시작한 곳인 파두아에서 숨을 거두었고, 그의 아들인 알피노 알피니*Alpino Alpini*가 대를 이어 식물학 교수가 되었다.

식물의 학명을 인용할 때 알피니를 저자로 나타내는 표준 약어는 Alpino이다.

코페아 아라비카*Coffea arabica*, 커피나무

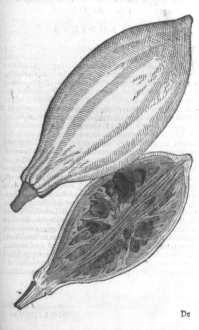

줄기

뿌리를 잎, 꽃, 열매와 연결하는 구조를 줄기라고 하며, 줄기의 두께와 강도는 아주 다양하다. 줄기의 내부에는 모든 관다발 조직이 들어 있는데, 이 관다발을 통해 물과 양분과 다른 자원을 식물체 전체에 분배한다(96~97쪽을 보라). 줄기는 기본적으로 땅 위로 자라지만, 알줄기(82쪽을 보라)처럼 특별히 분화된 땅속줄기도 있다.

관다발 식물은 물을 운반하는 통도通導 조직이 있어 크기가 더 커지는 쪽으로 진화할 수 있었다. 관다발이 없는 (이끼와 같은) 식물은 이런 분화된 통도 조직이 없어 상대적으로 크기의 제약을 받는다.

쓸모 있는 식물학

줄기의 기능

- 땅 위에서 잎, 꽃, 열매를 지탱해, 잎은 계속 빛을 받을 수 있게 하고, 꽃은 꽃가루 매개동물과 가까워지게 하고, 열매는 열매를 썩게 할 수도 있는 토양과 멀어지게 한다.
- 관다발 조직을 통해 식물 전체에 물과 양분을 전달한다.
- 양분을 저장한다.
- 눈과 새 가지를 통해 살아 있는 조직을 새로 만든다.

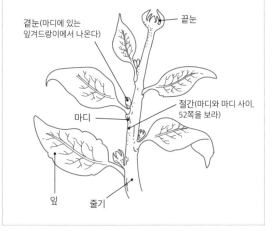

곁눈(마디에 있는 잎겨드랑이에서 나온다)
끝눈
절간(마디와 마디 사이, 52쪽을 보라)
마디
잎
줄기

새 가지

'새 가지'는 식물에서 새로 돋아난 부분을 가리킨다. 시간이 흐르면, 새 가지는 두꺼운 줄기가 된다.

자루

'자루'는 잎이나 꽃이나 열매를 지탱하는 가지를 일컫는다. 식물학에서 잎자루를 뜻하는 정확한 용어는 petiole이다. 꽃자루(또는 열매의 자루)는 pedicel이라고 부른다. 꽃이나 열매가 이삭으로 달려 있을 때는 각각의 작은 꽃자루를 지탱하는 큰 꽃자루를 peduncle이라고 부른다.

수간

수간은 나무의 주축을 이루는 목질부로, 가지들을 지탱한다.

변형된 줄기

일부 식물에서는 독특하게 변형된 줄기를 볼 수 있다. 가시를 만들어 동물에 먹히지 않도록 하는 줄기, 갈고리를 만들어 다른 식물을 쉽게 타고 올라가는 줄기가 그런 예이다. 어떤 줄기는 줄기라는 것을 알아볼 수 없을 정도로 형태가 심하게 바뀌기도 한다. 이런 줄기로는 (선인장의 납작한 다육질 줄기처럼) 잎의 모양과 기능을 대신하는 잎줄기(엽상경이라고도 불린다)가 있다. 또한, 꽃줄기(근생화경)는 땅에서 곧게 올라와 잎이 없이 끝에 꽃만 달리는 줄기로, 백합속, 옥잠화속Hosta, 파속Allium에서 볼 수 있다. 헛줄기(위경)는 그 이름에서 알 수 있듯이 줄기가 아니라, 잎의 기부가 말려 줄기와 같은 모양을 이룬 구조다. 헛줄기의 예로는 바나나(파초속Musa)의 줄기가 있다.

줄기는 풀일 수도 있고 나무일 수도 있다. 풀줄기에는 후막세포가 없다. 즉, 목질의 성장(2차 비후)이 일어나지 않는다는 뜻이다. 일반적으로 풀줄기는 생장철이 끝나면 죽는다.

박하속*Mentha sp.*의 종,
민트

땅속줄기

이 변형 구조의 줄기는 줄기 조직에서 유래하지만, 땅속에 존재한다. 땅속줄기는 영양생식의 수단이 되거나, 추위나 가뭄으로 인한 휴면 기간에 양분을 저장하는 용도로 쓰인다. 이런 줄기는 땅속에 있어서, 어느 정도 보호를 받는다.

몇몇 식물 종은 땅속줄기를 이용하여 넓은 지역에 퍼져 군락을 이루기도 한다. 땅속줄기는 곧게 설 필요가 없어, 줄기를 만드는 데 들어가는 에너지와 자원이 결과적으로 적다. 이런 식물의 전형적인 예로는 대나무가 있다. 정원에 대나무를 심을 때는 매우 신중해야 한다. 줄기가 땅속으로 퍼지는 종류가 아니라 뭉쳐 자라는 종류인지 반드시 확인해야 한다. 확인했더라도, 대나무를 심을 때는 뿌리 보호막을 두르는 것이 좋다. 가장자리에서 빠르게 퍼질 수 있는 민트(박하속)에 대해서도 같은 조언을 할 수 있다.

다른 유형의 땅속줄기에 관한 내용은 82~83쪽에서 볼 수 있다.

줄기의 외부 구조

줄기의 전형적인 해부학적 구조에는 새 가지의 끝인 정단과 끝눈이 포함되며, 끝눈에서는 새로운 줄기가 길게 자란다. 그 아랫부분에는 잎이 붙어 있고, 잎이 줄기에 부착되면서 생기는 우묵한 곳은 잎겨드랑이라고 한다. 각각의 잎겨드랑이에는 곁눈이 붙어 있는데, 곁눈은 곁가지나 꽃을 만든다.

잎과 곁눈이 줄기에 부착되는 위치는 마디라고 하며, 때로 살짝 부풀어 있는 것도 있다. 줄기에서 마디와 마디 사이의 부분은 절간이라고 부른다. 일반적으로 각 마디에는 한두 개의 잎이나 눈이 붙어 있고, 때로는 그보다 더 많을 수도 있다. 식물에서 마디마다 하나씩만 붙어 있는 눈은 어긋나기 눈이라고 하며(이런 경우에는 대개 한 마디에서는 왼쪽, 그다음 마디에서는 오른쪽과 같은 식으로 눈이 번갈아 나기 때문이다), 마디마다 두 개 이상 붙어 있는 눈은 마주나기 눈이라고 한다.

줄기에 눈이 배열되는 방식은 식물의 종류를 알아내는 단서가 될 수 있다. 이를테면, 미국풍나무(풍나무속*Liquidambar*)와 단풍나무(단풍나무속)는 잎의 모양이 비슷해 헷갈릴 수 있지만, 눈을 보면 구별이 가능

리퀴담바르 스티라키플루아*Liquidambar styraciflua*,
미국풍나무

하다. 풍나무속의 눈은 어긋나기 눈이고 단풍나무속의 눈은 마주나기 눈이기 때문이다. 오스트레일리아 동부의 시드니도금양(*Angophora costata*)은 마주나기 잎이 아니라면 같은 지역에 사는 유칼립투스나무들과 구별이 쉽지 않았을 것이다.

목련은 줄기가 여럿인 떨기나무로 자라기도 하고, 줄기가 하나인 큰키나무로 자라기도 한다.

줄기의 내부 구조

목질이 아닌 어린 줄기를 전지가위로 자른다고 상상해 보자. 자른 단면에서는 곧바로 표피라고 불리는 바깥층을 확인할 수 있을 것이다. 줄기 내부에는 맨눈으로는 보이지 않는 관다발 조직이 둥글게 놓여 있다. 줄기의 중심부와 관다발 주위에는 유조직이 있다.

줄기의 바깥쪽을 덮고 있는 표피는 주로 줄기 속으로 물이 들어오는 것을 막고, 줄기를 보호하는 기능을 한다. 표피에서는 그 안쪽의 세포들이 호흡과 광합성을 할 수 있도록 약간의 기체 교환이 일어나기도 한다. 관다발 조직은 식물체 곳곳에 물과 양분을 전달하는 일을 하는데, 세포벽이 두꺼우므로 줄기를 구조적으로 지탱하는 역할도 한다.

관다발은 물관과 체관이라는 두 종류의 관으로 이루어진다. 물관은 관다발의 안쪽(줄기의 중심 쪽) 층에서 볼 수 있으며, 식물 전체에 물을 전달하는 일을 한다. 체관은 관다발의 바깥쪽 층을 형성하며, 용

해되어 있는 유기물질(양분과 식물 호르몬 등)을 운반한다. 줄기를 가로로 자르면 줄기 바깥쪽을 따라서 원형으로 작은 물방울들이 맺힐 때가 있는데, 이를 통해 관다발 조직의 위치를 확인할 수 있다.

이런 줄기의 해부학적 구조에서 가장 큰 예외는 외떡잎식물에서 볼 수 있다. 외떡잎식물의 관다발은 원형으로 배열되어 있는 것이 아니라 줄기 전체에 흩어져 있다. 또한, 뿌리는 줄기와 달리, 관다발 조직이 전선 속의 구리선처럼 중심부에 배열되어 있다. 각 관다발은 관다발초라는 막으로 둘러싸여 있다.

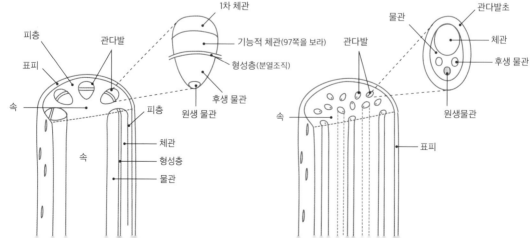

2차 생장에 따른 목질화

관다발에 있는 형성층에서는 세포분열이 일어난다. 그 결과 방사상으로 성장이 일어나 시간이 흐를수록 줄기의 둘레가 커진다. 2차 물관은 관다발의 안쪽에 형성되고, 2차 체관은 관다발의 바깥쪽에 형성된다. 2차 물관 세포는 목질을 만들고, 낙엽수에서 계절별로 나타나는 성장의 차이는 나이테를 만든다.

2차 체관은 목질이 되지 않고, 세포가 살아 있는 상태를 유지한다. 그러나 체관과 표피 사이에는 코르크 세포층이 원형으로 형성되기 시작한다. 코르크 세포벽에 침전되는 수베린이라는 방수 물질은 수피를 형성하고 나무를 더 강하게 하며 수분 손실을 줄여 준다. 코르크 층의 사이사이에는 피목이라는 숨구멍이 뚫려 있어 세포층을 느슨하게 만든다. 피목은 기체와 수분의 통로이며, 여러 벗나무속 나무의 수피에서는 독특한 가로무늬의 피목을 뚜렷하게 볼 수 있다. 코르크참나무(*Quercus suber*)는 나무껍질에서 수베린이 풍부하게 형성된다고 해서 suber라는 종명이 붙여졌다.

외떡잎식물은 관다발이 산발적으로 배열되어 있어, 성장 방식이 다르다. 그러나 방사상 성장도 여전히 가능한데, (야자나무와 같은) 큰 외떡잎식물은 유조직세포가 분열하고 확대되거나, 정단 분열조직(생장점)에

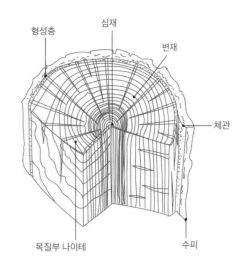

서 유래한 분열조직이 두꺼워지면서 수간의 지름이 증가한다. 외떡잎식물은 2차 생장을 하지 않거나, 대나무, 야자나무, 유카, 코르딜리네의 경우처럼 '변칙적인' 2차 생장을 한다. 이들 식물의 죽은 나뭇가지를 낙엽수의 것과 비교하면, 엄청난 차이가 있다. 외떡잎식물의 나무는 훨씬 덜 치밀하고 구멍이 많다.

프루누스 아붐*Prunus avium*, 양벗나무

쓸모 있는 식물학

환상박피

체관은 물관의 바깥쪽, 수피의 바로 안쪽에 위치해서, 나무를 비롯한 다른 목질 식물은 수간이나 큰 줄기의 수피를 고리 모양으로 벗겨 내면 쉽게 죽을 수 있다. 이런 과정을 환상박피라고 한다.

불완전한 환상박피(이를테면 나무껍질의 1/3을 온전하게 남겨 두는 것)는 식물의 성장 조절에 이용될 수 있다. 잎의 과도한 성장을 억제하여 개화와 결실의 촉진에 도움을 줄 수 있는 것이다. 환상박피는 핵과[복숭아, 매실처럼 중심부에 나무처럼 단단한 핵이 있는 과일]를 제외한 과실수에서 열매가 잘 맺히지 않을 때 매우 유용하다. 환상박피는 생쥐나 들쥐나 토끼 같은 동물이 영양과 수액이 풍부한 수피를 갉아먹을 때도 종종 일어난다. 이런 동물들이 문제를 일으키는 곳에서는 수간에 그물 같은 것을 두르거나 다른 물리적 장벽을 이용하여 나무를 보호해야 한다.

잎

잎이라고 불리는 얇고 납작한 녹색 구조는 어디에
나 풍부하며 누구에게나 친숙할 것이다. 영어에서
는 식물의 잎 전체를 하나로 뭉뚱그려 'foliage'라고
부르기도 하는데, 이는 식물에서는 잎 전체의 역할
을 가장 중요하게 여기기 때문이다. 그러나 옥잠화
속과 같은 일부 식물에서는 잎 하나하나의 역할이
더 중요하다.

잎은 식물의 '발전소'이다. 식물의 성장에 필요한 양
분을 생산할 수 있는 화학반응인 광합성(89~90쪽을
보라)은 대부분 잎에서 일어나기 때문이다. 사실 식물
에서는 녹색 색소가 있는 곳이라면 어디든지 광합성
이 일어날 수 있지만, 잎은 이런 목적을 위해 특별히
적응된 기관이다.

그러한 잎의 역할을 잘 해내려고, 잎에서는 분명 효
율적인 광합성을 위한 적응이 일어났을 것이다. 그래
서 대부분의 잎은 얇고 평평한 모양을 하고 있다. 즉,
표면적이 넓어 기체 교환과 빛 흡수량을 극대
화할 수 있는 것이다. 잎의 내부는 빈 공간이
많아 기체가 쉽게 드나들 수 있다. 잎을
둘러싸고 있는 큐티클은 엽록체(잎에서
광합성 반응이 일어나는 곳)까지 빛을 쉽
게 전달할 수 있도록 투명하지만, 잎이
마르거나 시들지 않도록 방수가 되기도
한다.

더 하등한 식물 중에는 진정한 잎이 없
는 것도 있다. 선태식물과 관다발이 없는 일부
다른 식물에는 잎과 비슷한 필리드라는 구조가 있
는데, 여기에도 엽록체가 풍부하다.

디오나이아 무스키풀라Dionaea muscipula,
파리지옥

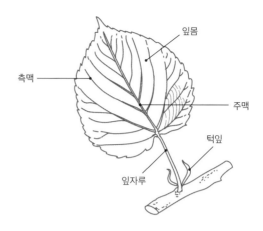

잎의 변형

식물을 유심히 관찰하지 않는 사람이라도 식물
마다 잎의 형태가 엄청나게 다양하다는 사실은 알고
있을 것이다. 이는 모든 식물의 잎이 저마다 자연 서
식지에 특별히 적응했기 때문이다. 잎의 형태는 종종
그 식물이 자라는 서식지에 관해 우리에게 많은 것
을 알려 주므로, 결국 그 식물의 재배에 필요한 요건
도 알려 주는 것이다. 식물 육종가는 관상 효과를 위
해 다양한 모양과 색과 질감의 새로운 잎을 만들기도
한다.

어떤 식물의 잎은 일반적인 잎의 정의, 조건과
는 거의 맞지 않을 정도로 심하게 변형되어 있다.
다육식물의 잎처럼 물을 저장하려고 변형되어
납작하지 않은 잎도 있고, (양분을 저장하는) 알
뿌리의 비늘처럼 땅속에 있는 잎도 있다. 선
인장의 따가운 가시도 변형된 잎이다. 선인
장에서는 잎처럼 변형된 줄기인 엽상경이
광합성을 도맡아서(62쪽을 보라), 이 가시모양
잎은 광합성도 하지 않는다. 식충식물에서는 벌
레잡이통풀(네펜테스속)과 파리지옥에서 볼 수 있
듯이, 잎이 대단히 특별한 포식 기
능을 발휘한다.

어떤 식물은 자라고 성숙하
는 동안 잎의 형태가 바뀌기
도 한다. 유칼립투스나무는 어

아룸 마쿨라툼*Arum maculatum*,
야생 아룸

잎의 배열

전체적으로 볼 때, 식물의 잎은 그저 무성하기만 하고 아무런 규칙도 없이 배열되어 있는 것처럼 보일 수도 있지만, 그렇지는 않다. 잎은 각각의 잎에 빛이 최대한 많이 닿을 수 있도록, 다른 잎에 그늘을 드리우지 않도록 배열되어 있다. 예를 들면, 식물의 줄기에서 흔히 볼 수 있는 나선형의 잎 배열은 그늘진 잎을 줄이려는 것이고, 버드나무속(*Salix*)과 유칼립투스 나무에서 볼 수 있는 늘어진 형태의 잎도 마찬가지이다.

줄기에 잎이 배열되는 방식을 설명하는 용어는 잎차례이다. 어긋나기 잎은 마디마다 잎이 한 장씩 엇갈린 방향으로 붙어 있다. 마주나기 잎은 마디마다 두 장의 잎이 줄기를 마주 보며 붙어 있다. 한 자리에 세 장 이상 붙어 있는 잎은 대개 돌려나기 잎이라고 불린다. 마주나기 잎과 마찬가지로, 연달아 붙어 있는 돌려나기 잎도 각각의 잎에 닿는 빛의 양을 극대화하려고 잎들 사이의 각도가 조금씩 어긋나 있을 수도

릴 때는 주변 식물들로 인해 받을 수 있는 빛의 양의 한계로 성장이 제한될 수 있는데 이때는 한 쌍의 둥근 잎이 마주나다가, 특정 크기에 이르면 버드나무처럼 잎이 늘어지면서 어긋나기 배열로 바뀐다. 더 강한 빛과 더 높은 온도와 더 건조한 환경에 적합한 형태로 잎의 모양이 바뀌는 것이다.

그 외 잎의 다른 변형으로는 포엽과 불염포佛焰苞가 있다. 포엽은 주로 꽃과 연관이 있으며, 화려한 색깔로 꽃가루 매개동물을 끌어들이는 꽃잎과 같은 역할을 하거나 때로는 아예 꽃잎을 대신하기도 한다. 이를테면, 보우가인빌레아속*Bougainvillea*과 포인세티아(*Euphorbia pulcherrima*) 같은 식물에서는 크고 색이 화려한 포엽이 작고 색이 덜 화려한 꽃을 둘러싸고 있다. 한 장의 싸개가 작은 꽃들을 감싸고 있는 불염포는 야자나무나 아룸 마쿨라툼 같은 천남성과 식물에서 볼 수 있다. 아룸속 식물 중에는 불염포가 크고 화려한 종류가 많으며, 이런 불염포를 이용하여 두툼한 꽃이삭에 달린 작은 꽃들로 꽃가루 매개동물을 유인한다.

살릭스 × 스미티아나*Salix × smithiana*,
당키버들

잎차례(잎의 배열)

어긋나기

마주나기

돌려나기

잎이 줄기에 배열되는 방식 중 가장 흔한 세 방식은 마주나기
(마디마다 두 장씩), 어긋나기(한 장씩), 돌려나기(세 장 이상)이다.

있다. 로제트를 형성하는 잎들은 뭉쳐나기 잎이라고
한다.

잎의 외부 구조

꽃식물의 전형적인 잎은 잎자루, 잎몸, 턱잎으로 구
성된다. 구과식물의 잎은 대개 바늘잎이거나, 작은 비
늘이 '양치잎' 모양으로 배열되어 있다. 고사리류의
잎은 양치잎이라고 불린다.

잎몸

잎새라고도 불리는 잎몸은 잎의 주된 부분이다. 잎
은 기본적으로 두 가지 형태로 묘사될 수 있는데, 잎
몸이 갈라지는 방식에 따라 겹잎과 홑잎으로 나뉜다.
겹잎은 주맥이나 2차맥을 따라 작은 잎들이 배열되
어 있거나, 잎자루의 한 지점에서 나온 작은 잎들로
이루어져 있다. 홑잎은 잎몸이 깊게 갈라져 있거나
특이한 모양을 하고 있을 수는 있지만, 작은 잎이 없
이 한 장의 잎으로만 이루어져 있다. 다음은 잎의 형
태를 묘사하는 수많은 식물학 용어 중 가장 많이 쓰
이는 것들이다.

홑잎
- 타원형: 달걀 모양
- 침형: 칼 모양
- 피침형: 창 모양
- 선형: 좁고 긴 모양
- 장타원형: 너비에 비해 길이가 2~4배 길고 양 옆
  이 나란한 모양
- 원형: 둥근 모양
- 난형: 달걀 모양
- 제금형: 바이올린 모양
- 방패형: 잎자루가 잎의 중심이나 그 근처에서 잎
  의 뒷면에 붙어 있는 모양
- 마름모형
- 화살형
- 주걱형
- 삼각형: 3개의 변이 뚜렷한 모양

겹잎
- 손바닥 겹잎: 가시칠엽수(*Aesculus hippocastanum*)처
  럼 손바닥을 펼친 모양.
- 깃꼴 겹잎: 구주물푸레나무(*Fraxinus excelsior*)처럼

사기타리아 사기티폴리아
Sagittaria sagittifolia,
벗풀

트리폴륨 프라텐세*Trifolium pratense,*
붉은토끼풀

주맥의 양쪽을 따라 깃털 모양으로 배열된 겹잎.
아카시아속*Acacia*처럼 이런 방식으로 두 번 갈라
지면 2회 우상 겹잎이라고 한다.
• 세 쪽 겹잎: 토끼풀속*Trifolium*과 금사슬나무속
  *Laburnum*처럼 세 장의 작은 잎으로만 이루어진
  겹잎.

잎자루

잎자루는 잎몸을 줄기에 부착하는 부분이며, 일반
적으로 줄기와 내부 구조가 같다. 모든 잎에 잎자루
가 있는 것은 아니다. 전형적인 외떡잎식물의 잎에는
잎자루가 없다. 이렇게 잎자루가 없는 잎을 '무병엽'이
라고 하고, 무병엽은 줄기를 부분적으로 감싸고 있다.
식용 대황(*Rheum × hybridum*)에서는 먹을 수 있는 부분
이 잎자루이다.

아카시아속의 여러 종을 포함해 일부 식물은 헛
잎이라 부르는 넓고 납작한 형태의 잎자루를 가지고
있다. 경우에 따라서는 진짜 잎은 퇴화하여 완전히
사라지고, 헛잎이 잎의 역할을 대신하기도 한다. 어떤
헛잎은 두껍고 가죽질이어서 식물이 건조한 환경에
서 살아가는 데 도움이 되기도 한다.

주맥은 잎자루와 이어져 있는 가장 큰 잎맥이다. 깃
꼴 겹잎에서는 주맥을 중심으로 작은 잎들이 붙어
있다. 손바닥 겹잎에는 주맥이 없을 수도 있다.

턱잎

턱잎은 잎자루 기부의 양쪽 또는 한쪽에 달려 있
는 작은 잎이다. 일반적으로 턱잎은 아예 없거나 눈
에 잘 띄지 않는다. 또, 털이나 가시 혹은 분비샘으로
퇴화되어 있을 수도 있다.

잎의 내부 구조

잎의 진정한 경이로움은 현미경으로 봐야만 비로
소 드러난다. 실로 많은 잎의 형태와 무늬도 놀랍지
만, 잎의 내부 작용과 화학적 특징은 가히 기적이라
고 할 만하다. 식물은 햇빛을 양분으로 바꿀 수 있는
능력이 있어, 지구상의 거의 모든 동물이 식물에 의
존한다고 해도 과언이 아니다. 이는 어떤 동물도 할
수 없는 일이다.

잎의 뒷면에는 기공이라 불리는 작은 구멍이 있다.
기공은 때로 잎의 윗면이나 식물의 다른 부분에서도
발견되지만, 잎의 뒷면에 가장 많이 분포한다는 점에
주목하자. 산소, 이산화탄소, 수증기는 기공을 통해
잎의 내부에 있는 세포로 드나든다. 간단히 말해, 기
공은 식물이 '호흡'을 할 수 있는 숨구멍이다.

기공은 낮에는 열리고, 광합성이 멈추는 해 질 무
렵이 되면 닫힌다. 기공을 열고 닫는 것은 기공을 둘
러싸고 있는 두 공변세포의 작용이다. 공변세포는 수
압의 증가와 감소에 의해 작동한다. 수압은 공변세포
속에 용해된 물질의 농도에 의해 조절되고, 용해된
물질의 농도는 광량의 영향을 받는다. 어두울 때는

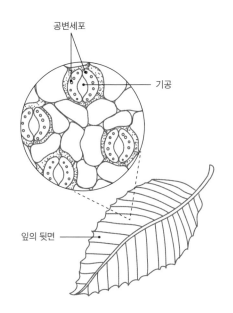

공변세포

기공

잎의 뒷면

상록수와 낙엽수의 잎

상록수는 1년 내내 잎이 있는 식물이다. 상록수에 속하는 식물로는 대부분의 구과식물 종, 소철 같은 '원시적인' 겉씨식물, 서리가 내리지 않는 열대 기후에 주로 서식하는 여러 꽃식물이 있다.

낙엽수는 1년 중 한동안은 잎이 거의 다 떨어져 있는 식물이다. 온대 기후에서는 이렇게 잎이 지는 시기가 대체로 겨울과 일치한다. 열대나 아열대, 또는 건조한 지역에서는 건기나 다른 혹독한 시기에 잎이 떨어질 것이다.

용해된 물질의 농도가 낮아지면서 공변세포 내의 물이 주변의 세포로 빠져나간다. 그러면 공변세포가 줄어들면서 기공이 닫힌다.

공변세포는 잎에서 소실되는 수분량의 조절에도 도움이 된다. 공변세포는 광합성률이 낮을 때도 닫히고, 날씨가 건조하거나 가뭄이 들 때도 닫힌다. 물이 부족하거나 불규칙적으로 공급되는 지역에서 자라는 식물(건생식물)에서는 기공이 잎의 표피 안쪽으로 깊숙이 들어가 있다. 이런 구조는 기공 주변에 습한 공기를 가두는 역할을 해 증발을 감소시킨다.

표피

잎의 표면을 덮고 있는 세포층인 표피는 잎의 내부에 있는 세포들을 외부 환경과 분리한다. 표피는 몇 가지 기능을 하는데, 주된 기능은 과도한 수분 손실 방지와 기체 교환 조절이다. 표피는 투명한 밀랍 같은 물질인 큐티클로 덮여 있어 식물에서 수분이 손실되는 것을 막아 준다. 그래서 건조한 기후에 사는 식물일수록 대체로 큐티클이 더 두껍다. 대부분의 상록수도 큐티클이 두껍다. 이런 두꺼운 큐티클은 종종 잎에 광택을 주어 태양열을 반사하고, 결과적으로 수분의 증발도 줄인다.

쓸모 있는 식물학

상록수

낙엽수처럼 잎이 동시에 모두 지는 것은 아니지만, 상록수도 잎이 떨어진다. 관목 상록수 아래에서는 이런 사실을 증명하는 수많은 낙엽을 볼 수 있을 것이다. 만약 치우지 않고 방치하면, 낙엽은 점차 분해되고 그 양분은 흙으로 되돌아가서 결국 다시 식물이 활용하게 될 것이다. 유럽너도밤나무, 유럽서어나무(Carpinus betulus), 참나무속Quercus의 몇몇 종을 포함한 일부 낙엽수는 겨울 내내 마른 잎을 그대로 달고 있다가 봄에 새 가지가 나오면 그제야 떨군다. 이런 현상은 생울타리로 다듬어져 있을 때 가장 자주 볼 수 있으며, 그 자체로 장식적 요소가 될 수 있다.

파구스 실바티카 Fagus sylvatica, **유럽너도밤나무**

꽃

꽃은 꽃식물(속씨식물)의 생식기관으로, 궁극적으로 씨와 열매가 여무는 곳이다. 속씨식물에 관한 더 많은 정보는 25~27쪽에서 볼 수 있으며, 유성생식에 관한 정보는 110~115쪽에 있다. 영어로는 flower, bloom, blossom으로 불리는 꽃은 그 형태와 구조가 엄청나게 다양하다.

꽃에서는 꽃의 웅성 부분에서 만들어진 꽃가루와 꽃의 자성 부분에서 만들어진 난세포를 수정시키기 위한 작용이 일어난다. 어떤 꽃은 다른 꽃들 간의 교차수분을 권장하는 것 같은 구조를 하고 있으며, 또 다른 꽃은 같은 꽃 안에서 자가수분을 허용하는 형태로 이루어져 있다(제4장을 보라).

많은 식물이 크고 색이 화려한 꽃을 피우는 쪽으로 진화하여 꽃가루 매개동물을 끌어들이는 반면, 어떤 식물은 향기도 없고 꿀샘도 없으며 잘 눈에 띄지도 않는 꽃을 피우는 쪽으로 진화하여 바람에 의한 수분을 한다. 이 대조적인 사례를 대표하는 두 식물로는 디기탈리스와 큰나래새(*Stipa gigantea*)가 있다. 한 식물은 곤충에 의한 수분이 일어나고 다른 한 식물은 그러지 않지만, 두 방식 모두 완벽하게 효과적인 전략이다. 꽃가루받이에 관한 더 상세한 정보는 제4장을 보라.

벨리스 페레니스*Bellis perennis,*
데이지

꽃의 배열

한 덩어리의 꽃무리가 배열되는 방식을 꽃차례라고 부른다. 식물학자들은 꽃차례를 여러 다양한 형태로 구별하고 있다. 그러나 대부분의 정원가는 어떤 꽃무리든지 간단히 '두상頭狀화'라고 부른다. 두상화는 유용하지만 부정확한 용어이다.

꽃차례의 유형은 꽃의 유형만큼이나 다양하지만, 중요한 몇 가지 유형은 다음과 같다.

두상 꽃차례

여러 개의 작은 꽃(낱꽃)이 빽빽하게 모여 있는 꽃차례이다. 한 송이의 꽃처럼 보이며, 해바라기(해바라기속*Helianthus*)와 데이지(벨리스속*Bellis*)에서 볼 수 있다.

산방繖房 꽃차례

한 줄기의 다른 지점에서 꽃자루가 나온 각각의 꽃들이 납작한 우산 모양을 이루고 있는 꽃차례이다. 단자산사나무(*Crataegus monogyna*)에서 볼 수 있다.

디기탈리스 푸르푸레아
Digitalis purpurea,
디기탈리스

에큠 불가레 Echium vulgare,
서양지치

은 꽃자루에 꽃이 하나씩 달려 있는 형태의 꽃이삭
으로, 디기탈리스(디기탈리스속)에서 볼 수 있다.

육수肉穗 꽃차례

육질의 줄기에 수많은 낱꽃들이 달려 있는 꽃차례
이다. 아룸 마쿨라툼 같은 천남성 종류에서 볼 수 있
듯이, 대부분 불염포라는 화려한 색을 띠는 변형된
잎(포엽)으로 둘러싸여 있다.

수상穗狀 꽃차례

꽃자루가 없는 수많은 꽃들이 꽃대에 달려 있는 꽃
이삭이다. 일반적으로 화본류의 꽃이 수상 꽃차례를
이룬다.

산형傘形 꽃차례

윗부분이 납작한 꽃이삭으로, 생김새는 산방 꽃차
례와 조금 비슷하지만 모든 꽃자루가 꽃대 끝의 한
지점에서만 나온다는 점이 다르다. 산형 꽃차례는 단

안겔리카 아르칸겔리카 Angelica archangelica,
노르웨이당귀

노르웨이당귀의 꽃이삭은 여러 개의 산형 꽃차례로
이루어진 복합형이다.

취산聚繖 꽃차례

각각의 가지 끝에 꽃이 달려 있고, 연이어 생기는
곁가지에도 새로운 꽃이 달린다. 곁가지가 한쪽으로
만 생기는 단산單散 꽃차례는 기다란 이삭 모양을 이
루는데, (에큠속의 일부 종처럼) 꽃이삭이 한쪽으로
기울어져 있거나 끝이 휘어져 있고, 아래쪽부터 꽃
이 핀다. 곁가지가 양쪽으로 생기는 기산岐散 꽃차례
는 종종 반구 모양을 이루며, 중심부에서 먼저 꽃이
핀다.

원추 꽃차례

중심축이 되는 꽃대가 있고, 그 꽃대에서 더 많은
잔가지가 갈라져 나오는 꽃이삭이다. 안개꽃(대나물
속Gypsophila)에서 볼 수 있듯이, 꽤 복잡한 형태의 꽃
이삭을 이루기도 한다.

총상總狀 꽃차례

주축이 되는 꽃대가 있고, 그 꽃대에서 나오는 짧

순한 형태도 있고, (대형 허브인 노르웨이당귀의 경우처럼) 복합적인 형태도 있다.

어떤 꽃차례에서는 포엽이 특징을 이루기도 한다. 포엽은 데이지(*Bellis perennis*) 꽃에서처럼 두상화의 일부가 되기도 하고, 포인세티아(*Euphorbia pulcherrima*)에서처럼 밝은 색을 띠기도 한다. 복합 취산 꽃차례 같은 더 복잡한 형태의 꽃이삭에서는 소포엽이라고 불리는 더 작은 포엽이 곁가지에서 발견되기도 한다.

꽃의 구조

제1장에서는 꽃의 기본 구조를 꽃잎과 꽃받침(꽃덮개), 수술(웅성 부분), 암술(자성 부분)의 네 부분으로 나눴다(27쪽을 보라). 이 네 부분은 나선 모양으로 배열되어 있으며, 가장 바깥쪽에는 꽃받침이 있고 가장 안쪽에는 암술이 있다.

꽃의 형태는 엄청나게 다양해서, 식물학자들이 식물 종 사이의 유연관계를 확립할 때 활용하는 주된 특징들 중 하나이다. 일반적으로, 미나리아재비(미나리아재비속*Ranunculus*)처럼 더 원시적인 식물의 꽃이 더 많은 부분으로 이루어져 있고, 꿀풀과*Lamiaceae*나 난초과*Orchidaceae*처럼 더 고도로 분화된 식물의 꽃이 겉으로는 더 '단순'해 보인다.

대다수 식물 종은 암수 기능을 하는 기관이 모두 한 꽃 안에 들어 있으며, 이런 꽃을 양성화라고 한다. 그러나 일부 종이나 변종의 꽃에는 암수 기관 중 하나만 있는데, 이런 꽃을 단성화라고 한다. 만약 단성화의 암꽃과 수꽃이 한 개체의 식물에 모두 달려 있으면, 그 식물 종은 암수한그루(자웅동주)라고 부른다. 암꽃과 수꽃이 피는 개체가 나뉘어 있으면, 암수딴그루(자웅이주)가 되는 것이다. 암수한그루가 암수딴그루보다 훨씬 더 흔하다. 스키미아속*Skimmia*의 관목은 암수딴그루이며, 대부분의 호랑가시나무(감탕나무속) 종류도 그렇다. 정원에서는 꽃과 열매를 맺

에피덴드룸 비텔리눔*Epidendrum vitellinum*, 난황색 프로스테케아 난초

는 암그루를 더 많이 키우는 편이다.

동물을 매개로 꽃가루받이를 하는 꽃은 종종 꽃꿀을 만든다. 당분이 풍부한 액체인 꽃꿀은 꿀샘이라는 꽃의 분비샘에서 만들어진다. 꿀샘은 보통 꽃덮개의 아래쪽에 있는데, 꽃꿀에 이끌려 온 꽃가루 매개 동물은 꿀샘에 접근하는 과정에서 꽃밥과 암술머리에 몸을 문지르게 된다. 그렇게 꽃을 찾아올 때마다 꽃가루를 전달하게 되는 것이다. 꽃꿀에 이끌리는 꽃가루 매개동물로는 벌, 나비, 나방, 벌새, 박쥐 등이 있다.

꽃의 암수 부분의 일부 또는 전부가 꽃잎으로 바뀌는 돌연변이가 저절로 일어날 수도 있는데, 식물 육종가는 이런 돌연변이를 재배에 활용하기도 한다. 돌연변이의 정도에 따라, 우리는 '겹꽃'을 볼 수도 있고 '반겹꽃'을 볼 수도 있다. 장미는 이런 돌연변이를 통해 만들어졌다. 겹꽃에는 수술이 아주 적거나 아예 없어, 결실을 기대할 수 없다.

종자

종자의 발생은 수정 직후에 일어난다(115쪽을 보라). 제1장에서 설명했듯이, 속씨식물(꽃식물)은 심피 속에서 보호되는 감춰진 종자를 만들고, 겉씨식물은 특별한 구조로 감싸여 있지 않고 '노출된' 종자를 만든다. 겉씨식물의 종자는 일반적으로 원추체의 비늘 위에 노출되어 운반된다(그러나 모두 그런 것은 아니다).

꽃식물에서는 종자의 성숙이 일어나는 동안, 심피도 단단해지거나 다육질의 구조가 되면서 익어 간다. 이 전체가 열매라는 하나의 단위가 된다(78쪽을 보라). 열매는 그 안에 들어 있는 (하나 또는 여러 개의) 종자가 발아하는 순간까지 종자와 결합되어 있을 수도 있고, 종자가 분리될 수도 있다. 종자를 방출하려고 벌어지는 열매는 열개裂開과라 하고, 벌어지지 않는 열매는 폐과라 한다. 정확한 메커니즘은 식물의 생존 전략에 따라 달라지며, 이 전략은 주로 종자를 퍼뜨리고 보호하는 일과 연관이 있다(78~80쪽을 보라).

정원가에게 '종자'의 범위는 '씨'감자(실제로는 덩이줄기)까지 확장될 수 있다. 사실 정원가들이 파종하는 것들 중에서 풀의 '씨'나 비트(*Beta vulgaris*)의 코르크질 열매(때로 씨앗덩어리라고 불린다) 같은 것들은 (종자가 들어 있는) 마른 열매이다. 상품으로 판매되는 대부분의 종자는 신중하게 선별하여 불순물을 '깨끗하게 제거한' 것이므로, 우리가 산 종자 한 봉지에는 본질적으로 종자만 들어 있다.

종자의 목적

진화적인 면에서 종자는 중대한 혁신으로, 속씨식물과 겉씨식물(이 둘을 묶어, 종자를 품고 있는 식물, 즉 종자식물이라고 한다)의 엄청난 성공을 이끌어 냈다. 종자는 더 하등한 식물(양치식물과 선태식물)의 포자에 비해 큰 장점이 하나 있다. 대체로 훨씬 더 단단하여 휴면기나 혹독한 환경을 더 오래 견딜 수 있다.

종자가 식물이 번식하는 유일한 수단은 아니지만, 때로는 (갓털이 달려 있어 하늘을 날 수 있는 민들레(민들레속*Taraxacum*) 씨앗처럼) 아주 먼 거리까지 이동하여 멀리 떨어져 있는 새로운 곳에 식물이 자리를 잡을 수 있게 해 준다. 또한, 종자는 (드물게 예외가 있지만) 유성생식을 통해 만들어지므로, 식물의 유전적 변이를 제공한다. 유전적 변이는 자연 상태의 개체군에도 유익하지만, 식물 육종가의 작업에도 이롭다.

한해살이 식물에서 종자를 만드는 것은 휴면의 한 형태이다. 종자는 환경이 다시 좋아질 때 발아하고, 그렇게 다음 대의 식물로 자라 꽃을 피우고 종자를 만들어 새로운 주기를 완성할 것이다. 세계 전역의 종자 은행은 종자를 수집하여 대부분 아주 낮은 온도에서 휴면 상태로 보관한다. 어떤 종자 은행에서는 농업 식물 종자의 다양성 보전에 관심을 두고 있으며(노르웨이 스피츠베르겐 섬에 있는 스발바르 국제 종자 저장소), 어떤 종자 은행에서는 야생종의 보전에 집중하고 있다(잉글랜드 웨스트서식스의 밀레니엄 종자 은행 프로젝트). 이런 노력은 세계적인 재앙으로부터 종 전체나 유용작물을 지켜 줄 것이다.

종자의 구조

속씨식물의 종자는 배와 씨앗 껍질(종피)이라는 두 가지 필수 요소로 구성된다. 종자의 양분 저장고(배젖)도 필수 구성 요소가 될 뻔했지만 그러지 않게 됐는데, 고도로 분화된 일부 종자는 배젖의 필요성을 극복했기 때문이다(다음 쪽을 보라).

배는 어린싹(유아), 어린뿌리(유근), 한 장 또는 두 장의 떡잎(외떡잎식물인지 쌍떡잎식물인지에 따라 다르다)으로 구성된다.

외피인 종피는 종자를 에워싸고 있는데, 주공이라고 불리는 한 지점만 뚫려 있다. 종피의 주된 기능은 물리적 손상과 탈수로부터 배를 보호하는 것이다. 종피는 땅콩(*Arachis hypogaea*)처럼 얇고 종이 같은 재질일 수도 있고, 코코넛야자(*Cocos nucifera*)처럼 아주 단단할 수도 있다. 싹이 틀 때에는 종피를 통해 물과 산소가 통과될 수 있다. 종자가 씨방 벽에 붙어 있던 자리에는 배꼽이라고 알려진 흔적이 남아 있는 경우도 종종 있다.

어떤 종피에는 털(목화속*Gossypium*의 솜), 가종피(석류에서 씨앗 하나하나를 둘러싸고 있는 육질의 물질), 엘라이오솜이라고 알려진 지질 부착물 같은 추가적인 특징이 있으며, 이런 특징들은 종종 종자의 분산을 돕는다.

배젖은 양분을 저장하고 있는 조직의 덩어리로, 배가 발아하는 동안 어린 식물에 영양을 공급할 뿐 아니라, 씨앗이 휴면하는 동안 에너지원을 제공하기도 한다. 난초(난초과)의 씨앗은 배젖이 없고, 적합한 균류가 있어야만 발아가 된다. 이런 균류는 발생하고 있

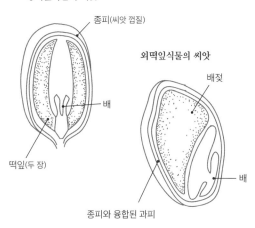

쌍떡잎식물의 씨앗

종피(씨앗 껍질)

외떡잎식물의 씨앗

배젖

배

떡잎(두 장)

배

종피와 융합된 과피

는 난초의 종자와 밀접한 공생 관계를 형성하면서 양분을 공급한다.

난초의 종자는 종자 진화의 극단을 보여 준다고 할 수 있다. 난초는 종자의 내용물을 최소한으로 줄여, 거의 먼지만 한 크기의 종자를 철마다 셀 수 없이 많이 생산한다. 이 종자들은 바람에 날려 분산된다. 아주 작은 바닐라(*Vanilla planifolia*) 씨앗도 이와 비슷한 사례이다.

푸니카 그라나툼*Punica granatum*, 석류

쓸모 있는 식물학

종자 퍼뜨리기

작은 종자를 만드는 식물은 많은 종자를 만들 수 있다. 이는 그 많은 종자 중에서 적어도 하나는 반드시 살기 좋은 땅에 안착시키려는 전략이다. 종자가 큰 식물은 생산하는 종자의 수가 더 적고, 각각의 종자에 더 많은 자원과 에너지를 투자한다. 이런 식물이 종자를 퍼뜨리는 전략은 대개 훨씬 더 특별하다. 가장 큰 종자인 코코드메르(*Lodoicea maldivica*)의 씨앗은 무게가 30킬로그램이 넘을 수도 있다.

작은 종자는 더 빨리 여물고, 종종 더 멀리까지 퍼진다. 종자가 더 크면 어린 식물도 더 크고 강하게 자라, 다른 식물과의 경쟁에서 더 유리할 수도 있다. 식물의 전략은 무궁무진하다. 어느 전략이 어느 전략보다 더 낫다고는 말할 수 없다.

리처드 스프루스
1817~1893

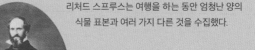

리처드 스프루스는 여행을 하는 동안 엄청난 양의 식물 표본과 여러 가지 다른 것을 수집했다.

리처드 스프루스Richard Spruce는 빅토리아 여왕 시대의 위대한 식물 탐험가로, 안데스 산맥에서부터 아마존 강 하구까지 아마존 강 일대를 15년 동안 탐험했다. 그는 아마존 강 유역의 여러 장소를 찾아다닌 최초의 유럽인 중 한 사람이다.

스프루스는 잉글랜드 요크셔의 하워드 성 근처에서 태어났다. 어린 시절부터 그는 자연과 자연사를 매우 사랑했고, 식물 목록 만들기가 그가 가장 좋아하는 소일거리였다. 16세가 되었을 때, 그는 자신이 사는 지역에서 볼 수 있는 모든 식물의 목록을 만들었다. 모두 403종의 식물을 알파벳순으로 정리한 이 목록은 어린 소년으로서는 꽤 많은 시간과 노력을 들인 애정 어린 작업이었다. 3년 후, 그는 「말턴 구역 식물상 목록List of the Flora of the Malton District」을 만들었다. 여기에 담긴 485종의 꽃식물 중 다수는 헨리 베인스Henry Baines의 『요크셔 식물상 Flora of Yorkshire』(1840)에도 언급된다.

스프루스는 선태식물, 즉 이끼류에 특히 관심이 있었고, 영국 제도와 그 주변 지역의 식물 표본을 꽤 많이 수집하여 소장한 유명 전문가가 되었다. 이렇게 어린 시절부터 식물에 관한 관심을 키워 온 그는 1845년과 1846년에 피레네 산맥에서 대규모 식물 탐사를 수행했다. 그는 꽃식물

킨코나 푸베스켄스Cinchona pubescens, 키나나무
리처드 스프루스가 채집한 키나나무의 수피는 말라리아로 투병하는 수백만 명의 사람에게 도움이 되었다.

표본집을 판매하여 원정 자금을 마련할 생각이었지만, 잘 알려지지 않은 선태식물은 별다른 관심을 불러일으키지 못했다. 그 지역에서 표본용 식물을 채집하는 동안 그는 최소 17종의 신종을 발견했고, 그 지역에 서식하는 선태식물의 목록을 169종에서 478종으로 늘렸다.

2년 후, 그는 큐 왕립 식물원장인 윌리엄 후커Willam Hooker로부터 큐 식물원을 대신하여 아마존 강 유역의 식물 탐사를 수행해 달라는 제안을 받았다. 그는 건강이 악화되고 있었지만, 이 제안을 받아들였다. 그에게는 엄청난 기회였기 때문이다. 이번에도 그는 그의 표본에 관심을 보인 유럽의 자연학자와 기관들에 표본을 판매하여 여행 경비를 마련했다.

이후 15년 동안 그는 아마존 강을 따라 브라질, 베네수엘라, 페루, 에콰도르를 여행했다. 그 과정에서 3,000점 이상의 표본을 수집해 그 지역 식물상에 관한 지식에 큰 기여

"세계에서 가장 큰 강이 세계에서 가장 큰 숲을 가로질러 흐른다. 상상해 보라! 숲을 관통하는 물길 외에는 거칠 것이 전혀 없는 500만 제곱킬로미터의 광대한 숲을."
— 리처드 스프루스

를 했다. 열정적인 인류학자이자 언어학자이기도 했던 스프루스는 그곳에 있는 동안 21개의 다른 언어를 배웠다. 그리고 식물뿐 아니라, 그 지역에서 만들어진 민족식물학적, 경제적, 의학적 중요성을 지닌 물건들도 수집했다.

바니스테리옵시스 카피*Banisteriopsis caapi*라는 식물을 발견한 그는 이 식물이 브라질 투카노아 원주민들 사이에서 어떤 용도로 쓰이는지 관찰했다. 이 식물은 아마존 서부의 원주민 부족에서 종교 의식과 치유 의식을 수행하는 주술사가 환각 작용을 일으키려고 사용한 환각제 음료인 아야와스카의 두 가지 성분 중 하나이다.

스프루스가 채집한 수천 종의 식물 중 가장 중요한 것은 당연히 킨코나*Cinchona* 또는 키나*Quina*라고 불리는 식물속일 것이다. 꼭두서닛과*Rubiaceae*에 속하는 이 에콰도르 원산의 식물에서는 퀴닌quinine 성분이 있는 수피를 얻을 수 있다. 남아메리카 원주민들은 이 수피를 말라리아 치료에 이용했다. 스프루스가 이 나무의 씨앗을 영국 정부에 제공하면서, 쓴맛이 나는 퀴닌 수피를 처음으로 널리 구할 수 있게 되었다. 그 결과, 세계 전역의 영국 식민지에 대규모 농장을 만들 수 있었고, 말라리아로 투병하는 수백만 명에게 도움이 되었다. 잉글랜드로 돌아온 후, 그는 『페루, 에콰도르의 안데스 산맥과 아마존의 우산이끼류The Hepaticae of the Amazon and the Andes of Peru and Ecuado』를 집필했다.

이 외에도 그는 자신이 발견한 이끼류의 약 절반에 해당하는 23종의 신종 영국 이끼에 대한 설명을 『런던 식물학 저널London Journal of Botany』에 발표했고, 『파이탈러지스트The Phytologist』를 통해서는 「요크셔의 선류와 태류 이끼 목록List of the Musci and Hepaticae of Yorkshire」을 발표했다. 여기서 그는 48종의 이끼를 잉글랜드의 식물상에 새롭게 기록했고, 요크셔의 식물상에도 33종을 추가했다.

스프루스는 독일 한림원으로부터 1864년에 박사 학위를 받았고, 그 후에는 영국 왕립 지리학회 회원

리처드 스프루스는 어린 시절부터 선태식물, 즉 이끼류에 특히 관심이 많았고, 유명한 이끼 전문가가 되었다.

이 되었다.

스프루스가 채집한 식물과 다른 수집품들은 식물학, 역사학, 민족학의 중요한 자료가 되었다. 큐 왕립 식물원과 영국 자연사 박물관이 함께 기획한 리처드 스프루스 프로젝트는 그가 남긴 표본의 소재를 추적하여 데이터베이스화하고, 표본과 그의 공책 원본을 이미지 형식으로 저장하고, 공책의 내용을 문서 파일로 변환하는 작업이다. 지금까지 6,000점 이상의 표본에 대한 이미지 저장, 데이터베이스화 작업이 완료되어, 식물학자와 역사학자, 그 외 아마존과 안데스 산맥 탐사에 관심이 있는 사람들이 이용할 수 있는 정보로 만들어졌다.

스프루케아속*Sprucea*(오늘날 꼭두서닛과의 시미라속*Simira*)과 우산이끼인 스프루켈라속*Sprucella*은 그의 이름에서 딴 명칭이다. 식물의 학명을 인용할 때 스프루스를 나타내는 표준 약어는 Spruce이다.

열매

정원가에게 '열매'는 대개 여름과 가을에 큰키나무나 떨기나무에 열리는, 달달하고 과육이 있는 작물을 가리킨다. 이런 열매로는 털모과 같은 큰키나무 열매, 라즈베리 같은 작고 연한 열매, 레드커런트 같은 떨기나무의 열매가 있다. 꽃사과(사과나무속)나 층층나무(층층나무속*Cornus*) 같은 관상용 열매도 포함된다. 여기에 범위를 더 넓히면, 호박(호박속 *Cucurbita*)과 고추(고추속*Capsicum*) 같은 열매채소도 있다.

그러나 식물학자가 볼 때는, 모든 꽃식물이 열매를 만들 수 있다. 식물학에서 열매는 하나의 엄밀한 용어로서, 꽃이 수정된 후 씨방에서 성숙한 구조로 정의된다. 열매에는 (하나 또는 여러 개의) 씨앗이 들어 있으며, 씨앗은 과피로 둘러싸여 있다. 과피는 육질이거나 딱딱한 껍질을 형성하여 씨앗을 보호해 씨앗의 전파를 돕는다. 과피는 씨방 벽에서 만들어진다.

루부스 이다이우스*Rubus idaeus*, 라즈베리

고추(캅시쿰 안눔*Capsicum annuum*)의 열매는 고추, 파프리카, 피망 등으로 불리며, 크기와 색과 모양이 대단히 다양하다.

열매가 그 속의 종자를 퍼뜨리는 방식

열매를 먹어 본 사람이라면 누구든지 자기도 모르는 사이에 그 종자를 전파한 매개자가 된 적이 있는 것이다. 사람들이 좋아하는 과일들, 이를테면 사과, 토마토, 라즈베리 같은 식물이 성공적으로 번성할 수 있었던 까닭은 열매가 매우 맛있고 영양이 풍부하기 때문이라고 말할 수 있다.

동물

열매는 동물의 뱃속을 통과하면 곧바로 씨앗과 분리될 것이고, 대개는 그 열매를 만든 식물에서 조금 떨어진 곳에 만들어지는 즉석 두엄 더미, 즉 동물의 배설물 속에 파묻혀 있게 될 것이다. 이 과정에서, 열매 속에 있을 때 종자의 발아를 억제하던 화학적 저해 물질들이 종자에서 모두 깨끗이 씻겨 제거될 것이다.

그러나 이것은 종자가 전파되는 수많은 메커니즘

중 하나일 뿐으로, 열매의 구조에 나타난 엄청난 다양성이 이를 증명해 준다. 우엉(우엉속*Arctium*)과 아카이나(아카이나속*Acaena*) 같은 일부 식물의 열매는 까끌까끌하거나 갈고리가 달린 가시로 덮여 있는데, 이 가시가 지나가는 동물의 털이나 깃털에 달라붙어 몇 킬로미터 떨어진 곳까지 운반될 수 있다. 이탈리아갈매나무(*Rhamnus alaternus*)의 둥그스름한 붉은 열매는 그 자연 서식지에 사는 동물들에게 먹히지만, 이는 종자가 전파되는 첫 단계에 불과하다. 일단 동물의 뱃속을 통과하여 나온 씨앗이 햇빛에 노출되어 갈라지면, 종자를 둘러싸고 있던 엘라이오솜이라는 부착물이 드러난다. 유분이 풍부한 엘라이오솜은 개미를 끌어들이고, 개미는 이 종자를 모아서 땅속의 집으로 가지고 들어간다. 그렇게 운반된 종자는 이듬해 싹을 틔울 것이다.

공기를 통한 전파

종자의 전파는 동물을 통해서만 이루어지는 것이 아니다. 종자는 다른 요인에 의해서도 널리 퍼진다. 공기 중으로 운반되는 열매는 바람에 실려 멀리까지 쉽게 날아갈 수 있도록 작거나 길쭉하거나 납작한 모양을 하고 있다. '헬리콥터'처럼 생긴 단풍나무(단풍나무속) 씨앗이나 '낙하산'처럼 생긴 민들레(민들레속) 씨앗처럼 날개나 프로펠러가 발달한 종자도 있다.

물을 통한 전파

부력이 있는 코코넛야자나 맹그로브의 씨앗은 대양에서 수천 킬로미터를 떠다닐 수 있다. 풍부한 양분(코코넛 과육)으로 둘러싸이고 물도 어느 정도 차 있는 거대한 종자 덕분에 코코넛야자는 열대 지방의 거의 모든 해변에 서식할 정도로 성공을 거두었다. 바다콩(*Entada gigas*)의 씨앗은 이 식물의 천연 서식지인 카리브 해와 다른 열대 지역에서 멀리 떨어진 유럽 해안까지 밀려오기도 한다. 이 씨앗은 1년 넘게 생존이 가능하다.

불

불이 자주 나는 서식지에서는 극단적인 고온에 도달해야만 꼬투리가 벌어져 종자가 방출되는 식물을 볼 수 있다. 오스트레일리아 남부의 유칼립투스나무 숲에서는 어린 유칼립투스나무가 자리를 잡기 어렵다. 예사롭지 않게 키 큰 지피식물이 빽빽하게 자라고 있기 때문인데, 그 지역의 나무고사리는 3미터 높이까지 자랄 수 있다. 심지어 큰 나무가 한 그루 쓰러지더라도, 숲 우듬지가 고사리로 뒤덮여 틈이 생기지 않을 수도 있다. 그러나 산불이 자연적으로 발생하는 특성이 있는 오스트레일리아에서는 숲 전역에 산불이 번질 때, 유칼립투스나무의 씨앗꼬투리가 터지면서 씨앗이 사방으로 흩어진다. 수년을 기다려 왔을 이 씨앗들은 그을린 땅에서 일주일 안에 발아하여 숲의 재건이라는 긴 과정을 시작할 것이다.

코코스 누키페라*Cocos nucifera*,
코코넛야자

부력이 있는 코코넛야자 열매는 수천 킬로미터를 떠다닐 수 있어서, 대단히 광범위한 지역에 성공적으로 종자를 퍼뜨렸다.

중력에 의한 전파

어떤 열매는 언덕 비탈을 굴러 내려갈 수 있을 정도로 크고 무겁다. 브라질너트(*Bertholletia excelsa*)의 크고 두꺼운 삭과[캡슐처럼 생긴 열매]가 그런 열매이다. 이 열매는 크기가 코코넛만 하고, (브라질너트) 안에는 작은 씨앗들이 꽉 들어차 있다. 브라질너트의 삭과는 익으면 땅에 떨어져서 둔탁한 소리를 낸다. 그러면 약한 부분이 갈라지면서 '뚜껑'이 열릴 수도 있다. 만약 열매가 언덕 비탈에 떨어지면, 조금 먼 곳까지 굴러갈 수도 있을 것이다. 때로는 굴러가는 동안 그 안에 있는 씨앗이 튀어나오기도 한다. 그 지역에 사는 꼬리감는원숭이는 이 열매의 뚜껑을 열고 씨앗, 즉 브라질너트를 끄집어내려고 해서, 이 열매는 때로 '원숭이 냄비'라고도 불린다. 원숭이들은 씨앗을 꺼낼 방법을 찾다가 열매를 들고 가 버리기도 한다. 그 지역의 설치류도 종종 껍데기를 갉아 씨앗을 꺼낸 다음 숲속 여기저기에 숨겨 둔다. 그런 씨앗 중 일부는 잊히고 방치되어 있다가, 나무가 쓰러지면서 숲의 바닥까지 빛이 들면 마침내 발아할 것이다.

임파티엔스 글란둘리페라*Impatiens glandulifera*,
히말라야물봉선

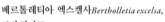

베르톨레티아 엑스켈사*Bertholletia excelsa*,
브라질너트

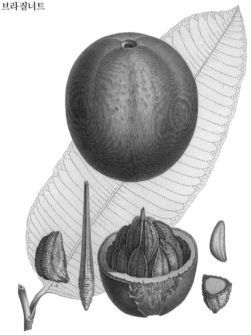

터지면서 전파

지나가다 닿거나, 열매가 마르면서 압력이 높아지거나, 또는 이 두 가지가 결합되어 열매가 말 그대로 폭발을 일으키면서 씨앗이 공기 중으로 날아가기도 한다. 이런 현상은 히말라야물봉선에서 볼 수 있는데, 이 식물은 터지는 열매 덕분에 빠르게 서식지를 넓혀 가고 있다. 현재 이 식물은 '잉글랜드와 웨일스의 야생과 전원 지대에 관한 법률' 9번 부칙에 의해 침투력이 강한 잡초로 등재되어 있으므로, 야생에 씨를 뿌리거나 심는 것이 금지되어 있다. 그 정도로 잘 퍼지니, 정원에 이 식물을 심는 것은 피하는 편이 현명할 것이다. 지중해 연안의 덤불 지대에서 흔히 볼 수 있는 물총오이(*Ecballium elaterium*)도 터지는 열매가 열린다. 그 외, 씨가 터지는 메커니즘은 쉽게 관찰할 수는 없을지도 모르지만, 인테르메디아풍년화(풍년화속*Hamamelis*), 양골담초(양골담초속*Cytisus*), 제라늄 같은 몇 종류의 일반적인 화초도 터지는 열매가 달린다.

다양한 유형의 열매들

식물이나 열매에 관심이 없는 사람이든, 열매를 아주 좋아하는 사람이든, 자연에 존재하는 열매의 형태가 얼마나 다양한지 알면 깜짝 놀랄 것이다. 자연학자는 열매를 크게 단과, 집합과, 복합과라는 세 종류로 분류한다.

단과는 과피가 목질이거나 가죽질인 건과와 다육질인 육과로 나뉘며, 하나의 씨방 속에서 하나 또는 여러 개의 심피가 성숙하여 만들어진다. 건과인 단과 종류로는 수과(아티초크*Cynara cardunculus* 열매처럼 씨앗이 하나인 열매), 시과(단풍나무의 열매처럼 날개가 달린 열매), 삭과(니겔라속*Nigella*의 열매처럼 두 개 이상의 심피에서 형성된 열매), 곡립(밀속*Triticum*의 밀 같은 열매), 협과(일반적으로 꼬투리라고 부르는 완두*Pisum sativum* 같은 열매), 견과, 장각과(양배추가 속한 십자화과 *Brassicaceae*의 열매처럼 씨가 들어 있는 꼬투리가 여러 개인 열매)가 있다.

육과인 단과로는 장과(블랙커런트*Ribes nigrum*의 열매처럼 씨방벽 전체가 육질의 과피로 발달한 열매), 핵과(씨방 벽의 안쪽은 복숭아씨처럼 단단한 껍데기로 발달하고, 바깥쪽 벽은 벚나무속의 열매나 올리브나무(*Olea europaea*)의 열매 같은 과육 층으로 발달하는 열매)가 있다.

하나의 꽃은 여러 개의 심피로 구성될 수 있는데, 각각의 심피는 자라는 동안 서로 융합하여 더 큰 하나의 단위를 형성한다. 이런 단위들이 모여 집합과가 되며, 집합과를 이루는 각각의 단위는 소과라고 부른다. 집합과를 형성할 수 있는 열매로는 수과, 골돌과[익으면 과피가 조개 입처럼 벌어지는 열매], 핵과, 장과가 있다. 블랙베리와 라즈베리(산딸기속)는 소핵과로 이루어진 집합과다.

딸기(*Fragaria × ananassa*)는 집합과의 일종이다. 심피의 융합으로 형성된 열매가 아니라, 꽃의 다른 부분(꽃턱)이 합쳐지고 커지면서 딸기의 과육 부분이 되었다. 이과(사과, 배, 마르멜로)도 꽃턱에서 발달한 열매다. 심피가 여러 개인 꽃이 반드시 집합과가 되는 것은 아니라는 점에 주목하자. 흔한 잡초인 유럽뱀무(*Geum urbanum*)의 가시 달린 수과처럼, 분리되어 있는 상태로 있을 수도 있다.

복합과는 두상화, 즉 꽃이삭에서 형성된다. 각각의 꽃에서 열매를 생산한 다음, 그 열매들이 하나의 더 큰 열매로 융합되는 것이다. 육과인 복합과로는 파인애플과 뽕나무(뽕나무속*Morus*)가 있다. 건과인 복합과로는 버즘나무(버즘나무속*Platanus*)에 달리는 뾰족뾰족한 '공 모양' 열매가 있다. 바나나와 씨 없는 포도처럼 씨가 없는 열매가 궁금한 정원가도 있을 것이다. 호기심이 많은 사람을 위해 설명하자면, 그 의문의 답은 단위결실에서 찾을 수 있다. 단위결실은 수정이 되지 않은 열매라는 뜻이다. 때로는 돌연변이가 일어나 수정 없이 열매가 형성되기도 한다. 단위결실은 씨 없는 오렌지, 바나나, 가지, 파인애플의 생산에 상업적으로 이용된다. 기술적으로 보면, 씨 없는 포도는 단위결실이 아니다. 씨 없는 포도의 경우는, 정상적으로 수정은 되지만 그 직후에 일어나는 배 발생이 실패하면서 씨앗이 발달하지 않고 흔적만 남은 것이다. 이런 열매는 종자 미발달결실이라고 부른다.

아나나스 코모수스*Ananas comosus*,
파인애플

알뿌리와 그 밖의 지하부 양분 저장기관

많은 여러해살이 식물은 특별한 양분 저장기관을 만들어, 식물이 수년 동안 살아갈 수 있게 한다. 이런 식물들은 종종 땅 위로 드러나 있는 부분이 모두 죽고 땅속 저장기관만 남기고 휴면에 들어간다. 이런 방식은 추운 겨울이나 건조한 여름처럼 환경 조건이 불리할 때 식물이 살아남을 수 있게 해 준다. 또한, 지하부 양분 저장기관은 식물의 번식과 전파에 활용되기도 한다.

많은 저장기관은 변형된 줄기이다. 그래서 정단 생장점, 눈, 변형된 잎(때로 비늘로 알려져 있다) 같은 것과 유사점이 있다. 감자의 덩이줄기에서 움푹 파인 부분은 눈의 일종이다.

알뿌리

진정한 알뿌리는 본질적으로 아주 짧은 줄기이며, 줄기의 생장점은 비늘잎이라고 불리는 두꺼운 육질의

덩이줄기

뿌리줄기

알뿌리

알줄기

변형된 잎들로 감싸여 있다. 알뿌리에는 휴면 기간과 이후 다시 새순이 돋을 때까지 버틸 수 있는 양분이 저장되어 있다. 대부분의 알뿌리는 수선화(수선화속)의 알뿌리처럼 비늘잎이 얇고 촘촘하게 겹쳐 있지만, 백합(백합속) 같은 다른 알뿌리는 비늘잎이 두툼하고 헐겁게 겹쳐 있다. 잎눈과 꽃눈은 알뿌리의 중심부에서 나오고, 뿌리는 알뿌리의 아래쪽에서 자란다.

알뿌리를 심을 때는 위아래가 바뀌지 않아야 하므로, 어디가 위인지 알아볼 수 있는 편이 좋다. 때로는 구분이 어려울 때도 있는데, '엉뚱한 방향을 위로' 심어도 알뿌리 자체에는 대체로 크게 상관이 없지만, 알뿌리의 에너지 저장고에 추가적인 부담을 줄 수도 있다. 일반적으로 알뿌리는 그 크기의 세 배 되는 깊이에 심는 것이 가장 좋다. 여름과 가을에 꽃이 피는 알뿌리는 봄에 심어야 하고, 봄에 꽃이 피는 알뿌리는 가을에 심어야 한다.

알줄기

알줄기는 땅속줄기의 단단한 기부가 팽창한 것으로, 애기범부채와 글라디올러스에서 볼 수 있다. 알줄기는 양분을 저장하며, 비늘잎으로 둘러싸여 보호되고 있다. 알줄기의 끝에는 한 개 이상의 눈이 있으며, 이 눈은 장차 잎과 꽃이 피는 가지로 발달한다.

알뿌리와 알줄기는 매우 비슷하게 생겨 자주 혼동을 일으킨다. 중요한 차이 중 하나는, 알뿌리는 여러 장의 다육질 비늘잎으로 이루어져 있는 반면, 알줄기는 (기본적으로 유조직으로 채워진) 단순한 구조로 이루어져 있다는 점이다. 알줄기는 수명도 훨씬 짧은 편으로, 오래된 알줄기는 그 위에 형성된 새로운 알줄기로 대체된다. 알줄기의 기부 주위에도 여러 개의 작은 알줄기가 형성되어 여러 개의 새로운 줄기를 만든다.

덩이줄기

덩이줄기는 땅속줄기의 끝이 크게 부풀어 오른 부분이다. 덩이줄기에는 눈bud 덩어리 하나와 잎이 떨어진 흔적 하나로 이루어진 여러 개의 '눈eye'이 있는데, 이 눈들은 일반적인 줄기에서는 마디에 해당하는 구조이다. 이런 눈은 덩이줄기의 표면 어디에나 생길 수 있지만, 대개는 한쪽에 몰려 있고 반대편에는 덩이줄기가 부모식물에 부착되는 자리가 있다. 봄에 감자를 심으려고 싹이 난 감자를 준비할 때는 눈이 가장 많은 쪽 끝을 위로 향하게 해야 한다. 그래야 그 방향을 위로 하여 흙에 심을 수 있다. 덩이줄기에서 새로운 식물이 자라 나오면 덩이줄기는 쪼글쪼글해지고, 새로운 식물에서 새로운 덩이줄기들이 자랄 것이다.

감자뿐만 아니라 구근베고니아와 시클라멘도 정원에서 흔히 볼 수 있는 덩이줄기 식물이다. 고구마와 달리아도 덩이줄기가 자라지만, 정확히 말하자면 이것들은 줄기가 아니라 뿌리에 생긴 덩이뿌리이다. 본질적으로 뿌리가 부풀어 오른 것인 덩이뿌리는 줄기에서 유래한 구조인 마디나 눈이 없다. 대신 덩이뿌리는 양 끝에 막눈이 형성되면서 뿌리와 새 가지가 나온다. 원추리(원추리속Hemerocallis) 중에도 덩이뿌리를 형성하는 종류가 있다.

뿌리줄기

뿌리줄기는 지면이나 지면 바로 아래 땅속에서 옆으로 자라는 줄기이다. 뿌리줄기는 마디와 절간으로 나뉘어 있으며, 각각의 마디에서는 잎과 새 가지와 뿌리와 꽃눈이 발달한다. 주생장점은 뿌리줄기의 끝에 있지만, 길게 자라는 동안 다른 곳에 생장점이 생기기도 해서 덩이줄기처럼 여러 개의 새 가지가 동시에 나타날 수 있다.

생강(Zingiber officinale)도 뿌리줄기이며, 지면을 뒤덮고 있는 독일붓꽃의 굵은 줄기도 뿌리줄기이다. 많은 식물이 지하의 뿌리줄기를 통해 빠르게 퍼지는데, 이런 식물로는 청나래고사리(Matteuccia struthiopteris)와 대나무의 일종인 사사일라 라모사Sasaella ramosa가 있다.

뿌리줄기는 생장점만 있으면 잘라 낸 조각으로 새 식물을 키울 수 있다. 잘라 낸 뿌리줄기는 잎몸을 모두 절반 정도로 잘라 내고 죽은 부분을 정리한 다음, 원래 자라던 것과 같은 깊이로 옮겨 심는다. 새로운 식물이 완전히 자리를 잡기까지는 여러 계절이 걸릴 수도 있다.

기는줄기

기는줄기는 뿌리줄기와 비슷하다. 기는줄기에도 뿌리가 나오는 마디, 새 가지가 나오는 마디가 있으며, 줄기가 지면 위나 바로 아래로 지나간다. 기는줄기는 그 식물의 주축이 되는 줄기가 아니라는 점에서 뿌리줄기와 다르다. 기는줄기는 원줄기에서 곁가지로 나와 새로운 식물을 만든다.

쓸모 있는 식물학

딸기는 기는줄기를 만드는 것으로 유명하며, 쉽게 키울 수 있다. 일단 뿌리를 내리면, 딸기는 부모식물에서 분리하여 옮겨 심을 수 있다. 기는미나리아재비(Ranunculus repens)처럼, 잡초 중에는 기는줄기로 빠르게 퍼지는 종류가 많다.

라눈쿨루스 레펜스
Ranunculus repens,
기는미나리아재비

코스모스 비핀나투스*Cosmos bipinnatus*,
코스모스

제3장

내부 작용

식물은 자란다. 모든 생물이 그렇듯이, 식물도 세포로 이루어져 있고 그 세포가 분열하고 확대된다. 이것을 가능하게 하는 영양분은 흙에서 오고, 새로운 세포를 만드는 데 필요한 에너지는 주로 햇빛에서 온다.

식물의 형태는 기본적으로 빨대와 같다. 토양에서 물과 양분을 빨아들여 줄기를 통해 잎으로 보내고, 잎에서는 증발(더 정확히는 '증산작용')을 통해 물이 빠져나간다. 양분은 관다발 조직을 통해 식물체 전체를 순환하고, 식물의 생장을 조절하는 호르몬도 관다발을 통해 이동한다.

대부분의 정원가에게는, 이 정도의 간단한 개요만 알면 식물의 내부 작용에 관한 지식으로는 충분할 것이다. 그러나 세포의 내부에서 일어나는 작용은 복잡하고 매혹적이며, 이에 관한 우리의 지식은 수세기에 걸친 과학자들의 탐구와 발견의 결과물이다.

세포와 세포분열

현대의 세포 이론에 따르면, 모든 생명체는 세포로 이루어져 있다. 또, 모든 세포는 다른 세포로부터 만들어지고, 유기체의 모든 물질대사 반응은 세포 내에서 일어나며, (몇몇 예외를 제외한) 각각의 모든 세포에는 새로운 식물을 만드는 데 필요한 유전정보 전체가 들어 있다.

세포벽

식물세포는 대부분 세포벽으로 둘러싸여 있다. 활발하게 성장하고 있는 어린 세포에는 얇은 1차 세포벽만 형성되어 있다. 성숙한 식물세포, 특히 성장을 끝마친 물관 조직의 세포에는 2차 세포벽이 형성된다.

겐티아나 아카울리스
Gentiana acaulis,
나팔용담

1차 세포벽

1차 세포벽은 식물을 단단하게 만들고 지탱하는 중요한 역할을 한다. 완전히 수화된(물이 차 있는) 세포는 세포벽을 바깥쪽으로 밀어내는 압력[팽압]의 작용으로 팽창하지만 세포가 터지지 않고 유지되는데, 이는 강하고 유연한 셀룰로스가 있기 때문이다. 팽압은 줄기를 똑바로 서 있게 해 준다. 따라서 식물은 건조해지기 시작하면 팽압이 감소하여 시들기 시작한다.

1차 세포벽은 세포의 다른 부분과 비교하면 사실 꽤 얇은 편으로, 두께가 몇 마이크로미터에 불과하다. 세포벽의 약 1/4은 기다란 셀룰로스 섬유로 이루어져 있으며, 셀룰로스는 평행한 배열 때문에 무게에 비해 인장 강도는 철사만큼 강하다. 이런 셀룰로스 섬유는 헤미셀룰로스와 다당류 및 다른 물질들로 이루어진 기질 속에 박혀 있다.

세포가 팽창하면 이에 반응하여 셀룰로스 섬유가 기질 속에서 움직일 수 있어, 1차 세포벽은 성장에 잘 적응되어 있다. 1차 세포벽은 세포가 성장하는 동안 늘어나거나 부풀어 오르고, 세포벽에 새로운 물질을 추가하여 두께를 유지한다. 1차 세포벽으로는 물과 수용성 물질이 자유롭게 투과할 수 있다.

2차 세포벽

많은 식물에서, 세포의 성장이 멈춘 후에는 2차 세포벽이 생기기 시작한다. 성숙한 물관 조직에서는 2차 세포벽이 그 식물을 지탱하는 역할을 한다. 식물의 목질과 코르크에서 소수의 세포를 제외한 거의 모든 부분은 한때 그 자리에 있던 세포가 죽고 2차 세포벽만 남아 있는 것이다.

1차 세포벽보다 훨씬 두꺼운 2차 세포벽은 셀룰로스 45퍼센트, 헤미셀룰로스 30퍼센트, 리그닌 25퍼센트로 구성된다. 리그닌은 쉽게 압축되지 않고, 형태가 잘 변하지 않는다. 다시 말해, 셀룰로스보다 훨씬 덜 유연하다.

세포의 구조

현미경으로 보면, 식물세포에서는 다음과 같은 여섯 가지의 뚜렷한 구조를 볼 수 있다.

1. 세포벽

세포벽은 셀룰로스 섬유를 함유하고 있는 두껍고 단단한 구조이다. 세포의 위치와 모양을 단단하게 고정하여 세포를 보호하고 지탱한다. 세포벽의 안쪽 표면에는, 세포 안팎으로 물질을 선택적으로 투과할 수 있는 장벽인 세포막이 있다.

2. 핵

세포의 '제어 센터'처럼 기능하는 핵은 유전정보(염색체와 그 구성 성분인 DNA)를 담고 있다. DNA는 엽록체와 미토콘드리아에서도 볼 수 있다.

3. 엽록체

엽록체는 하나 또는 여러 개가 있으며, 광합성이 일어나는 장소이다. 광합성은 빛에너지를 포착하여 단순당을 만들어 식물이 이용할 수 있는 형태로 변환하는 과정이다. 엽록체는 식물에만 존재한다.

4. 미토콘드리아

미토콘드리아는 엽록체와 마찬가지로 단순당을 만드는 데 활용될 수 있는 형태로 에너지를 변환하는 일에 관여한다. 그러나 미토콘드리아에서 이용하는 에너지는 빛이 아니라 당과 지방과 단백질이 산화되어 만들어진 에너지이다. 따라서 미토콘드리아는 어두울 때 주된 에너지 급원이 된다. 미토콘드리아는 엽록체보다 크기는 훨씬 더 작고, 수는 더 많다.

5. 액포

액포는 세포 한가운데에 있는 큰 공간이다. 액포는 처음에 어린 세포에서는 조그맣다가, 시간이 흐를수록 점점 커지면서 세포의 다른 내용물을 세포벽 쪽으로 밀어붙이기도 한다. 어떤 세포는 여러 개의 액포를 가지고 있다. 액포의 주된 기능은 세포에서 나오는 폐기물을 따로 보관해 두는 것이므로, 시간이 흐를수록 내용물이 점차 많아지고 때로 결정이 생기기도 한다.

6. 소포체

소포체는 수많은 납작한 막 구조가 겹겹이 층을 이룬 모양을 하고 있다. 소포체의 표면에는 단백질이 만들어지는 장소인 리보솜이 박혀 있다.

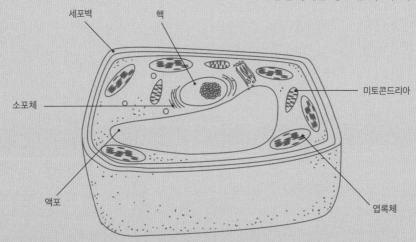

세포벽　핵

소포체

미토콘드리아

액포

엽록체

2차 세포벽에서 리그닌과 셀룰로스 섬유의 조합은 콘크리트 속에 박혀 있는 철근과 비슷하다. 이는 목질을 강하게 만들어서, 수분을 잃더라도 식물이 수그러지지 않게 한다. 셀룰로스와 리그닌은 지구에 가장 풍부한 두 가지 유기 화합물로 알려져 있다.

진화생물학자들은 리그닌의 형성이 식물의 육상 환경 적응에 결정적 역할을 했을 것이라고 생각한다. 리그닌이 있어서, 어느 정도의 높이까지 중력을 이기고 물을 전달할 수 있는 단단한 세포층을 만들 수 있었다는 것이다.

세포분열

모든 세포의 크기에는 한계가 있는데, 그 이유는 핵이 통제력을 행사할 수 있는 거리와 어느 정도 연관이 있다. 그래서 식물이 훨씬 더 크게 자라려면 세포 수를 늘려야 하고, 세포 수가 늘어나려면 세포분열을 해야 한다.

세포분열에는 많은 장점이 있다. 세포가 분화할 수 있고, 유기체의 양분 저장 능력이 증가할 수도 있으며,

손상된 세포를 바꿀 수도 있다. 또, 큰 식물의 경우는 빛을 더 잘 받을 수 있으므로 경쟁에서 유리해질 수도 있다. 살아 있는 세포에서는 체세포분열과 감수분열이라는 두 종류의 세포분열이 일어날 수 있다.

체세포분열

체세포분열은 한 세포가 두 개의 똑같은 새로운 세포로 나뉘는 것으로, 영양기관의 생장을 담당한다.

감수분열

감수분열은 유성생식을 위해 반드시 필요한 특별한 유형의 세포분열이다. 감수분열이 일어나면, (체세포분열처럼) 두 개의 완전한 세포가 만들어지는 것이 아니라 네 개의 반쪽 세포(생식세포)가 만들어진다. 생식세포는 염색체를 한 세트만 가지고 있어 '반수체'라고 불린다. (대부분의 세포는 두 세트의 염색체를 가지고 있어 '2배체'라고 불린다.) 더 고등한 식물에서, 생식세포는 꽃가루(웅성 생식세포)가 되거나 배(자성 생식세포)가 된다. 유성생식에 관한 더 자세한 정보는 110~115쪽을 보라.

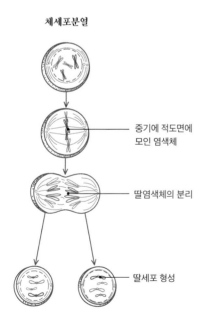

체세포분열

중기에 적도면에 모인 염색체

딸염색체의 분리

딸세포 형성

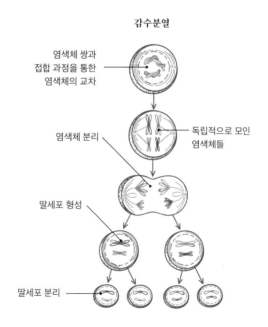

감수분열

염색체 쌍과 접합 과정을 통한 염색체의 교차

독립적으로 모인 염색체들

염색체 분리

딸세포 형성

딸세포 분리

광합성

식물이 다른 생명체들과 구별되는 핵심적인 특징은 바로 햇빛을 에너지원으로 삼아 생명의 구성 성분을 직접 합성한다는 점이다. 이 놀라운 생화학 반응은 본질적으로 매우 중요하다. 만약 광합성이 멈춘다면, 지구상의 거의 모든 생명이 죽게 될 것이기 때문이다.

전체 광합성 반응식은 다음과 같이 쓸 수 있다.

$$6CO_2 + 6H_2O \rightarrow C_6H_{12}O_6 + 6O_2$$

이산화탄소$=CO_2$
물$=H_2O$
포도당$=C_6H_{12}O_6$
산소$=O_2$

즉, (공기 중에 있는) 여섯 개의 이산화탄소 분자와 여섯 개의 물 분자가 결합해 한 분자의 단당류(포도당)와 여섯 개의 산소 분자를 만드는 것이다. 따라서 산소는 광합성 반응의 노폐물이다. 이는 동물이 식물에 의존하는 또 다른 이유가 되는데, 동물이 숨을 쉬려면 산소가 필요하고 산소는 식물에서 만들어지기 때문이다.

광합성의 작용 방식

광합성 반응은 저절로 일어나지 않는다. 에너지가 필요하다. 자연에서는 그 에너지가 태양에서 오지만, 식물은 알맞은 인공조명 아래에서도 광합성을 할 수 있다. 일부 정원가와 농민은 이 방법을 적용하여, 빛의 양이 적을 때는 식물의 성장을 자극하려고 온실에 조명을 설치하고 식물을 기른다.

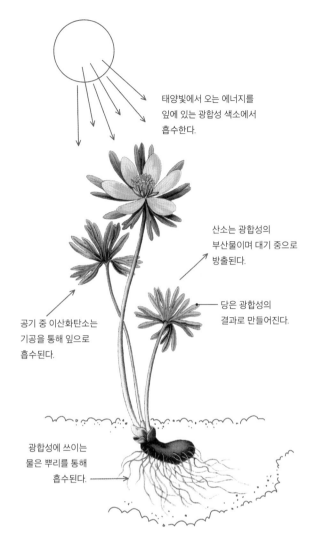

태양빛에서 오는 에너지를 잎에 있는 광합성 색소에서 흡수한다.

산소는 광합성의 부산물이며 대기 중으로 방출된다.

당은 광합성의 결과로 만들어진다.

공기 중 이산화탄소는 기공을 통해 잎으로 흡수된다.

광합성에 쓰이는 물은 뿌리를 통해 흡수된다.

식물에서 빛에너지를 받아들이고 전환할 수 있는 장소는 엽록체이다. 엽록체 속에는 스트로마라는 젤리 같은 기질이 가득 들어차 있다. 스트로마 속에는 빛을 흡수하는 색소가 든 주머니들이 있는데, 이 주머니가 바로 광합성의 명반응 장소이다.

그 색소들 중 가장 많은 것은 초록색을 띠는 엽록소이지만, 카로틴(당근의 주황색 색소)과 크산토필(노란색 색소) 같은 다른 색소도 있을 수 있다.

명반응

명반응은 빛이 색소 분자와 부딪힐 때 색소 분자 속의 전자가 에너지를 얻어 들뜨면서 시작된다. 들뜬

전자가 '바닥' 상태로 돌아갈 때, 전자가 갖고 있던 에너지는 다음 네 가지 방식 중 하나로 방출된다. 빛 또는 열의 형태로 방출되거나(이때 인광燐光이 발할 수도 있다), 다른 색소 분자 속에 있는 다른 전자를 흥분시키거나, 화학반응을 일으키는 것이다.

광합성에서, 에너지를 얻은 전자는 두 가지 중요한 반응을 일으키는 데 이용된다. 첫 번째 반응은 ADP 분자(아데노신 2인산)를 ATP 분자(아데노신 3인산)으로 전환하는 것이고, 두 번째 반응은 물(H_2O)을 수소(H)와 산소(O)로 분리하는 것이다. 물은 대단히 안정된 분자여서, 물을 분해하여 산소라는 부산물을 만드는 이 과정은 매우 놀라운 자연의 솜씨를 보여 주는 반응이다. 물에서 분리된 수소 원자 두 개는 NADP라는 물질과 결합해서 $NADPH_2$로 전환된다.

이 두 반응을 통해, 빛은 ATP와 $NADPH_2$라는 형태의 화학에너지로 전환된다. 그다음에는 이 화학에너지를 이용하여 암반응이 일어나는데, 이 반응은 엽록체의 스트로마에서 일어난다.

암반응

암반응은 캘빈 회로라고도 불리는데, 암반응을 발견한 인물 중 한 명인 멜빈 캘빈Melvin Calvin의 이름을 딴 것이다. 캘빈은 식물에 주입한 방사성 탄소가 어떻게 이동하는지 추적하여 암반응을 발견했다. 이 과정은 직접적으로 빛에 의해 유발되는 것이 아니어서 암반응이라고 불렸다.

캘빈 회로에서는 이산화탄소를 재료로 첫 번째 당이 만들어지는데, ATP와 $NADPH_2$ 분자가 이 반응을 일으키는 에너지원이 된다. ATP와 $NADPH_2$는 다시 ADP와 NADP로 돌아가서 명반응에 쓰인다. 당은 식물의 첫 번째 구성 성분이며, 식물의 주요 저장 양분인 녹말 같은 더 복잡한 분자로 곧 바뀐다. 질소 같은 영양소와 추가적인 반응이 일어나면, 단백질과 지방이 형성되기도 한다.

미토콘드리아와 호흡

미토콘드리아의 물질대사 작용을 간단히 알아보는 것도 좋을 것이다. 엽록체와 마찬가지로, 미토콘드리아도 생명 과정을 일으키는 작은 발전소로 작용한다. 그러나 미토콘드리아는 저장된 연료를 태워 에너지를 방출하기 때문에, 빛을 다른 형태의 에너지로 전환하는 엽록체의 반응과는 근본적으로 다르다. 미토콘드리아에서 일어나는 반응은 호흡이라고 하는데, 다음과 같이 단순화할 수 있다.

$$C_6H_{12}O_6 + 6O_2 \rightarrow 6CO_2 + 6H_2O$$

간단히 말해, 이 반응은 광합성의 역반응이다. 물과 이산화탄소가 대사 작용에 활용되는 것이 아니라, 부산물로 방출된다. 여기서 우리는 식물과 동물이 서로 어떻게 의존하는지 볼 수 있다. 동물은 산소를 들이마시고 이산화탄소를 내놓는다. 식물은 이 이산화탄소를 받아들여 자신이 쓸 양분을 만들고 산소를 부산물로 내놓아, 끝없는 순환이 일어난다. 모든 녹색 식물은 우리가 숨 쉬는 공기를 재활용하여 지구라는 행성을 살아갈 수 있는 곳으로 만든다. 그래서 지구의 숲은 매우 중요하다.

동물은 엽록체가 없어, 호흡이 유일한 에너지원이다. 식물은 미토콘드리아와 엽록체를 둘 다 지니고 있어, 호흡을 하면서 광합성도 할 수 있다. 밤이 되거나 빛의 세기가 약해지면, 식물은 광합성을 멈추고 호흡에 의지해야 한다. 식물의 호흡에 필요한 산소는 기공을 통해 들어간다. 즉, 기공이라는 작은 구멍으로는 이산화탄소만 들어가는 것이 아니다.

글레코마 헤데라케아Glechoma hederacea, 무늬긴병꽃풀

식물의 영양

정원가라면 때때로 식물에 영양을 공급해야 한다는 사실을 알고 있을 것이다. 특히 화분에서 자라는 식물의 경우, 그 식물에게 필요한 것을 계속 공급하는 일은 온전히 정원가의 몫이다. 원예용품점의 선반에는 그런 식물의 영양을 위한 상품이 그득하다.

식물의 성장에는 수많은 원소가 필요하며, 이런 원소는 다량 영양소와 미량 영양소로 나뉜다. 이 중에는 식물이 공기 중에서 얻을 수 있는 것도 있지만(탄소와 산소), 대부분은 흙에서 찾을 수 있다. 영양소의 결핍은 종종 특별한 증상으로 나타나는데, 세심한 정원가의 눈에 띈다면 대개 특별한 비료를 써서 바로잡을 수 있다.

동백을 건강하게 기르려면, 철과 망간이 첨가된 특별한 진달랫과 식물용 비료를 공급해야 한다.

대부분의 관상용 나무와 마찬가지로, 일본당단풍(단풍나무속)에는 질소, 인, 칼륨을 포함하는 일반적인 복합비료가 가장 많이 쓰인다.

다량 영양소

많은 양이 필요한 원소들인 다량 영양소로는 탄소, 산소, 질소, 인, 칼륨, 칼슘, 황, 마그네슘, 규소가 있다. 탄소와 산소는 공기 중에서 얼마든지 구할 수 있어서, 식물이 이 원소들을 얻는 데는 어려움이 거의 없다.

기성품 비료는 대개 영양소 함량을 N:P:K 비율로 나타낸다. N은 질소, P는 인, K는 칼륨의 약자이다. 만약 N의 값이 P나 K의 값보다 더 높으면, 그 비료는 질소가 풍부한 것이다. 장미나 진달랫과 식물을 위해 특별히 조제된 비료는 일반적으로 다른 영양소도 추가로 함유하고 있다(보통은 마그네슘이나 철이 추가된다). N:P:K 비율이 표기되지 않은 시판 비료는 영양 성분을 보장할 수 없으니 주의를 기울여야 한다.

질소가 함유된 비료는 시금치 같은 잎채소에서 초록색 잎이 풍성하게 자라는 것을 돕는다.

인

또 다른 중요한 영양소인 인(P)은 광합성에서 빛에너지를 ATP로 전환하는 데 필요하며, 수많은 효소에도 이용된다. 세포분열을 위해 중요한 영양소이며, 일반적으로 건강한 뿌리의 성장과 연관이 있다. 콩과 식물에는 인이 많이 필요하지만, 인의 필요량은 식물에 따라 매우 다양하다. 토양 속 인은 잘 움직이지 않아 제대로 관리된 토양에서는 인의 결핍이 흔치 않지만, 인이 부족하면 성장이 느려지고 잎이 시들어 누렇게 변한다. 인의 급원으로는 인광석, 중과석, 골분, 생선과 피와 뼈가 있다.

칼륨

세 번째로 중요한 식물 영양소인 칼륨(K)은 광합성을 위해 필요하며, 뿌리로부터의 수분 흡수를 조절하고 잎에서 일어나는 수분 손실을 줄인다. 또, 칼륨은 개화와 결실을 촉진하므로, 꽃과 열매를 보려고 키우는 식물에 특별히 필요하며 일반적으로 식물을 튼튼하게 해 준다. 칼륨이 부족하면 잎에 노란색이나 보라색이 돌고, 꽃과 열매가 부실해진다. 칼륨이 풍부한 비료 중 가장 흔하게 구할 수 있는 것은 아마 토마토 비료일 것이다. 다른 칼륨 급원으로는 황산칼륨이 있다.

칼륨이 풍부한 비료는 서양까치밥나무처럼 열매를 맺는 식물의 수확을 늘려 줄 것이다.

질소

질소(N)는 중요한 식물 영양소이다. 모든 단백질과 엽록소의 필수 요소여서 식물의 성장에 반드시 필요한 원소이다. 질소가 부족하면, 식물은 튼튼하게 자라지 못한다. 토양 속에 있는 질소는 유기물에서 유래한다. 이 유기물이 토양 미생물에 의해 질산염과 암모늄염으로 분해되면서 식물의 뿌리는 이것을 천천히 받아들일 수 있게 된다. 토양 속이나 식물의 뿌리혹(제2장을 보라)에 살고 있는 질소 고정 세균은 공기 중의 질소를 곧바로 받아들여 이 과정을 단축할 수 있다.

질산염과 암모늄염은 물에 아주 잘 녹아, 물을 너무 많이 주거나 비가 많이 내리면 식물이 사용할 수 있는 질소가 쉽게 씻겨 사라진다. 가뭄과 홍수와 낮은 기온도 질소의 활용도에 영향을 줄 수 있다. 질소 결핍은 성장을 저하시키고, 잎을 노랗게 변하게 만든다(황백화 현상). 질소의 급원으로는 잘 썩은 퇴비, 피, 발굽과 뿔로 만든 비료, 질산암모늄 비료가 있다.

황

황(S)은 많은 세포 단백질의 구성 요소이며, 엽록소 형성에 반드시 필요해 광합성에서 매우 중요한 원소이다. 황의 결핍은 거의 볼 수 없는데, 특히 공업이 발달한 국가에서는 대기 중 이산화황이 빗물에 섞여 땅에 떨어진다. 황가루를 이용하면 토양의 pH를 낮출 수 있다(144쪽을 보라).

칼슘

칼슘(Ca)은 세포들 사이의 양분 수송을 조절하고, 특정 식물 효소의 활성화에 관여한다. 칼슘의 결핍은 흔치 않은데, 칼슘이 부족하면 성장이 저하되고, 열매에서 꽃이 달렸던 부분이 검어지고 물렁해지는 배꼽썩음병이 생긴다. 토양 속 칼슘의 농도는 토양의 산성도와 염기성도를 결정한다(제6장을 보라). 칼슘은 백악이나 석회암 또는 석고의 형태로 토양에 첨가될 수 있다.

마그네슘

마그네슘(Mg)은 광합성과 인산염 수송에 반드시 필요하다. 마그네슘이 부족하면 잎맥간 황백화(잎맥 사이가 노랗게 변하는 현상)가 나타나고, 토양이 압축되어 있거나 물이 고여 있을 때는 상황이 악화된다. 염기성인 모래땅에서는 종종 마그네슘 부족 현상이 나타난다. 유용한 해결책으로는 엡섬염Epsom salt 또는 황산마그네슘을 잎에 분무하는 방법이 있다.

규소

규소(Si)는 세포벽을 단단하게 만들어, 식물의 전체적인 물리적 세기와 건강과 생산성을 향상한다. 또, 가뭄과 서리, 병해충에 대한 저항성을 높이는 효과도 있다. 화본과 식물은 규소의 함량이 높은 경우가 많은데, 초식동물을 막으려는 적응의 결과로 여겨진다. 이를테면, 팜파스그래스(*Cortaderia selloana*)는 잎몸의 가장자리가 매우 날카롭다. 이 식물의 잎에 손을 베여 본 사람은 규소가 유리의 원료라는 사실에 그리

놀라지 않을 것이다.

미량 영양소

미량 무기물이라고도 불리는 미량 영양소는 훨씬 더 소량이 필요한 영양소이다. 그렇다고 해도 미량 영양소는 여러 생화학 작용에서 중요한 역할을 하기에, 식물이 잘 성장하려면 반드시 필요하다. 미량 영양소로는 붕소, 염소, 코발트, 구리, 철, 망간, 몰리브덴, 니켈, 나트륨, 아연이 있다.

쓸모 있는 식물학
전형적인 미량 영양소 결핍증으로는 다음과 같은 것이 있다. 철이 부족하면 잎맥간 황백화가 일어날 수 있고, 망간이 부족하면 잎 색에 이상이 생겨 반점 같은 것이 형성될 수도 있다. 몰리브덴이 부족하면 잎이 구불구불하게 자라기도 하는데, 종종 배추속 *Brassica*에서 이런 현상을 볼 수 있다.

칼륨은 토마토에서 개화와 그에 따른 결실을 개선한다.

찰스 스프래그 사전트
1841~1927

찰스 스프래그 사전트Charles Sprague Sargent는 미국의 식물학자로, 나무를 연구하는 수목학에 특별한 열정을 보였다. 그는 정식으로 식물학 교육을 받은 적이 없지만, 식물에 관해서는 매우 뛰어난 감각을 지니고 있었다.

사전트의 아버지는 보스턴의 부유한 은행가이자 상인이었고, 사전트는 매사추세츠 브루클린에 있는 가족의 소유지에서 자랐다. 그는 하버드 대학교에 진학했고, 졸업 후에는 북군에 입대하여 남북전쟁에 참전했다. 전쟁이 끝난 후에는 3년 동안 유럽 전역을 여행했다.

미국으로 돌아온 사전트는 자신의 집안에서 브루클린에 소유한 땅을 관리하면서 원예가로서의 긴 경력을 시작했다. 사전트가의 사유지는 호레이쇼 홀리스 휴웰Horatio Hollis Hunnewell로부터 큰 영향을 받았다. 휴웰은 아마추어 식물학자이자, 19세기 미국에서 가장 중요한 원예학자 중 한 사람이었다. 휴웰의 도움과 그의 독특한 지시로, 사전트의 사유지는 기하학적 설계와 인위적인 꽃밭 대신, 수많은 큰키나무와 떨기나무를 심어 더 자연스럽게 보이는 살아 있는 경관으로 바뀌었다. 오래지 않아 그곳은 온갖 종류의 로도덴드론과 위풍당당한 나무들을 모아 놓은 세계적 수준의 수목원으로 발전했다.

사전트는 그의 수목원을 발전시키려고 많은 시간을 할애했다. 그는 미국 조경학의 아버지로 잘 알려져 있는 프레더릭 로 옴스테드Frederick Law Olmsted와 함께 작업했고, 전체적인 기본 설계에서부터 심을 나무 한

그루를 선택하는 훨씬 세세한 부분에 이르기까지, 모든 일에 깊이 관여했다.

사전트는 곧 선구적인 로도덴드론 학자로 여겨지게 되었다. 그는 큰키나무와 떨기나무에 관한 책을 쓰기 시작했고, 그의 책은 널리 출판되었다. 또한, 그는 미국 로도덴드론 역사의 중심에 있는 인물이기도 했다. 그의 기술과 지식은 국가적으로도 요청을 받았는데, 특히 뉴욕 주의 애디론댁 산맥과 캣츠킬 숲을 보전하는 일에 관여하게 되었다. 심지어 그는 애디론댁 산맥의 보전을 돕기 위한 위원회의 회장으로 선출되기도 했다.

1872년, 하버드 대학교는 제임스 아널드James Arnold가 '농학과 원예학 발전의 촉진'을 위해 남긴 10만 달러가 넘는 기금으로 수목원을 만들기로 결정했다. 당시 하버드 농업원예 학교인 버시 학원의 원예학과 교수인 프랜시스 파크먼Francis Parkman은 사전트가 수목원 건립에 깊이 관여해야 한다고 주장했다.

사전트는 옴스테드와 함께 수목원의 설립 계획과 설계라는 대규모 작업에 착수했고, 이와 함께 이 수목원을 성공적으로 유지하기 위한 자금을 조달하는 일까지 도맡았다. 그해 말, 사전트는 하버드 대학교 아널드 수목원의 초대 원장으로 임명되었고, 생을 마감할 때까지 54년 동안 그 자리를 지켰다. 그동안 수목원의 면적은 처음 50헥타르에서 100헥타르로 넓어졌고, 사전트의 개인적인 연구와 집필도 계속 이어

졌다.

식물과 표본을 수집하는 일 외에도, 사전트는 아널드 식물원 도서관을 위해 많은 양의 책과 잡지도 모았다. 아무것도 없던 도서관은 그가 원장으로 있는 동안 장서가 4만 권으로 불어났다. 대부분의 책이 사전트의 사비로 구입한 것이었다. 사전트는 세상을 떠나면서 그의 장서 전체를 수목원에 기증했고, 이와 함께 장서 유지와 추가 도서 구입을 위한 재원도 내놓았다.

그는 나무에 대한 애정을 드러내는 글을 정기적으로 썼으며, 식물학 연구에 관한 글을 여러 편 발표했다. 1888년에는 원예와 임업에 관한 주간지『정원과 숲Garden and Forest』의 편집자 겸 주간이 되었다. 그가 발표한 책으로는『북아메리카 숲의 나무 일람Catalogue of the Forest Trees of North America』,『북아메리카 숲에 관한 보고서Reports on the Forests of North America』,『미국의 숲, 그 구조와 특성과 활용에 관한 설명The Woods of the United States, with an Account of their Structure, Qualities, and Uses』, 전12권으로 이루어진『북아메리카의 삼림The Silva of North America』이 있다.

그가 사망한 후, 매사추세츠 주지사인 풀러Fuller는 이렇게 말했다. "사전트 교수는 살아 있는 그 어떤 사람보다도 나무에 관한 지식이 해박했다. 일부에서는 나무가 이 나라의 아름다움과 부에 기여한다는 것을 인정하지 않고 숲을 훼손하려 하지만, 그런 세력으로부터 나무를 보호하려고 그보다 더 애쓴 사람은 찾기 어려울 것

로도덴드론 킬리아툼*Rhododendron ciliatum*, 로도덴드론

찰스 사전트는 세계적 규모의 식물원을 방불케 할 정도로 수많은 종류의 로도덴드론을 그의 사유지인 홈리아Holm Lea에 모아 놓았고, 원산지가 아닌 미국에 로도덴드론이 정착하는 과정에서 중요한 역할을 했다.

이다."

안타깝게도, 사전트가 죽은 뒤에는 그가 수집한 막대한 양의 식물을 팔아야만 했고 식물들은 개인 수집가나 육종가들에게 분할되어 판매되었다. 사전트의 이름을 딴 학명으로는 사전트쿠프레수스(*Cupressus sargentii*), 아스페라수국 아종 사르겐티아나(*Hydrangea aspera subsp. sargentiana*), 사전트목련(*Magnolia sargentiana*), 사전트마가목(*Sorbus sargentiana*), 사전트조팝나무(*Spiraea sargentiana*), 황실백당나무(*Viburnum sargentii*)가 있다. 식물의 학명을 인용할 때 사전트를 나타내는 표준 저자 약어는 Sarg.이다.

피케아 시트켄시스*Picea sitchensis*, 시트카가문비나무

찰스 사전트는 나무에 관한 그의 연구로 유명하며, 아널드 수목원의 건립에 큰 기여를 했다.

물과 양분의 배분

조류 같은 원시적인 식물은 세포 내에서 일어나는 물질의 확산에 의존해 농도가 높은 곳에서 농도가 낮은 곳으로 양분을 배분할 수 있다. 그러나 복잡성을 획득한 식물은 확산만으로는 충분히 양분을 배분할 수 없다. 따라서 식물체 내의 이곳저곳에 물과 영양소를 운반하려면 특별한 수송 체계(관다발계)가 필요하다.

제2장에서는 물질을 수송하는 두 종류의 관인 물관과 체관을 소개했다(64~65쪽을 보라). 물관은 물과 물에 녹아 있는 무기 영양소를 뿌리에서부터 식물체 전체로 운반하고, 체관은 광합성과 다른 생화학 과정을 통해 만들어진 유기물을 주로 운반한다.

물관과 체관은 함께 작용하여 식물체 내의 살아 있는 모든 조직에 물과 양분을 전달한다. 반면, 기공을 통해 일어나는 기체 교환은 대체로 기체가 고농도에서 저농도로 이동하는 확산에 의존한다.

물관을 통한 운반

모세관을 물에 꽂으면, 높은 표면장력 때문에 물이 저절로 위로 올라갈 것이다. 물관도 이런 방식으로 작용하지만, 가장 미세한 물관(현미경으로만 볼 수 있을 정도로 가늘다)을 통해 이런 모세관 현상으로 올라갈 수 있는 높이는 3미터에 불과하다. 따라서 큰 나무 꼭대기까지 물을 끌어올리려면 모세관 현상 이외의 다른 힘도 물관에 작용해야만 한다.

응집력-장력 이론에서는 잎에서 일어나는 물의 증발(증산작용)이 뿌리에서 물을 끌어올리는 원동력이라고 주장한다. 물관을 통해 잎에서 물이 빠져나갈 때 물의 장력이 줄기를 따라 뿌리 끝까지 전달되어 마치 빨대로 물을 빨아올리는 것과 비슷한 현상이

세쿼이아 셈페르비렌스_Sequoia sempervirens_,
자이언트세쿼이아coast redwood
'자이언트세쿼이아' 같은 거대한 나무도 관다발 조직을 통해 식물체 전체에 쉽게 물과 양분을 보낼 수 있다.

나타난다는 것이다. 물관의 내부는 압력이 엄청나게 높을 수도 있다. 그래서 물관은 붕괴를 방지하려고 세포벽 안쪽이 나선 모양이나 고리 모양 구조로 보강되어 있다.

증산작용은 물을 100미터 높이에 있는 가장 높은 가지까지 끌어올리기에 충분한 힘을 만들 수 있으며, 물은 시속 8미터라는 놀라운 속도로 이동할 수 있다.

응집력-장력 이론을 비판하는 사람들은 물기둥이 어딘가 끊어지면 물의 흐름이 멈춰야 한다는 점을 지적한다. 그러나 이런 현상은 관찰되지 않는다. 그 이유는, 공기가 들어와 물의 흐름이 막히면 물이 다른 물관으로 우회해 흐를 수 있기 때문이라고 여겨진다.

체관을 통한 운반

체관은 물관과 달리 살아 있는 조직으로 이루어지며, 당과 아미노산과 호르몬이 풍부하게 녹아 있는 액체를 식물체 전체에 전달한다. 이 과정은 전류轉流라고 불리며, 아직 제대로 이해하지 못하고 있다.

체관 조직은 체관세포와 동반세포로 이루어진다. 전류가 어떻게 작용하는지 설명하려는 학설은 체관의 이런 해부학적 구조를 고려해야 하며, 다음과 같은 중요한 의문에도 답을 내놓을 수 있어야 할 것이다. 체관은 어떻게 당을 대량으로 전달할 수 있는가? 식물에는 왜 소량의 체관만 존재하는가? 물질은 어떻게 체관에서 위와 아래, 양 방향으로 모두 움직일 수 있는가?

바늘처럼 생긴 진딧물의 입틀은 식물체에 새로 자란 부드러운 부분에 구멍을 내고 체관의 내용물을 바로 빨아 먹을 수 있다. 과학자들은 이 현상을 연구에 활용하여, 진딧물이 식물의 수액을 빨아 먹는 동안 진딧물의 입을 분리한다. 그다음 분리된 진딧물의 입에서 흘러나오는 수액을 모아 분석하는 것이다. 이 방법은 과학자들이 체관에서 물질의 이동을 연구하는 방법 중 하나이다.

대량 흐름 가설은 1930년대에 처음 제안되었고, '공급원'과 '수용부' 사이의 전류에 대한 설명을 시도한다. 체관의 수액은 당 공급원(농도가 높은 영역)에서 당 수용부(농도가 낮은 영역)로 이동한다. 식물의 각 영역에서는 당의 농도가 끊임없이 변한다. 광합성이 활발하게 일어나는 동안에는 잎이 당 공급원이 되고, 식물의 활동이 줄어드는 휴면기에는 덩이줄기가 당 공급원이 된다.

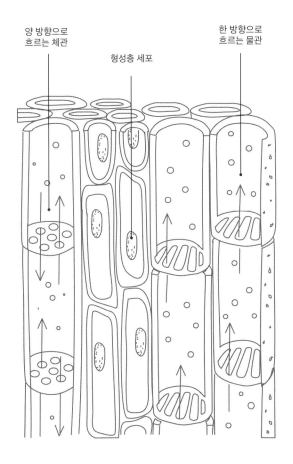

양 방향으로 흐르는 체관

형성층 세포

한 방향으로 흐르는 물관

전형적인 관다발의 종단면으로, 물관과 체관의 일반적인 배치와 그 안을 지나는 물질의 이동 방향을 보여 준다.

식물 호르몬

식물에는 신경계가 없어서, 완전히 화학적 신호로
만 성장이 조절된다. 식물 호르몬이라고 불리는 이
런 화학적 신호는 지금까지 다섯 종류가 알려져 있
지만, 앞으로 더 발견될 가능성이 커 보인다.

    식물 호르몬은 식물의 한 부분에서 합성되어 다른
부분으로 전류되는 유기 화합물이다. 전류된 곳에서
는 매우 낮은 농도로 생리 반응을 일으키는데, 이 생
리 반응은 촉진 반응일 수도 있고 억제 반응일 수도
있다(이를테면, 식물이 뭔가를 더 하거나 덜 하도록 만들
수 있는 것이다).

    식물의 발생이 특정 화학물질의 영향을 받는다

아베나 사티바*Avena sativa*,
재배품종 귀리

는 생각은 새로운 발상이 아니라, 100여 년 전 독일
의 식물학자 율리우스 폰 작스Julius von Sachs에 의해
제안된 것이다. 그러나 호르몬은 너무 농도가 낮아,
1930년대가 되어서야 처음으로 식물 호르몬을 확인
하고 분리할 수 있었다.

옥신

1926년, 프리츠 벤트Frits Went는 정체불명의 화합
물이 귀리 싹을 빛이 비치는 쪽으로 구부러지게 한다
는 증거를 발견했다. 이 현상을 굴광성이라 하며, 정
원가들은 식물이 빛이 비치는 쪽으로 기울어질 때
옥신 호르몬에 감사해야 할 것이다! 옥신의 작용에
관한 이해는 여전히 부족하지만, 눈과 잎의 형성이나
낙엽에 영향을 주는 다른 종류의 옥신 호르몬도 알
려져 있다. 뿌리도 옥신의 영향으로 형성되므로, 옥
신은 호르몬 발근제에도 들어 있다. 이런 발근제는
꺾꽂이를 하는 정원가에게 유용하다.

지베렐린

1930년대에 일본 과학자들은 스스로 서 있을 수
없을 정도로 웃자라는 병에 걸린 벼에서 화학물질
하나를 분리해 냈다. 기베렐라 푸지쿠로이*Gibberella
fujikuroi*라는 균류로 인해 발생하는 이 병에 걸린 벼에
서는 지베렐린이라고 이름 붙인 화학물질이 아주 많
이 발견되었다. 지금까지 많은 종류의 지베렐린이 발
견되었고, 지베렐린은 세포 신장, 씨앗 발아, 개화 촉
진에 중요한 역할을 하는 것으로 밝혀졌다.

시토키닌

1913년, 오스트리아의 과학자들은 관다발 조직에
서 미지의 화합물을 발견했다. 이 화합물은 세포분열
과 그에 따른 코르크 형성을 자극하고, 감자 덩이줄
기에서 잘린 상처를 아물게 했다. 이는 식물이 세포
분열(세포질 분열)을 자극할 수 있는 화합물을 가지고
있다는 최초의 증거였다. 이런 종류의 식물 호르몬을
오늘날에는 시토키닌이라고 부르며, 시토키닌은 식물

피숨 사티붐*Pisum sativum,*
완두

의 성장에서 여러 가지 기능을 한다.

에틸렌

과일의 숙성을 자극하는 특정 기체의 능력은 수세기 동안 관찰되었다. 예를 들면, 고대 중국에서는 나무에서 딴 과일을 향을 피운 방에 두면 더 빨리 숙성된다는 것을 알았고, 열대 과일 무역상들은 오렌지가 실린 배에 바나나를 함께 보관하면 바나나가 너무 빨리 익어 버린다는 것을 발견했다. 1901년, 러시아의 생리학자 드미트리 넬류보프Dimitry Neljubow는 마침내 에틸렌이라는 기체가 식물의 성장에 영향을 끼친다는 것을 밝혀냈다. 그는 에틸렌이 완두 묘목에 끼치는 3중 효과를 증명했는데, 에틸렌은 줄기가 길어지는 것을 억제하고, 줄기를 굵어지게 하고, 수평적인 성장을 촉진했다. 식물세포에서 확산되어 나오는 에틸렌 기체의 주된 효과는 과일의 숙성이다.

아브시스산

이 식물 호르몬은, 잎 떨어짐(leaf abscission)에서의 역할 때문에 아브시스산abscisic acid이라는 이름이 붙었다. 아브시스산은 종종 식물의 기관에 생리적으로 스트레스를 받고 있다는 신호를 전달한다. 이런 스트레스에는 물 부족(뿌리에서 이런 화학적 신호를 기공으로 보내면 기공이 닫힌다), 토양의 염분, 낮은 기온이 있다. 따라서 아브시스산의 생산은 이런 스트레스로부터 식물을 보호하는 반응을 일으킨다. 만약 아브시스산이 없다면, 눈과 씨앗은 부적절한 시기에 자라기 시작할 것이다.

파초속*Musa sp.***의 종,**
바나나
바나나가 익을 때 생성되는
에틸렌은 토마토의 숙성에
이용될 수도 있다.

이리스 엔사타*Iris ensata*,
꽃창포

제4장

생식

식물의 성을 처음 발견한 사람이 정확히 누구인지는 아무도 모르지만, 일반적으로는 독일의 식물학자 루돌프 야코프 카메라리우스Rudolf Jakob Camerarius가 1694년에 발표한 『식물의 성에 관하여De sexu plantarum epistola』라는 책에서 처음 언급되었다고 여겨진다. 당시 과학자들은 꽃이 웅성 부분과 자성 부분으로 이루어져 있고 그 둘 사이에 유성생식이 일어난다는 생각을 점점 받아들이기 시작하고 있었다.

그러나 식물이 성공을 거둔 것은 모두 스스로 번식하려는 그들의 장엄한 능력 덕분이다. 이런 번식은 유성생식이나 영양생식에 의해 일어난다. 영양생식은 식물의 일부분에서 식물의 다른 일부분이 새롭게 자라나는 것이며, 정원가는 식물의 이런 능력을 끊임없이 활용해서 최소한의 수고로 새로운 식물을 만들어 낸다.

늘 준비 상태인 식물의 생식 능력은 정원가나 농민이나 식물 육종가나 농업학자에게는, 바로 찧어 먹을 수 있는 곡식처럼 유용하다. 씨앗에서 새싹을 내고, 꺾꽂이를 하고, 포기나누기를 하면서, 우리는 자신이 그 식물의 주인이라고 생각할지도 모른다. 사실 우리는 식물의 주인 같은 것이 아니다. 식물을 키워 우리 마음대로 활용하는 한편, 그들이 세대에서 세대로 계속 이어질 수 있도록 도우면서, 식물의 생활사에서 우리가 맡은 역할을 하고 있을 뿐이다. 꽃밭 둘레에 가득한 잡초를 마주한 정원가는 식물의 생명이 지속된다는 사실을 받아들여야만 한다. 우리의 존재는… 있든 없든 아무 상관도 없다.

영양생식

이런 무성생식(암수의 수정이 없는 생식)의 방법은 모든 식물에서 흔히 일어난다. 영양생식은 줄기, 뿌리, 잎 같은 영양기관의 물질로 새로운 개체를 만드는 방법이다. 그 결과로 만들어진 식물은 그 영양기관이 유래한 식물과 유전적으로 동일하다. 다시 말해, 클론인 것이다.

식물에서는 영양생식을 위해 특별히 분화된 기는 줄기나 뿌리줄기 같은 구조가 발달하기도 한다(제2장을 보라). 뿌리줄기, 알뿌리, 알줄기 같은 저장기관도 해마다 땅속에서 커지면서 영양생식을 할 수 있다. 정원가들은 종종 이런 것들로 새로운 개체를 만드는데, 감자의 덩이줄기는 좋은 예이다. 튼튼한 감자 한 포기에는 감자라는 커다란 덩이줄기가 대여섯 개씩 달릴 것이고, 이 덩이줄기를 다시 심으면 모두 새로운 식물로 자랄 수 있다. 정원 용품점에서 판매되는 가을 알뿌리는 모두 대규모 영양생식의 결과물일 것이다.

식물은 거의 모든 부분에 분열조직이 있어서, 영양생식을 통해 완전한 새로운 식물을

라반둘라 스토이카스*Lavandula stoechas*,
프렌치라벤더

만들어 낼 수 있는 잠재력이 있다. 몇 개의 세포로 새로운 식물체를 만드는 이런 능력을 전형성능이라고 한다. 이론상으로는 분열조직만 있다면 식물의 어떤 부분으로도 새로운 식물을 만들어 낼 수 있지만, 경험이 풍부한 정원가들은 식물마다 꺾꽂이가 성공할 확률이 높은 부분이 다르다는 것을 알고 있다. 이를테면, 대상화(*Anemone × hybrida*)에서는 뿌리꽂이가 선호되는 반면, 라벤더(라벤더속*Lavandula*)에서는 줄기꽂이가 성공할 가능성이 더 크다.

최근 과학자들은 미소대량微小大量증식 기술을 개발했고, 이 기술은 실험실에서 분열조직의 세포를 배양하여 식물을 기를 수 있게 해 주었다. 이런 미소대량증식 기술은 대부분의 정원가에게는 딴 세상 이야기이지만, 호스타 같은 특정 식물의 상업적 생산에 혁명을 가져왔다. 이 기술은 성장이 느린 식물의 경우에는 포기나누기를 하는 것보다 훨씬 더 빠르고, 하나의 표본에서 엄청나게 많은 수의 새로운 개체를 얻도록 해 준다. 미소대량증식 기술 덕분에 많은 종류의 식물이 가격이 저렴해지고 풍부해졌다.

영양생식과 정원가

재배에서 종종 영양생식이 선호될 때가 있는데, 유성생식을 하면 좋은 형질이 희석되거나 사라질 수도 있지만 영양생식을 하면 그대로 유지할 수 있기 때문이다. 영양생식은 정원 식물의 대량 생산에도 널리 활용된다.

정원가들이 영양생식을 선호하는 까닭은 씨를 뿌려서 키우는 것보다 더 쉽기 때문이다. 특히 씨를 잘 안 만드는 식물의 경우에는 영양생식이 더욱 유용하다. 일부 재배식물은 씨를 만들 수 있는 능력이 사실상 없다. 이를테면, 겹꽃 장미는 교배를 통해 생식과 관련된 기관이 모두 꽃잎으로 바뀌었다. 이런 경우에는 영양기관을 통한 번식이 개체수를 늘릴 수 있는 유일한 방법이다.

로사 '듀크 당기엥'*Rosa 'Duc d'Enghien'*, 부르봉장미

포기나누기

다년초의 가장 흔한 영양생식법인 포기나누기는 수관樹冠[지표로 드러나 있는 줄기, 잎, 꽃을 포함하는 식물의 구조]을 분리하여 둘 이상의 식물을 만드는 방법이다. 포기나누기는 특별한 지식이 필요 없어, 정원가에게는 무엇보다도 간단한 영양생식법이다. 삽과 갈퀴 외에는 특별한 장비도 필요 없지만, 일부 화본과 식물과 대나무는 수관이 질겨 낫이나 도끼가 필요할 수도 있다.

포기나누기는, 약해지고 시들어서 잘 자리지 않는 식물에 다시 생기를 불어넣을 수도 있다. 그런 경우에는 일반적으로 수관의 중심부에 있는 오래된 부분을 거의 다 제거한다. 대부분의 다년초에서 포기나누기를 하기에 가장 좋은 시기는 개화 직후이다. 꽃이 늦게 피는 식물의 경우에는 가을이나 이듬해 봄이 좋다.

오프셋

오프셋은 아직 부모 식물에 부착되어 발달하는 어린 식물을 가리킨다. 식물의 지상부나 지하부에 생길 수 있는 이런 오프셋은 쉽게 분리되어 자랄 수 있다. 오프셋을 볼 수 있는 식물로는 범의귀 종류, 셈페르비붐 종류, 뉴질랜드삼 종류가 있다. 오프셋은 처음에는 자체적인 뿌리가 거의 없고, 부모 식물에 의존해 양분을 얻는다. 뿌리는 대개 첫 성장철이 끝날 무렵에 발달한다.

코르딜리네속*Cordyline*과 유카속*Yucca* 같은 일부 외떡잎식물은 뿌리에서 새 가지와 어린 식물을 만드는데, 이것도 오프셋이라고 불린다. 식물의 밑동에서 흙을 세심하게 긁어내고 예리한 칼로 오프셋을 잘라 낼 수 있는데, 가급적이면 뿌리가 붙어 있는 것이 좋다.

기는줄기
기는줄기는 오프셋의 일종이며, 일반적으로 주식

코르딜리네속*Cordyline*(예를 들면 C. 스트릭타 *C. stricta* 같은 식물)은 조심스럽게 분리한 오프셋(어린 식물)으로 번식할 수 있는데, 오프셋은 줄기의 기부에 있는 뿌리에 생긴다.

물에서 가로로 갈라져 나와 지면을 따라 기어가면서
자라는 줄기로 이루어진다. 기는줄기의 중간이나 끝
에는 작은 식물이 자라 나오는데, 이런 식물의 대표적
인 예로는 딸기(*Fragaria × ananassa*)가 있다.

이 방법으로 번식을 시키려면, 기는줄기를 솎아 내
어 남은 줄기가 더 튼튼하게 자랄 수 있게 해 주어야
한다. 작은 식물이 많은 것보다는 수가 적더라도 식
물이 큰 편이 더 낫다. 기는줄기에서 번식시킬 어린
식물은 잘 준비된 토양이나 퇴비를 얹은 화분에 심고
철사로 고정시킨다. 식물이 완전히 뿌리를 내리면 연
결되어 있는 기는줄기를 잘라 낸다.

일부 식물은 기는줄기뿐 아니라 뿌리줄기(제2장을
보라)로도 아주 넓은 지역을 차지한다. 호장근은 뿌리
줄기의 침투력이 대단히 뛰어나서 세계에서 가장 근
절이 어려운 '성공적인' 잡초 중 하나가 되었다. 속새
(속새속)의 끈질긴 뿌리줄기도 많은 정원에서 골칫거
리이며, 줄기가 아치 모양으로 자라면서 띄엄띄엄 뿌
리를 내리는 서양산딸기(*Rubus fruticosus*)의 기는줄기도
맨땅을 금방 점령한다. 끊임없이 퍼지는 습성을 지닌
여러 식물과 정원의 잡초가 정원가에게는 성가신 문

프라가리아 × 아나나사*Fragaria × ananassa*,
재배종 딸기

제일 수도 있지만, 생태계에는 이런 뿌리 구조가 토양
의 침식 방지에 매우 요긴하다. 예를 들면, 마람풀(마
람풀속*Ammophila*)은 사구를 안정시키고 해안선의 후
퇴를 막는 대단히 중요한 역할을 한다.

팔로피아 야포니카*Fallopia japonica*,
호장근

접붙이기

식물의 한 부분을 다른 식물로 이식할 수 있는데,
이 과정을 접붙이기라고 한다. 접붙인 두 식물은 결
국 한 식물처럼 기능할 것이다. 접붙이기를 할 때 위
쪽 부분은 접수라고 하고, 아래쪽 부분은 대목이라
고 한다. 접붙이기는 번식이 까다로운 식물의 유일한
번식 방법으로 이용되기도 하고, 묘목장에서 더 많은
줄기를 빨리 만드는 방법으로도 널리 쓰인다.

이 기술은 두 식물의 좋은 특징을 결합한다는 장
점도 있다. 대목은 식물의 토양 유형에 대한 내성이
나 병해충에 대한 저항성을 개선하는 쪽으로 선택할
수 있고, 접수는 관상용 목적이나 좋은 열매를 위해
선택할 수 있다. 접붙이기는 과실수에 자주 시행하

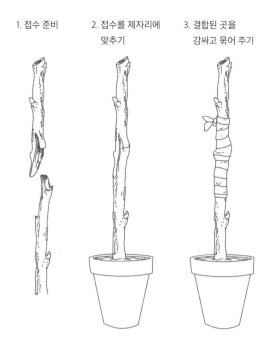

1. 접수 준비   2. 접수를 제자리에   3. 결합된 곳을
                   맞추기   감싸고 묶어 주기

는데, 대목은 생장력을 염두에 두고 (아주 작거나 조금 작은 나무를) 선택하고, 접수는 재배품종을 염두에 두고 선택한다. 따라서 만약 꼭대기까지 쉽게 닿을 수 있는 작은 나무가 필요하다면, 아주 왜소한 'M27' 대목에 '로드램본Lord Lambourne' 품종의 사과를 접붙이면 된다.

접붙이기는 토마토와 가지 같은 일부 열매채소에도 시행한다. 접붙이기가 새로운 기술은 아니지만, 이제는 온라인으로 판매되는 식물에서도 접붙인 식물을 꽤 쉽게 찾아볼 수 있다. 접붙인 식물은 잘 자라고, 토양에서 유래하는 질병에 높은 저항성을 지닌 대목을 선택할 수 있다는 장점이 있다. 접수는 맛 좋은 열매를 위해 선택하고, 건강한 대목과 결합되면 더 많은 수확을 얻을 수 있다.

꺾꽂이

식물의 일부분을 잘라 내는 것도 영양생식의 한 형태이다. 잘라 낸 부분으로 하나의 식물을 얻을 수 있는 방법을 꺾꽂이라고 한다. 식물이 이런 방식으로 재생될 수 있다는 사실에서, 그 방식이 좋은 환경을 기회 삼아 진화된 특성이라는 것을 확인할 수 있다.

버드나무 종류(버드나무속)처럼 물가에서 자라는 여러 큰키나무와 떨기나무는 나무가 성숙하고 잎이 없는 겨울에 잘라 낸 단단한 가지로 꺾꽂이 해 재생할 수 있다. 이렇게 단단한 가지를 이용하는 꺾꽂이인 굳은 가지꽂이는 성공 가능성이 크다. 꺾꽂이모[삽수]를 땅에 꽂은 다음, 나머지는 자연에 맡기면 된다. 야생에서는 물가에 서 있는 나무가 겨울바람이나 홍수에 가지가 찢겨 떠내려갈 수도 있을 것이다. 만약 이런 '잘린 가지'가 떠내려가다가 조금 떨어진 어느 강둑에 마침내 안착하게 되었을 때 다시 식물로 자라날 수 있다면, 그 식물은 새로운 영역을 개척할 수 있을 것이다.

줄기나 뿌리의 짧은 도막으로 새로운 식물을 길러 내는 것은 대단히 유용하고 융통성 있는 영양생식법이다. 큰키나무, 떨기나무, 장미, 구과류, 다년초, 과실수, 허브, 실내 식물, 어느 정도 추위를 견디는 다년생 화단 식물을 비롯하여, 여러 다양한 종류의 식물이 이런 방식으로 번식할 수 있다. 꺾꽂이를 통한 번식의 목표는 줄기의 조직세포에서 나온 미세한 막뿌리를 어엿한 근계로 발달시키는 것이다.

꺾꽂이모에 뿌리가 내리기 전에 절단면에 발생할 수 있는 두 가지 문제는 감염되거나 말라 죽는 것이다. 잘라 낸 꺾꽂이모에서 전체적으로 잎사귀의 영역을 줄이고(때때로 꺾꽂이모에서는 잎을 조금 제거한다), 잘라 낸 가지에 수분을 잘 유지하고, 부분적으로 그늘진 곳에 두면 문제를 예방할 수 있다.

꺾꽂이를 배우려면 시간과 경험이 쌓여야 한다. 다른 이들로부터 지식을 얻고, 자기만의 성공과 실패를 겪어 봐야 하는 것이다. 종마다 특별히 요구되는 조건이 제각각이어서, 꺾꽂이에서는 개인의 판단이 큰 역할을 한다. 정원가들은 대개 꺾꽂이모를 한 번에 여러 개씩 잘라 내는데, 그중 몇 개는 뿌리를 내리기 전에 죽을 수도 있다는 것을 알기 때문이다.

히드란게아 마크로필라*Hydrangea macrophylla*,
수국

뿌리를 더 잘 내린다.

가장 널리 쓰이는 꺾꽂이 유형

꺾꽂이 방식은 필요한 꺾꽂이모를 구할 수 있는 시기에 따라, 즉 줄기의 성장 단계에 따라 새순꽂이, 새가지꽂이, 설굳은 가지꽂이, 굳은 가지꽂이라는 네 종류로 나뉘며, 1년 중 각기 다른 시기에 수행된다.

대다수의 꺾꽂이모는 마디를 기준으로 잘린다. 즉, 마디의 불룩한 부분 바로 아래를 자르는 것이다. 마디 부분에는 막뿌리를 형성할 수 있는 능력을 지닌 세포가 많고, 뿌리 형성을 자극하는 호르몬의 농도도 높다. 게다가 마디 바로 아래에 있는 조직은 대개 더 단단하고, 곰팡이병이나 부패를 더 잘 견딘다.

새순꽂이

새순꽂이는 줄기에서 가장 미성숙한 부분인 새순으로 시행하는 꺾꽂이이다. 새순은 식물의 줄기 끝에서 끊임없이 만들어져 생장철 내내 언제든지 얻을 수는 있지만, 가장 일반적인 방법은 봄에 채취하여 겨울이 오기 전에 자리 잡을 수 있게 하는 것이다.

새순은 연약해서, 새순꽂이는 성공시키기가 가장 어려운 편이다. 그러나 다행스럽게도, 새순은 어리고 싱싱해 모든 줄기 유형 중에서 뿌리를 내릴 수 있는 잠재력이 가장 크다.

새순은 성장 속도가 빠른 대신 한 가지 문제점이 있는데, 꺾꽂이모에서 수분 손실이 많이 일어난다는 것이다. 한번 말라서 시들기 시작하면 뿌리를 내리지 못하므로, 예방 조치를 취하는 것이 매우 중요하다. 꺾꽂이모는 즉시 처리할 수 있는 만큼만 채취하여 젖은 비닐봉지에 넣고 밀봉하여 수분을 유지한다. 비닐봉지 안에 젖은 탈지면 조각을 넣어 두는 것도 도움이 된다.

새순꽂이

꺾꽂이 성공률을 높이는 법

어떤 식물은 꺾꽂이를 할 때 다른 식물에 비해 뿌리를 내리게 하기 더 어렵지만, 다른 접근법을 통해 뿌리를 더 빨리 내리게 하거나 뿌리 내리기를 도울 수 있다. 가루나 젤의 형태로 된 호르몬 발근제가 도움이 될 수도 있지만 기적의 묘약은 아니며, 아무 효과가 없을 수도 있다. 게다가 용량이 과하면 꺾꽂이모가 죽을 수도 있다.

뿌리를 내리기 어려운 일부 식물은 절단면의 아래쪽에 있는 나무껍질을 수직으로 2.5센티미터 길이로 얇게 잘라 내고, 잘린 부분을 호르몬 발근제 화합물 속에 담가 놓는다.

수국처럼 잎이 넓은 식물의 경우는 잎을 가로로 절반 정도 잘라 잎의 면적을 줄이면, 수분 손실과 시드는 것을 줄일 수 있다. 어떤 식물은 가지를 비스듬하게 잘라 나무껍질이 줄기에서 삐죽 튀어나오게 하면

새 가지꽂이

새 가지꽂이는 새순꽂이와
비슷하지만, 그보다 좀 더 늦은 시기
인 늦봄에서 한여름 동안의 잎이 무
성한 줄기를 이용한다.

설굳은 가지꽂이

설굳은 가지꽂이는 한여름에서

새 가지꽂이

가을까지, 줄기가 성숙하여 단단해
지기 시작할 즈음에 시행한다. 꺾꽂이모의 아래쪽은
단단하지만 끝부분은 아직 연한 설굳은 가지는 새
가지보다 굵고 단단하면서 양분을 더 많이 저장해서,
살아남기가 더 쉽다. 그러나 대체로 잎이 꽤 무성한
편이어서 수분 손실과 잎이 시드는 문제가 있다.

굳은 가지꽂이

굳은 가지꽂이는 잎이 없어 썩을
염려가 없고 양분이 많이 저장되어
있어, 가장 쉬운 꺾꽂이 방법이다.
굳은 가지꽂이는 여러 낙엽수,
관목, 장미류, 연한 장과
류를 위한 완벽한 번
식 방법이다. 꺾꽂이모는
식물이 잎을 떨구고 완전
히 휴면에 들어갔을 때,
즉 완전히 성숙한 나무에
서 채취한다. 굳은 가지
는 나무에서 가장 오래
된 부분이고 활발한 생장

설굳은
가지꽂이

이 일어나지 않아, 항상 가장 튼튼하게
자란 것으로 보이는 줄기를 선택한다.
굳은 가지꽂이는 뿌리와 새순의 발달
이 느리지만 대체로 성공한다. 이런 꺾꽂
이모는 12개월 안에 뿌리를 내릴 것이고,
그때 화분이나 땅에 옮겨 심을 수 있다.

굳은
가지꽂이

뿌리꽂이

뿌리꽂이는 뿌리에서 새순을 낼 수 있는 능력이 있
는 식물만 할 수 있다. 이런 식물은 가지꽂이를 할 수
있는 식물보다 훨씬 적지만, 대상화, 미국붉나무, 피뿌
리쥐손이(*Geranium sanguineum*), 프리뮬라 덴티쿨라타
Primula denticulata 같은 인기 있는 정원 식물도 다수
포함한다. 이런 식물들의 뿌리에서 길고 통통한 부
분을 늦겨울에 잘라 땅에 수직으로 심는데, 냉상[바
람을 막고 태양열로 온도를 유지하는 묘상]에 심는 것이
이상적이다.

잎꽂이

잎꽂이를 할 수 있는 식물에는 아프리카제비꽃
(세인트폴리아속*Saintpaulia*), 산세베리아(*Sansevieria
trifasciata*), 베고니아 같은 실내용 화초가 다수 포
함된다. 잘 알려져 있지는 않지만, 설강화(설강화속
Galanthus), 은방울수선(은방울수선속*Leucojum*) 같은 야
외용 식물도 이런 방식으로 번식시킬 수 있다. 잎을
잘라 내거나 다듬어 꺾꽂이용 퇴비 속에 조금 파묻
은 다음, 햇빛이 차단되는 상자 속에 넣어 두고 뿌리
를 내리게 한다.

갈란투스 엘웨시*Galanthus elwesii*,
엘위스설강화

루서 버뱅크
1849~1926

미국의 선구적인 원예학자 중 한 사람인 루서 버뱅크Luther Burbank는 농작물과 원예 식물의 육종을 개척했다. 그는 새로운 식물을 만들고 교배하는 일에 일생을 바쳤고, 더 유용한 신품종 과일과 꽃과 채소를 그 누구보다도 성공적으로 만들어 냈다. 그의 주된 목표 중 하나는 식물의 특성을 개조하여 세계 식량 공급을 증대하는 것이었다.

매사추세츠의 랭커스터에서 태어나 가족 농장에서 자란 버뱅크는 어머니의 정원에서 식물을 기르는 것을 특히 좋아했다. 그는 놀이보다는 자연과 식물이 자라는 방식에 더 흥미를 보였다. 21세가 된 버뱅크는 아버지가 남긴 유산으로 6.9헥타르의 땅을 사서 감자 육종을 연구하기 시작했다. 이곳에서 그는 버뱅크 감자를 개발했고, 그 권리를 팔아 벌어들인 150달러를 들고 캘리포니아 산타로사 지역을 둘러보았다.

버뱅크는 산타로사에서 1.6헥타르의 땅을 매입했고, 야외 실험실이 된 그 땅에서 자신의 유명한 식물 잡종 실험과 이종 교배 실험을 수행했다. 이 실험은 그에게 세계적인 명성을 가져다주었다. 그는 외래종과 토종 식물을 복합적으로 교배했고, 이 교배를 통해 나온 좋은 모종을 공급했다. 그는 자신이 개발한 잡종의 특성을 더 빨리 평가하려고, 종종 다 자란 식물에 어린 잡종 식물을 접붙이기도 했다. 몇 년이 지나자, 수행하고 있는 실험이 너무 많아진 탓에 농장의 확장이 불가피해졌다. 그는 산타로사 근처에 땅을 더 사들였고, 이곳은 루서 버뱅크의 골드리지 실험 농장으로 알려지게 되었다.

이 기간 동안 버뱅크는 800종류가 넘는 새로운 변종을 소개했는데, 여기에는 200종류의 과일(특히 자두 종류), 여러 채소와 견과류, 수백 종류의 관상용 식물이 포함된다.

그중 가시 없는 선인장은 사막 지역에서 가축 사료가 되어 주었고, 플럼코트는 자두와 살구의 교배종이었다. 그가 내놓은 다른 유명한 과일로는 산타로사 자두(1960년대까지 캘리포니아에서 상업용으로 재배되는 자두의 1/3 이상을 차지한 품종), '버뱅크줄라이엘버타' 복숭아, '플레이밍골드' 천도복숭아, 씨 없는 복숭아, '로버스타' 딸기, 아이스버그화이트 블랙베리 또는 스노우뱅크베리로 불리는 흰색 블랙베리가 있다.

버뱅크는 과일에만 관심을 둔 것이 아니라, 수많은

루서 버뱅크는 선구적인 식물 육종가로, 800종류 이상의 식물을 개발한 것으로 유명하며, 그중 많은 수의 식물이 오늘날에도 여전히 길러지고 있다.

관상용 식물도 소개했다. 그중 가장 유명한 식물은 아마 레우칸테뭄 라쿠스트레*Leucanthemum lacustre*와 레우칸테뭄 막시뭄*Leucanthemum maximum*을 교배해 만든 샤스타데이지(*Leucanthemum × superbum*)일 것이다.

버뱅크는 일부 신품종에 칸나 '버뱅크' 같은 식으로 자신의 이름을 붙였다. 그 밖에 그가 자신의 이름을 붙인 식물로는 버뱅크구절초(*Chrysanthemum burbankii*), 버뱅크소귀나무(*Myrica × burbankii*), 버뱅크까마중(*Solanum burbankii*)이 있다.

대규모 교배 프로그램을 진행하고 상업적으로 매력이 있는 수많은 식물을 소개했지만, 버뱅크는 종종 비과학적이라는 비판을 받았다. 그러나 그는 순수한 연구보다는 결과에 더 관심이 있었다.

버뱅크는 혼자서 혹은 다른 이들과 함께 몇 권의 멋진 책을 집필했는데, 이를 통해 버뱅크라는 인물과 그가 수행한 엄청난 양의 연구를 들여다볼 수 있다. 이런 책으로는 총 8권으로 이루어진 『인간을 위해 일하도록 식물을 길들이는 법과 그 수확How Plants Are Trained to Work for Man, Harvest of the Years』, 총 12권인 『루서 버뱅크: 그의 방법과 발견 그리고 그 응용Luther Burbank: His Methods and Discoveries and Their Practical Application』이 있다.

버뱅크가 남긴 멋진 유산은 그가 창조한 새로운 식물만이 아니었다. 1930년, 미국에서 새로운 재배품종에 대한 특허를 가능하게 하는 법률인 식물특허법이 통과되면서 버뱅크의 연구에 큰 도움이 되었다. 산타로사에 있는 루서 버뱅크의 집과 정원은 미국의 역사 기념물로 지정되었고, 골드리지 실험 농장은 미국 국가 사적지로 등재되었다. 버뱅크는 1986년에 미국 발명가 명예의 전당에 올랐다. 캘리포니아에서는 그의 생일을 식목일로 정하여 그를 기리며 나무를 심

프루누스 도메스티카*Prunus domestica*,
서양자두
자두의 재배품종인 '어번던스Abundance', '버뱅크Burbank', '저먼프룬German Prune', '옥토버퍼플October Purple'을 묘사한 알로이스 룬처Alois Lunzer의 그림.

는다.

버뱅크가 껍질이 적갈색인 감자로 만든 한 재배품종은 '러셋버뱅크' 감자로 알려지게 되었다. 식품 가공에 널리 이용되는 이 감자는 패스트푸드점에서 파는 감자튀김에 주로 쓰이며, 아일랜드로 수출되어 아일랜드가 감자 기근에서 벗어나는 데 도움을 주기도 했다.

식물의 학명을 인용할 때 그를 나타내는 표준 약어는 Burbank이다.

"나는 인류가 이제는 하나의 거대한 식물처럼 보인다. 이 식물을 최고로 키우려면 오로지 사랑, 거대한 전원이라는 자연의 축복, 지적인 교배와 선택이 필요하다."
— 루서 버뱅크

유성생식

어떤 종이 진화적 성공을 거두려면 좋은 유전적 특성의 보전과 변이 사이의 균형을 잘 잡아야 한다. 수시로 변화하는 환경에 식물이 적응하려면 변이는 반드시 필요하다.

유성생식의 결과로 생긴 자손에는 부모로부터 물려받은 형질들이 섞여 나타나므로, 유성생식은 어느 정도 변이를 가져온다. 식물이 성장하는 동안 돌연변이가 나타날 수도 있으며, 유전적 다양성에 도움을 준다.

제2장에서 다뤘듯이, 꽃식물에서 유성생식은 수술의 꽃가루가 암술머리로 이동하는 꽃가루받이(수분) 과정을 거쳐야만 일어날 수 있다. 암술머리로 이동한 꽃가루에서는 암술대를 따라서 꽃가루관이 자라고, 그 뒤에 정세포와 난세포가 만나 수정이 이루어진다.

꽃가루받이

꽃가루의 이동은 대개 바람이나 동물에 의해 일어나는데, 그 메커니즘은 한 식물이 수백만 년에 걸쳐 환경에 적응한 결과일 것이다. 수분 방식은 식물마다 다르며, 대단히 다양하다.

꽃가루받이의 매개체가 바람인 꽃과 동물인 꽃은 각각 그 특징이 뚜렷해 쉽게 구별이 가능하다. 이를테면, 바람에 의해 꽃가루받이가 일어나는 꽃은 눈에 잘 띄지 않고, 꽃밥과 암술머리가 드러나 있다. 동물을 매개로 꽃가루받이를 하는 꽃은 대체로 눈에 잘 띄는 편이다. 화려한 색과 향기로 동물을 유인하고, 보상을 위한 꿀샘을 갖고 있다.

동물을 매개로 꽃가루받이를 하는 꽃 중에는 꽃잎에 매개동물을 꿀샘이나 꽃가루로 안내하기 위한 무늬가 있는 경우도 있다. 이런 무늬 중에는 자외선을

볼 수 있는 곤충의 눈에만 보이는 것도 있다. 멀리까지 이동할 수 있는 향기 역시 강력한 유인책이다. 겨울에 꽃을 피우는 식물 중에는 유난히 향이 진한 꽃이 많은데, 이는 겨울에는 더 드물어질 수도 있는 꽃가루 매개동물을 유인하기 위한 것이다. 박쥐나 나방 같은 야행성 동물을 매개로 꽃가루받이를 하는 꽃들은 냄새는 진하지만 생김새는 별로 화려하지 않은 경우가 많다.

바람에 의해 꽃가루받이를 하는 식물의 꽃은 훨씬 눈에 덜 띄고, 대체로 아주 작다. 화본과 식물이 가장 완벽한 본보기이지만, 자작나무(자작나무속 *Betula*)와 개암나무(개암나무속 *Corylus*) 같은 일부 큰키나무도 꽃가루가 바람에 날아간다. 이런 식물들은 작고 가벼우며 끈끈하지 않은 꽃가루를 엄청나게 많이 생산해, 약한 바람에도 꽃가루가 잘 날아갈 수 있다 (꽃가루 알레르기가 있는 사람들에게는 무척 괴로운 시기이다). 바람에 날리는 꽃가루를 잡아야 하는 암술에

베툴라 알노이데스*Betula alnoides*, 오리자작나무

꽃가루가 들어 있는 자작나무의 꽃이삭. 이 꽃가루는 가벼운 바람만 불어도 암술머리를 향해 날아간다.

곤충에 의한
꽃가루의 전달

바람에 의한
꽃가루의 전달

유성생식에서 꽃가루는 매개동물에 의해 능동적으로 전달될 수도 있고, 공기의 흐름에 의해 수동적으로 전달될 수도 있다.

어떤 동물이든 다 받아들여, 다양한 잡식성 동물을 끌어들인다. 이런 유형의 꽃은 먹혀 없어지는 꽃가루가 많아, 꽃가루를 많이 만들어야 한다. 고도로 분화된 꽃은 단 한 종의 꽃가루 매개동물만 끌어들인다. 그러면 같은 종의 암술머리에 꽃가루가 닿을 확률이 훨씬 더 높아져 적은 양의 꽃가루만 생산해도 돼 더 효율적이다. 이런 식물의 단점은 환경 변화로 인해 꽃가루 매개동물이 이동하는 경우 같은 매개동물의 감소에 매우 민감하다는 점이다.

이런 식물의 하나인 거울난초(*Ophrys speculum*)는 꽃이 암벌과 아주 비슷하게 생겼고, 심지어 암벌의 것과 비슷한 페로몬(화학적 신호)을 방출하기도 한다. 그로 인해 수벌은 꽃과 교미를 시도하고, 그 과정에서 꽃가루를 옮긴다. 그중에서도 키프로스벌난초(*Ophrys kotschyi*)는 대단히 특화된 꽃가루받이 메커니즘을 가지고 있어, 단 한 종의 벌에 의해서만 수분이 일어난다. 이와 같은 식물은 보상을 잘 조절해 자원을 낭

는 솜털이 많고 매우 끈끈한 암술머리가 기다랗게 달려 있다.

바람에 의해 꽃가루받이를 하는 큰키나무와 떨기나무는 꽃가루의 이동에 잎이 방해되지 않도록, 잎이 없을 때 꽃가루를 방출하는 것으로 추측된다. 이런 꽃가루는 낱낱으로 따지면 알갱이가 너무 작아 영양가도 거의 없지만, 일부 곤충은 다른 꽃가루가 드물어지면 이런 꽃가루를 모으기도 한다.

특별히 분화된 꽃가루받이 방법

고도로 진화된 일부 꽃에 숨어 있는 특별한 꽃밥과 암술머리에는 크기와 모양과 행동이 딱 맞는 매개동물만 닿을 수 있다. 디기탈리스나 블루벨(*Hyacinthoides non-scripta*)에서 일어나는 꿀벌 수분은 아마 가장 많이 연구된 사례일 것이다.

미나리아재비(미나리아재비속) 같은 원시적인 꽃은

라눈쿨루스 아시아티쿠스*Ranunculus asiaticus*,
페르시아미나리아재비

비하지는 않지만, 변화에는 매우 취약하다.

모방을 활용하여 꽃가루 매개동물을 끌어들이는 꽃도 많이 볼 수 있다. 그중 가장 역겨운 꽃은 코르시카와 사르디니아 섬의 갈매기 무리 근처에 자라는 죽은말아룸(Helicodiceros muscivorus)일 것이다. 회분홍색을 띠는 커다란 불염포는 썩은 고기를 닮았고, 풍기는 냄새도 생김새와 마찬가지로 역하다. 죽은말아룸은 갈매기의 번식철에 꽃이 피는데, 그 시기에는 죽은 갈매기 새끼들과 썩은 알과 배설물과 먹다 남은 물고기 찌꺼기가 사방에 널려 있다. 이런 것들이 수백만 마리의 파리를 끌어들이면, 죽은말아룸은 파리를 속여 꽃가루받이를 한다. 정원에서 비슷한 방식으로 살아가는, 냄새가 고약한 식물로는 아룸 마쿨라툼, 드래곤아룸, 스컹크앉은부채(Lysichiton americanus)가 있다.

비올라 리비니아나Viola riviniana,
개제비꽃

드라쿤쿨루스 불가리스 Dracunculus vulgaris,
드래곤아룸

드래곤아룸의 꽃은 썩은 고기와 비슷한 냄새를 풍겨 꽃가루받이를 해 줄 파리를 끌어들인다.

교차수분과 자가수분

이제 독자들은 이런 단순한 의문이 들 법도 하다. 꽃이 스스로 꽃가루받이를 못 하게 막는 것은 무엇일까? 꽃밥과 암술머리는 하나의 꽃 속에 아주 가까이 있으니 이런 일은 언제든지 일어날 수 있고, 그러면 다른 식물의 꽃가루를 받으려는 식물의 시도(교차수분)는 차단될 것이다.

이 의문에 대한 답은, 그런 일이 실제로 일어난다는 것이다. 자가수분이라 불리는 이 현상은 한 식물 내의 두 꽃 사이에서 일어나거나 하나의 꽃 안에서 일어나기도 한다. 그러나 꽤 영리하게도, 식물은 교차수분과 자가수분의 정도를 조절하는 메커니즘을 진화시켜 왔다. 이를테면, 개제비꽃은 때로 꽃봉오리가 닫힌 채로 있는 아주 작은 꽃을 만들어 자가수분이 일어나게 한다. 자가수분은 자원을 경제적으로 활용하는 데 도움이 된다. 교차수분을 위해 큰 꽃과 다량의 꽃가루를 만들지 않아도, 확실한 꽃가루받이를 할 수 있기 때문이다. 물론 식물이 이런 결정을 능동적으로 내리지는 않는다. 한 식물의 전략은 그 식물이 처한 환경과 식물의 생리적 특징 사이에 일어난 복잡한 상호작용의 결과일 것이다. 이를테면, 임파티엔스 카펜시스 *Impatiens capensis*는 동물들에게 너무 많이 먹히는 것에 대응하여 꽃을 오므리고 자가수분을 하는 전략에 의지한다.

꽃이 완전히 발달하기 전에 꽃가루받이가 일어나도 교차수분이 불가능하다. 살갈퀴(*Vicia sativa*)는 꽃눈 단계에서 수분이 일어난다. 이는 콩과 식물의 일반적인 특성이며, 이런 이유 때문에 콩과 식물에서는 F1 잡종을 보기 어렵다(120~121쪽을 보라).

어떤 꽃에서는 꽃밥과 암술머리가 쉽게 닿을 수 없도록 배치되어 있다. 이런 배치는 자가수분의 기회를 줄인다. 앵초속(*Primula*)의 식물은 장주화와 단주화라는 두 가지 유형의 꽃을 만든다. 장주화는 긴 암술머리가 잘 보이고, 꽃밥은 꽃부리 안쪽에 깊숙이 들어가 있다. 반대로, 단주화는 꽃밥이 노출되어 있고, 짧은 암술머리는 꽃부리의 바닥 쪽에 있다. 곤충은 서로 다른 유형의 꽃을 옮겨 다니면서 꽃가루를 쉽게 전달할 수 있어서, 교차수분의 비율이 훨씬 더 높아진다. 장주화와 단주화는 풀모나리아에서도 볼 수 있다.

일부 식물은 암수가 나뉘어 있는 경우도 있다. 이를테면, 대부분의 재배품종 유럽호랑가시나무는 암그루이거나 수그루이다. 이런 식물을 암수딴그루(자웅이주)라고 한다. 암수딴그루 식물에서는 반드시 교차수분이 일어난다.

한편, 꽃의 자성 부분과 웅성 부분이 서로 다른 시기에 성숙되면, 균형이 교차수분 쪽으로 기울어지게할 수도 있다. 디기탈리스는 암술머리가 꽃가루를 받을 준비가 되기 전에 꽃밥이 먼저 성숙되는 반면, 다른 식물에서는 암술머리가 꽃밥보다 먼저 성숙될 수도 있다.

디기탈리스는 꽃대가 똑바로 서 있는 수상 꽃차례를 따라 꽃들이 달리고, 아래쪽에 있는 꽃들이 먼저 성숙된다. 먹이를 찾는 꿀벌이 이 꽃 저 꽃을 아래에서부터 기웃거리면서 위로 향하는 귀여운 순간을 지켜보는 일은 누구에게나 즐거울 것이다. 꿀벌은 아래에서 위로 이동하면서 가장 성숙한 꽃(꽃가루를 받아들이는 암술머리가 있다)을 먼저 찾고, 점차 꽃가루를 만들고 있는 꽃으로 이동한다. 꽃가루가 잔뜩 몸에 달라붙은 벌은 가장 꼭대기에 있는 꽃에 이르면, 다른 디기탈리스로 날아간다. 새로운 꽃을 찾은 벌은 가장 아래쪽에 있는 꽃에 가장 먼저 앉는다. 그러면 다른 꽃에서 붙여 온 꽃가루가 전달되면서 교차수분이 이뤄진다.

잔디밭에서 흔히 볼 수 있는 질경이(질경이속*Plantago*)에는 바람에 의해 꽃가루받이가 일어나는 작은 꽃이 핀다. 질경이 꽃도 디기탈리스 꽃처럼 연속적으로 성숙되지만, 위에 달린 꽃이 먼저 성숙된다는 점이 다르다. 꽃가루가 꽃이삭 아래쪽에 주로 모여 있어서, 같은 꽃에서 더 높은 위치에 있는 암술머리에 닿을 확률은 줄어든다. 대신 꽃가루 알갱이는 멀리 바람에 날아가 다른 질경이와 교차수분이 일어난다.

일렉스 아퀴폴륨*Ilex aquifolium,*
유럽호랑가시나무

113

자가불화합성

과실수를 기르는 정원가는 자가불화합성과 수분 집단에 관한 문제가 궁금할 수도 있을 것이다. 특히 이 문제는 사과나무에서 잘 알려져 있는데, 만약 열매를 얻기 위해 사과나무를 심으려고 한다면 같은 수분 집단에 속하는 사과나무를 한 그루 더 심어야 한다는 조언이 널리 받아들여지고 있다.

그 이유는 불화합성에서 찾을 수 있다. 때로 한 꽃의 꽃가루가 다른 꽃의 암술머리에 내려앉는 것만으로는 불충분한 경우가 있다. 화합성 문제가 있을 수도 있기 때문이다. 대부분의 사과나무의 경우에는 자가불화합성 문제가 있어서, 자신의 꽃가루로는 성공적인 꽃가루받이를 할 수 없다.

꽃가루받이가 실제로 일어날 수는 있지만, 일단 배에서 수정이 시도되면 불화합성 문제가 생기는 경우

도 있다. 카카오의 경우는 실제로 수정이 일어나지만, 불화합성으로 인해 곧바로 발생이 중단된다.

이런 이유로, 사과, 체리, 배, 서양자두, 댐슨자두, 게이지자두 나무는 개화 시기와 화합성에 따라 수분 집단으로 나눈다. '빅토리아' 자두 같은 일부 특별한 변종은 자가수분으로 열매를 맺을 수 있어, 딱 한 그루만 길러도 성공적으로 열매를 맺을 수 있다. 과실이 열리는 정원을 계획하는 정원가라면, 수분 집단도 고려해야 한다.

꽃가루의 형성

각각의 수술은 꽃밥(보통 두 부분으로 갈라져 있다) 과 수술대로 구성된다. 꽃밥에는 꽃가루를 만드는 화분낭이 있고, 관다발 조직을 포함하고 있는 수술대는 꽃밥을 꽃의 다른 부분과 연결한다.

각각의 화분낭 안에서는 꽃가루 모세포가 감수분열(88쪽을 보라)로 갈라지면서 반수체인 꽃가루 알갱이, 즉 화분립 세포를 형성한다. 화분립에는 종마다 독특한 무늬가 있는 두꺼운 세포벽이 발달한다.

그다음에는 이 꽃가루 알갱이 세포가 체세포분열을 해서 꽃가루관핵 하나와 생식핵 하나를 형성한다. 이제 꽃가루 알갱이 속 내용물은 웅성 배우체 세대라고 말할 수 있다. 25쪽에서 언급했듯이, 꽃식물에서는 배우체 세대가 극도로 짧아졌는데, 여기 단 두 개의 아주 작은 반쪽짜리 세포가 바로 그것이다.

테오브로마 카카오*Theobroma cacao*, 카카오

쓸모 있는 식물학

과학자들은 종종 전자현미경으로 꽃가루 알갱이의 무늬를 보고 종을 구별할 수 있다. 꽃가루 알갱이는 토양 속에서 수천 년 동안 보전될 수 있어, 과학자들은 각각의 토양층에 들어 있는 꽃가루를 조사하여 시간의 흐름에 따른 지구의 식물상 변화를 관찰할 수 있다.

밑씨와 배의 발달

각각의 암술은 하나 이상의 암술머리와 암술대, 씨방으로 이루어져 있다. 씨방 안에는 하나 또는 여러 개의 밑씨가 발달하는데, 각각의 밑씨는 주병이라는 짧은 자루에 연결되어 태좌에 부착된다. 양분과 물은 주병을 거쳐 밑씨로 전달된다.

밑씨의 본체는 주심이며, 주심은 주피로 둘러싸여 보호된다. 주심 안에서는 배낭 모세포가 발달하여 성숙한 배낭을 형성한다. 배낭 모세포는 감수분열을 통해 네 개의 반수체 세포를 만드는데, 그중 하나만 성숙하여 배낭을 형성한다.

반수체인 배낭은 주심으로부터 양분을 공급받아 성장하고, 이후 체세포분열을 통해 여덟 개의 핵으로 분열한다. 이제 이 반세포 집단은 자성 배우체 세대이다. 여덟 개의 핵 중 하나는 난핵이 되고, 나머지는 융합핵이 된다.

배의 수정

꽃가루 알갱이의 형성 직후에는 꽃밥의 벽을 이루는 세포가 마르고 오그라들면서 꽃밥이 갈라진다. 그 결과 화분낭이 터지고 열리면서 꽃가루 알갱이가 방출되어 암술머리로 이동한다.

끈적끈적한 암술머리에는 바람에 운반된 것이든, 동물에 운반된 것이든 상관없이 모든 꽃가루가 잘 들러붙는다. 꽃가루 알갱이의 외벽과 암술머리의 단백질들 사이에 상호작용이 일어나면서, 꽃가루는 둘 사이의 적합성을 '인식'할 수 있다. 만약 적합하면, 꽃가루관이 빠르게 자라 암술대를 통과하여 씨방 속으로 들어갈 것이다.

꽃가루관의 성장은 꽃가루관핵에 의해 조절되며, 소화 효소가 분비되기 때문에 암술대 속으로 뚫고 들어갈 수 있다. 이 과정에서 꽃가루 알갱이의 생식핵은 체세포분열을 해서 두 개의 정핵을 형성한다. 마침내 꽃가루관이 배낭에 당도하면, 꽃가루관핵은 퇴화하고 두 개의 정핵은 꽃가루관을 통해 배낭 속으로 들어간다.

정핵 중 하나는 난세포와 결합하고, 나머지 하나는 융합핵과 결합하여 배젖의 핵을 형성한다(이것이 결국 씨앗의 양분 저장고인 배젖이 된다. 75쪽을 보라). 따라서 꽃식물의 수정 과정은 사실상 중복 수정이며, 그 결과 미발달 배(제5장을 보라)와 배젖이 만들어진다.

무수정 종자

어떤 종류의 식물은 수정 없이 생육이 가능한 씨앗을 만들 수 있다. 무수정 종자 또는 아포믹시스라고 불리는 이 방식은 영양생식의 특징을 씨앗의 전파를 통해 얻는 기회와 결합한 것이다. 이런 무수정 종자는 마가목속Sorbus의 일부 종과 민들레 종류(민들레속)에서 볼 수 있다. 아포믹시스는 야생에서 고립되어 있는 작은 개체군의 진화를 이끌어 낼 수도 있다. 또, 정원가에게는 변이가 없는 씨앗으로 특정 종을 기를 수 있다는 것을 의미한다.

소르부스 인테르메디아 Sorbus intermedia, **스웨덴팥배나무**

프란츠 안드레아스 바우어 1758~1840
페르디난트 루카스 바우어 1760~1826

프란츠 안드레아스 바우어Franz Andreas Bauer와 페르디난트 루카스 바우어Ferdinand Lukas Bauer 형제는 둘 다 뛰어난 식물화가이지만, 형 프란츠보다는 동생 페르디난트가 더 많은 곳을 돌아다녔고 더 유명했다. 두 사람은 오늘날 체코의 발티체인 모라비아의 펠츠베르크에서 1758년과 1760년에 태어났다. 형제의 아버지는 리히텐슈타인 대공의 궁정화가여서, 형제는 어린 시절부터 그림과 예술에 둘러싸여 있었다.

페르디난트가 태어나고 1년 후에 아버지가 사망하자, (맏형인 요제프 안톤Joseph Anton을 포함한) 형제는 노어버트 보추스 Norbert Boccius 신부의 보호를 받게 되었다. 펠츠베르크의 수도원장인 보추스는 의사이자 식물학자이기도 했다. 아직 10대에 불과했을 때, 세 형제는 함께 수도원 정원에 있는 모든 꽃과 식물을 기록하고 2,700점이 넘는 식물 표본 수채화를 만들었다. 그들의 작품은 『식물계 백과Liber Regni Vegetabilis』 또는 『리히텐슈타인 고문서Codex Liechtenstein』라고 불리는 총 14권으로 이루어진 놀라운 책의 삽화로 실려 있다. 보추스의 지도 아래, 페르디난트는 다른 누구보다도 뛰어난 관찰력과 자연에 대한 사랑을 키워 나갔다.

1780년, 프란츠와 페르디난트는 니콜라우스 요제프 폰 야퀸Nikolaus Joseph von Jacquin 남작을 도우러 빈으로 갔다. 저명한 식물학자이자 화가인 야퀸은 쇤브룬 궁전의 왕립 식물

프란츠 안드레아스 바우어(위)와 그의 동생 페르디난트는 책의 삽화와 소장용 표본을 위한 식물 그림을 그리며 일생을 보냈다.

원장이었고, 빈 대학교 교수로 식물학과 화학을 가르치기도 했다. 그곳에서 린네의 분류 체계와 세밀한 기록을 위한 현미경 활용법을 알게 된 그들은 식물 삽화가로서 자신들의 기술을 완벽하게 다듬으면서 식물의 정확한 관찰에 집중했다. 그들은 세밀한 표현에 특별히 주의를 기울였고, 이는 훗날 그들을 상징하는 특징이 되었다. 두 형제는 이때부터 서로 다른 길을 가기 시작했다.

1788년, 프란츠는 잉글랜드로 건너가 프랜시스라는 이름으로 알려지게 되었고, 큐에 정착하여 남은 생을 보냈다. 그는 40년 넘게 큐 왕립 식물원에서 일했고, 조지프 후커Joseph Hooker 경의 후원 아래 궁정 식물화가의 지위를 얻었다. 세계 전역에서 큐 식물원에 들여온 새로운 식물들은 처음으로 과학적 방식으로 길러지고 연구되었고, 프란츠의 그림은 그런 식물에 대한 귀중한 과학적 기록이었다. 동생 페르디난트와 달리, 프란츠는 여행을 좋아하지 않았고 식물에 대한 과학적 연구에 더 관심이 있었다.

프란츠는 린네학회의 회원으로 선출되었고, 왕립학회의 회원도 되었다. 그는 1840년에 큐에서 죽었다.

페르디난트는 더 유명한 식물화가가 되는 길을 이어 나갔다. 그는 식물학자와 탐험가들과 여행을 다니면서 천연 서식지에 있는 식물을 그 지역 자연사의 맥락에서 기록했다.

1784년, 페르디난트는 옥스퍼드 대

**에리카 마소니Erica massonii,
메이슨에리카**

프란츠 안드레아스 바우어가 그린 이 삽화는 큐 왕립 식물원에서 구축한
『외국산 식물의 묘사Delineations of Exotick Plants』에 실려 있다. 이 그림은
린네 체계에 따라 식물의 특징을 자세히 보여 준다.

인베스티게이터호가 영국으로 돌아가려고 항해를 시작했을 때, 바우어는 시드니에 남아 뉴사우스웨일스와 노퍽 섬에 대한 추가 탐사에 참여했다.

1814년에 오스트리아로 돌아온 그는 영국 출판사와 작업을 계속했고, 그의 삽화가 실린 책으로는 에일머 버크 램버트Aylmer Bourke Lambert의 『소나무속 해설Description of the Genus Pinus』과 존 린들리John Lindley의 『디기탈리스Digitalis』가 있다. 그는 쉰브룬 식물원 근처에 살았고, 그림을 그리거나 오스트리아령 알프스 산으로 여행을 다니며 지내다가 1826년에 사망했다.

몇몇 오스트레일리아 식물 종은 페르디난트 바우어의 이름을 따서 명명되었고, 바우에라속Bauera과 오스트레일리아 해안의 바우어 곶도 그의 이름을 딴 것이다.

식물의 학명을 인용할 때 저자로서 그를 나타내는 표준 약어는 F. L. Bauer이다.

학교 교수이자 식물학자인 존 시브소프John Sibthorpe의 그리스 여행에 동행했다. 이 여행의 결과물로 출간된 『그리스 식물상Flora Graeca』에는 페르디난트 바우어의 훌륭한 그림들이 책 전체에 걸쳐 실려 있다.

그 후 그는 식물학자 로버트 브라운Robert Brown과 함께 인베스티게이터호HMS Investigator를 타고 오스트레일리아를 여행했는데, 왕립학회 회장이자 식물학 애호가인 조지프 뱅크스는 이 여행을 후원하면서 페르디난트를 식물화가로 추천했다. 페르디난트 바우어는 이 항해에서 약 1,300점의 동식물 그림을 그렸다. 그의 채색 작품에는 오스트레일리아의 경이로운 식물상과 동물상이 잘 드러나 있으며, 일부 그림은 『신대륙 식물상 도해Illustrationes Florae Novae Hollandiae』라는 제목의 판화집으로 출판되었다. 이것은 오스트레일리아 대륙의 자연사를 처음으로 자세히 다룬 책이었다.

**탑시아 가르가니카Thapsia garganica,
에스파냐독당근**

『그리스 식물상』의 삽화로 사용된 페르디난트 바우어의 여러 훌륭한 작품 중 하나.

식물 육종-재배를 통한 진화

식물 진화의 메커니즘은 자연에서나 재배에서나 동일하며, 유일한 차이는 선택압이 다르다는 것이다. 이를테면, 자연에서는 약한 형질을 타고난 식물이 견디지 못하고 사라지는데, 이 과정을 자연선택 또는 '적자생존'이라고 한다. 재배에서는 식물 육종가가 (탐스러운 꽃, 더 많은 수확, 색색의 잎사귀 같은) 멋진 특징을 지닌 식물만 선택하고 나머지는 제거하는 인위적 선택 과정을 거친다.

식물의 선택

식물 육종의 기원은 약 1만 년 전 농경이 태동하던 시기로 거슬러 올라갈 수 있다. 당시의 수렵채집인들은 야생에서 작물을 채집했다.

이 시기의 인간은 (주된 식량 공급원인) 동물을 따라 돌아다니며 살았다. 개, 돼지, 양은 유용하게 관리되고 길들여진 최초의 동물이었고, 이를 기반으로 점차 반유목 생활로 바뀌어 갔다. 초기 농민들은 유용한 식물 중 저장할 수 있거나 씨앗으로부터 다시 기를 수 있는 식물이 있다는 것을 발견했다.

시간이 흐르고 경험이 쌓이는 동안 재배할 수 있는 작물의 범위가 넓어졌고, 농민들은 수확한 작물 중 가장 좋은 것을 선택하여 다음 농사철에 기르기 시작했다. 그 결과, 느리지만 점진적으로 작물이 개량되는 과정이 진행되기 시작했다.

수천 년에 걸친 재배 과정을 통해, 감자(*Solanum tuberosum*)와 단옥수수 같은 일부 작물은 야생의 조상과 크게 다른 모습으로 개량되었다. 재배를 통해 개량된 작물은 인간이 만든 환경에서만 번성할 수 있고, 야생에서는 살아갈 수 없을 것이다. 그러나 카카오와 리크(*Allium porrum*) 같은 작물은 야생의 친척들과 크게 다르지 않다. 한때는 인기 있었던 콩과 식물인 세인포

인(*Onobrychis viciifolia*)처럼, 이제는 사실상 재배 작물에서 퇴출된 식물도 있다.

큰키나무와 떨기나무는 다 자라려면 시간이 아주 오래 걸리므로, 유목 혹은 반유목 생활을 하는 부족들은 그런 나무들을 작물로 활용할 수 있을 만큼 오랫동안 한 장소에 머무르지 않았을 것이다. 그 결과, 큰키나무와 떨기나무 작물(주로 과일)은 비교적 최근에, 인간이 조금 덜 돌아다니게 되었을 무렵에 재배되기 시작했을 것이다. 서아시아의 야생 사과나무와 배나무 숲 근처에서 발견된 정착지는 최초의 과수원으로 이어졌다. 나무가 연료와 건축자재로 쓰이면서 숲이 사라지는 동안, 그 자리에는 열매가 가장 많이 열리는 나무들만 남았을 것이다.

제아 마이스*Zea mays*,
단옥수수

원예라고 알려진 관상식물 농업은 훨씬 더 최근에 시작되었다. 초기의 정원가도 동일한 방식의 선택 기술을 활용했지만, 생산성에 초점을 맞추기보다는 식물의 장식적 요소에 더 관심을 두었을 것이다. 이미 재배되고 있었고 유용한 열매도 열리는 작물인 무화과나무와 올리브나무 그리고 포도나무는 초기의 정원에 분명히 있었을 것이다. 장미, 주목, 월계수 같은 식물은 일종의 종교적 또는 문화적 중요성 때문에 선택되었을 수도 있다. 기르기 쉽거나 그늘과 쉼터를 제공한다는 이유만으로 선택된 식물도 있었을 것이다. 식물의 교배를 통해, 기원후 1200년이 되자 관상용 장미는 알바, 센티폴리아, 다마스크, 갈리카, 스코트라는 다섯 종류로 구별되었다.

신세계의 발견과 함께, 15~18세기 유럽에서는 새로운 식물이 많이 재배되기 시작했다. 그런 식물 중에는 옥수수처럼 오늘날 전 세계적인 상품이 되어 식물 육종 과학의 최전선에 있는 식물도 있고, 홍화커런트(*Ribes sanguineum*)처럼 오직 정원에서만 자라는 식물도 있다.

관상용 식물 발견의 황금시대는 19세기였을 것이다. 당시 세계 곳곳으로 파견된 식물 사냥꾼들은 낯선 이국의 식물들을 찾아내어 영국으로 들여왔고, 이런 새로운 식물들은 영국 각지의 정원으로 퍼져 자라게 되었다. 세계가 더 '작아질수록' 식물 사냥꾼의 일은 더 치열해지고 지역이 더 세분화되었다. 식물 사냥꾼의 명맥은 웨일스에 있는 크루그 농원의 블레딘 윈-존스Bleddyn Wynn-Jones와 수 윈-존스Sue Wynn-Jones 같은 사람들을 통해 계속 이어지고 있는데, 이들이 소개하는 새로운 정원 식물 중에는 아시아에서 들여온 식물이 특히 많다.

새로운 식물들이 정원가들 사이에 널리 퍼지기까지 시간은 걸려도, 이것들은 식물 육종가들이 연구할 새로운 재료가 된다. 최근 정원가들이 시장에서 보기

비티스 비니페라*Vitis vinifera*, 포도

시작한 헬레보루스 × 벨케리*Helleborus × belcheri* 같은 새로운 헬레보루스속*Helleborus* 교배종을 예로 들면, 오래된 재배품종인 H. 니게르*H. niger*와 최근에 소개된 H. 티베타누스*H. thibetanus* 사이의 잡종이다.

식물 육종학은 오늘날 무서운 속도로 발전을 계속하고 있다. 농업적인 면에서 볼 때, 온갖 과일과 채소를 손쉽게 얻을 수 있는 세계에서 살아가고 있는 우리는 매우 운이 좋은 편이다. 원예에서는 영국 왕립 원예학회의 최신 식물 검색 목록을 기준으로 볼 때, 현재 재배되고 있는 관상용 식물은 무려 7만 5,000종이 넘는다. 게다가 이것은 영국 내에서 구할 수 있는 식물일 뿐이다.

현대의 식물 육종

선택은 식물 육종에서 여전히 큰 역할을 하지만, 재배품종이 출시되어 정원가의 손에 닿기까지 때로 10년이 넘게 걸리기도 하는 느린 과정이다. 식물 육종은 일반적으로 선택, 제거, 비교라는 세 단계로 이루어진다.

먼저, 변이가 많이 나타나는 개체군 하나를 골라 좋은 잠재력을 지닌 식물을 여러 개 선택한다. 이렇게 선택한 식물을 다양한 환경 조건 아래 몇 년 동안 기르고 관찰하면서, 가장 결과가 좋지 않은 식물을 제거해 나간다. 마지막으로, 남은 식물들을 기존의 변종들과 비교하여 개선된 성과를 확인한다.

때로는 이 과정이 훨씬 빨라질 수도 있다. 눈썰미 좋은 식물 육종가가 자연적 돌연변이(121쪽을 보라)를 찾아낸 다음, 돌연변이를 일으킨 개체를 영양생식으로 수를 불려 관찰하고 실험하는 것이다. 정원가들

은 이 방법으로, 곧게 자라는 독특한 형태의 아일랜드주목(*Taxus baccata* 'Fastigiata')과 털 없는 복숭아인 천도복숭아(*Prunus persica var. nectarina*)를 얻었다.

잡종 교배

서로 다른 두 식물의 바람직한 형질을 결합하는 데 오늘날 자주 쓰이는 식물 육종 기술은 교차 수분을 통한 잡종 교배이다. 그 기본 원리인 꽃의 생식 기능이 밝혀진 것은 17세기였지만, 식물 육종가들은 19세기에서야 이 정보를 실용적으로 활용하기 시작했다.

그전까지 '원시적인' 식물 육종가들은 서로 다른 두 품종의 화분들을 꽃이 활짝 피었을 때 함께 놓아두었을 것이다. 그러면 잡종 교배가 일어나서 양쪽 부모의 특징을 모두 갖고 있는 식물이 만들어질 수도 있다는 사실을 알고 있었기 때문이다. 꽃이 쉬지 않고 피어나는 최초의 사철장미는 이런 식으로 탄생했다. 새롭게 찾아낸 월계화를 유럽으로 들여와 재배하면서, 이미 정원에 있던 예전 장미들과 교배한 것이다.

19세기 후반에 멘델(16~17쪽을 보라)이 최초로 증명한 식물의 유전과 유전학에 대한 현대적 이해는 잡종 교배 기술에 엄청난 개선을 가져왔다. 원예학계에는

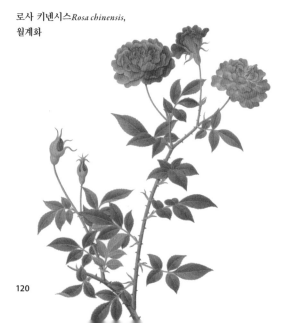

로사 키넨시스*Rosa chinensis*, 월계화

유명한 육종학자들이 대거 등장했다. 그중 엘리자베스 스트랭먼Elizabeth Strangman은 겹꽃 헬레보루스를 최초로 소개했고, 일본의 육종가 이토 도이치伊藤東一는 나무인 모란과 풀인 작약의 교배에 최초로 성공하여 이토 교잡종이라고 알려진 작약을 만들었다.

농업계에서 현대적인 교잡 기술은 20세기 중반의 '녹색 혁명'으로 정점에 이르렀다. '녹색 혁명'은 더 많은 소출을 내는 변종 작물의 개발과 현대적인 살충제, 비료, 관리 기술을 통해, 유례없는 수준으로 인구가 증가하고 있는 세계에서 수십억 명을 기아로부터 구했다는 평가를 받는다.

식물 교배에서 F1 잡종

잡종 교배의 첫 단계는, 유전적 변이를 최소화하려고 양쪽 부모 식물을 가능한 한 '순종'으로 확보하는 것이다. 일반적으로는 몇 세대에 걸쳐 자가수분을 시키는 동종 교배 방법을 쓴다.

일단 두 종류의 순종이 만들어지면 두 번째 단계로, 그 두 식물 사이에 교차수분이 일어나게 한다. 그 결과 만들어지는 자손 중 원하는 형질의 조합을 선택한다. 원하지 않는 형질은 부모 식물과 역교배를 반복하면 제거할 수 있다.

이런 상황에서는 꽃가루받이를 통제해야 한다. 자연에서 일어나는 것처럼 야외에서 꽃가루받이가 되도록 방치하면(개방적 꽃가루받이), 어디에서 오는 꽃가루인지 확실히 알 수 없을 것이고, 결국 아주 다양한 자손이 만들어질 것이다.

그래서 식물 육종가들이 직면하는 가장 큰 난제 중 하나는 다른 꽃가루를 막는 일이다. 꽃가루의 이동 거리가 짧다고 알려진 식물이라면, 부모 식물을 고립된 야외에서 키우면 될 것이다. 또는, 비닐하우스 안에서 교차수분이 일어나게 해 꽃가루받이를 통제하거나, 더 소규모로는 비닐봉지 따위로 꽃을 감싸고 손으로 직접 꽃가루받이를 하는 방법도 있다. 이와 같은 방법은 폐쇄적 꽃가루받이라고 한다.

교차수분을 통해 처음 얻은 자손은 F1 세대라고 하

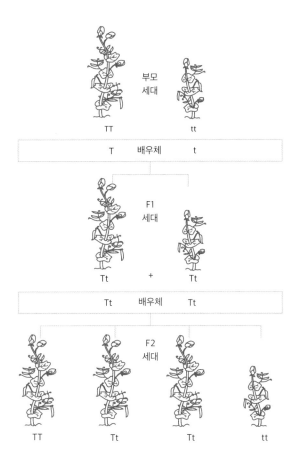

부모
세대

TT   tt

T   배우체   t

F1
세대

Tt   +   Tt

Tt   배우체   Tt

F2
세대

TT   Tt   Tt   tt

은 육종 과정의 속도와 정확성을 높이고 범위를 넓힐 방법을 개발해 왔다. 이런 방법 중에는 북반구와 남반구에서 동시에 진행하는 선택 프로그램도 있다. 이 프로그램에서는 해마다 두 세대가 만들어지는데, 이 식물들은 인공 재배실에서 길러진다.

더 최근에는 개개의 세포와 염색체 수준에서 식물을 조작할 수 있을 정도로 실험실 기술이 발전했다. 유전자 조작과 유전공학 덕분에 기존의 식물에 새로운 유전자를 삽입해 질병에 대한 저항력을 높이거나, 수확량을 늘리거나, 특정 제초제에 대한 식물의 저항성을 높여 더 쉽게 잡초를 제거하는 것이 가능해졌다.

지금까지는 유전자 조작을 통해 새로운 정원 식물을 만드는 것이 별로 장려되지는 않았다. 유전자 조작 연구는 옥수수(*Zea mays*), 토마토(*Solanum lycopersicum*) 밀(*Triticum aestivum*)처럼 국제적으로 중요한 작물에 초점이 맞춰져 있다.

돌연변이와 기형

어떤 식물에서 만들어진 자연적 돌연변이는, 식물 육종가들이 새로운 재배품종을 만들어 내는 데 토대로 활용되기도 한다. 저절로 일어나는 돌연변이나 비정상적인 성장으로 만들어진 새로운 식물은 '기형 sport'이라고 알려져 있다. 이런 기형 식물은 (천도복숭아처럼) 자연적으로 생길 수도 있고, 화학물질이나 방사선에 노출시켜 인위적으로 만들 수도 있다.

1950년대에는 베르티킬륨균*Verticillium* 시듦병에 내성을 나타내는 페퍼민트(*Mentha × piperita*) 품종이 방사선 노출을 통해 만들어지기도 했지만, 더 이상 판매되지는 않는다. 오늘날 원추리(원추리속) 재배품종 중에는 염색체 수를 두 배로 늘리는 화학약품을 이용하여 만들어진 것이 많다. 그렇게 만들어진 재배품종은 네 세트의 염색체를 갖고 있는데(4배체), 대체로 꽃이 더 크고 탐스럽다.

며, 일반적으로는 F1 잡종이라고 불린다. F1은 'filial 1,' 즉 제1대 자손을 나타낸다. 세심하게 통제된 교차수분을 통해 나온 F1 잡종은 새롭고 독특한 특징을 갖고 있을 것이다. F1 잡종의 개발과 관련된 연구는 비용이 많이 들고, 오랜 시간이 필요하다. 따라서 그 결과물인 F1 종자는 자유로운 꽃가루받이로 얻은 종자에 비해 비싸다. F1 종자의 한 가지 단점은 형질이 고정되어 있지 않다는 점이다. 즉, F1 세대에서 나온 종자는 비슷한 수준으로 균일한 식물을 만들지 않는다. 따라서 F1 세대의 종자는 씨앗을 받아 다시 심을 만한 가치가 없다.

육종의 발전

지식이 쌓이고 기술이 발전하면서, 식물 육종가들

시링가 불가리스 *Syringa vulgaris*,
라일락

제5장

생명의 시작

씨앗이 성숙한 식물로 자라는 모습을 지켜보는 것은 정원 일의 가장 뿌듯한 일면 중 하나이다.

식물에서 종자는 생활사의 중요한 일부이며, 유성생식의 최종 결과물이다. 종자는 다음 대에도 그 종의 생존을 보장하고, 환경 조건이 좋지 않은 시기를 안전하게 버틸 수 있는 방법이 되어 준다. 정원가에게 종자는 적은 비용으로 많은 식물을 만들 수 있는 방법이며, 특히 한해살이 화단식물과 여러 종류의 여러해살이 풀을 키울 때 유용하다. 한해살이 채소 작물은 모두 종자에서 자라며, 식물을 키워 직접 종자를 받을 수도 있다. 종자에 관한 더 많은 정보는 74~78쪽, 110~115쪽을 보라

종자와 열매의 발달

일단 수정이 일어나면(115쪽을 보라), 씨방은 열매가 되고 밑씨는 종자가 된다. 이제 이 두 구조에서 배가 형성되기 시작한다. 종자를 이루는 배(어린 식물)와 배젖(어린 식물을 위해 저장된 양분)은 종피로 둘러싸여 있다. 배는 세포분열(체세포분열)을 통해 커지기 시작하고, 배가 성숙하면서 첫 싹(어린싹)과 첫 뿌리(어린뿌리), 떡잎이 형성되기 시작한다.

떡잎은 어린 식물의 첫 잎이 될 뿐 아니라, 배젖(75쪽을 보라)과 함께 양분을 저장하는 역할을 할 수도 있다. 외떡잎식물은 떡잎이 한 장이고, 쌍떡잎식물은 떡잎이 두 장이다(28쪽을 보라).

배젖 핵은 체세포분열을 반복하여 배젖을 형성하는

트리티쿰 불가레*Triticum vulgare*, 밀

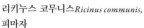

리키누스 코무니스*Ricinus communis*, 피마자

데, 세포벽이 얇은 세포 집단인 배젖은 양분을 저장하는 역할을 한다. 양분은 주로 녹말의 형태로 저장되지만, 종에 따라서는 지방과 단백질이 주요 내용물을 이루기도 한다. 이를테면, 피마자의 종자는 지방의 함량이 높고, 밀(밀속)의 종자는 단백질과 녹말이 둘 다 많이 들어 있다. 밀에서 밀가루가 되는 부분이 바로 배젖이다.

종자가 성숙하는 동안, 종자의 껍질인 종피도 성숙하고 씨방이던 부분도 성숙한 열매로 발달한다. 장과와 핵과에서는 씨방 벽이 두툼하고 부드러운 과피로 발달하여, 종자를 보호하고 종자의 전파를 돕는다. 종자의 마지막 발달 단계는 질량의 약 90퍼센트를 차지하는 수분 함량을 10~15퍼센트로 줄이는 것이다. 그러면 물질대사 속도가 크게 줄어들고, 이 단계는 종자의 휴면을 위해 반드시 필요하다.

종자의 휴면

대부분의 식물에서는 열매가 익는 동안 종자가 너무 일찍 발아되지 않도록 일련의 변화가 일어난다. 휴면이라고 알려진 이 변화는 일종의 생존 방법으로, 환경 조건이 가장 좋을 때 종자의 전파와 발아가 일어나게 한다. 예를 들어, 여름이나 가을에 만들어진 종자가 겨울이 시작되기 전에 발아한다면 아마 살아남기 어려울 것이다. 그래서 종자의 발아 시기를 봄의 시작과 동기화하는 메커니즘이 존재한다.

어떤 종자는 아주 오랫동안 휴면 상태를 유지할 수 있지만, 또 다른 종자는 그러지 못하다. 정원가는 그들이 구매한 종자에서 '사용 기한'을 발견하고 당혹스러울 수도 있겠지만, 그 기한은 종자의 기대수명을 나타낸다. 기한이 지나면, 그중 일부는 더 이상 어린 식물로 되살아나지 못할 것이다. 정원가들은 '1년 종자, 7년 잡초one year's seeds; seven years' weeds'라는 격언을 잘 알고 있을 것이다. 이 격언은, 토양 속에서 가만히 잠을 자고 있지만 깨어나기만 하면 토양을 어지럽히는 씨앗이 얼마나 많은지 잘 보여준다. 영구동토층에는 가는잎장구채(Silene stenophylla)의 씨앗들이 파묻혀 있는데, 3만 1,000년 이상 된 것으로 추정되는 씨앗이 성공적으로 발아된 예가 있다.

종자의 휴면은 배의 내부나 외부 조건으로 인해 일어날 수 있다. 생리적 휴면과 기계적 휴면이 복합적으로 나타나는 여러 붓꽃 종자의 경우처럼, 다양한 요인이 조합된 사례는 드물지 않다.

생리적 휴면

생리적 휴면은 배 안에서 화학적 변화가 일어날 때까지 발아를 막는다. 때로는 아브시스산(99쪽을 보라)

라티루스 오도라투스*Lathyrus odoratus*, 스위트피

같은 화학적 억제제가 배의 성장을 지연하여, 배가 종피를 뚫고 나올 수 있을 정도로 강해지지 못하게 한다. 어떤 종자는 온기나 냉기에 민감성을 나타내는 열휴면을 하며, 어떤 종자는 빛에 민감성을 나타내는 광휴면을 한다.

형태적 휴면

형태적 휴면은 종자가 전파되는 시기에 아직 배가 성숙되지 않은 종자에서 볼 수 있다. 발아는 배가 완전히 발달해야만 일어나므로, 배의 미성숙은 발아가 지연되는 원인이 된다. 어떤 때는 물의 이용 가능성이나 주위의 온도가 추가로 발아에 영향을 주기도 한다.

물리적 휴면

물리적 휴면은 종자가 물을 통과시킬 수 없거나 기체 교환을 할 수 없을 때 일어난다. 대표적인 예로는 콩과 식물을 들 수 있는데, 콩과 식물의 종자는 수분 함량이 매우 낮고 종피가 물의 흡수를 방해한다. 스위트피 종자를 발아시킬 때는 물을 빨아들일 수 있도록 종피를 가르거나 조금 잘라 내는 방법이 권장된다.

기계적 휴면과 화학적 휴면

기계적 휴면은 종피나 다른 덮개가 너무 단단해, 발아 동안 배가 확장될 수 없을 때 일어난다. 화학적 휴면은 배를 둘러싸고 있는 덮개에 존재하는 생장 조절제나 다른 화학물질에 의해 일어난다. 이런 물질은 빗물이나 눈 녹은 물에 씻겨 종자에서 제거된다. 정원가는 종자를 흐르는 물에 씻거나 물에 담가 두어 이런 상태를 흉내 낼 수 있다.

종자의 발아

종자의 발아는 (대개 휴면 이후) 배에서 성장이 촉발되는 순간부터 첫 번째 잎이 형성될 때까지로 정의된다. 발아가 일어나려면 세 가지 기본 조건이 충족되어야만 한다. 배가 살아 있어야 하고, 휴면이 끝나야 하고(125쪽을 보라), 알맞은 환경 조건이 있어야 한다.

그러나 환경 조건은 곧 불리하게 바뀔 수 있다. 만약 모든 종자가 동시에 발아된다면, 그리고 이렇게 취약한 단계에서 날씨가 바뀌는 불행한 사태가 일어난다면, 발아된 새싹이 모두 다 죽어 버릴 가능성이 있다. 많은 식물에서 볼 수 있는 시차 발아라는 영리한 적응은 일종의 보험처럼 작용한다. 처음에 발아하지 않은 종자는 조금 시간을 두고 나중에 발아한다.

그림에 있는 아카시아 카테쿠*Acacia catechu*(아선약나무) 같은 아카시아나무의 종자는 파종 전 따뜻한 물에 4시간 동안 담가 두거나 사포로 파상 처리를 해야 한다.

휴면 중단시키기

휴면 중인 종자는 휴면이 '중단'되어야만 발아가 일어날 수 있다. 발아를 촉발하는 가장 흔한 요인은 기온의 상승이나 오르내림, 냉동이나 해동, 불이나 연기, 가뭄, 또는 동물의 소화액에 노출되는 것이다. 의도적으로 이종 교배를 시킨 일부 재배식물에서는 사실상 종자의 휴면이 존재하지 않을 수도 있다.

층적 처리

정원가들은 때로 자연을 모방하여 인위적으로 휴면을 멈춰 원하는 시기에 종자를 발아시킨다. 그 방법에는 여러 가지가 있다. 그 첫 번째 방법으로 층적 처리[종자를 모래 따위와 섞어 적당한 온도와 습도에 방치하는 과정]가 있는데, 종자가 제대로 발아하도록 살짝 자극을 주어야 한다. 이를테면, 에키나시아 종자는 발아가 잘되지 않지만, 한 달 정도 냉장고에 넣어 두면 싹을 틔울 수 있다. 층적 처리는 많은 종류의 낙엽성 큰키나무와 떨기나무의 종자에 효과가 좋다. 어떤 종자는 따뜻한 시기와 차가운 시기를 차례로 거친 다음, 다시 따뜻한 시기가 필요하다. 이런 종자를 발아시키려면 냉장고와 함께 난방이 되는 번식 상자도 필요하다.

파상 처리

단단한 종피를 부수는 데 약간의 힘이 필요할 수도 있는데, 이런 과정을 파상 처리라고 한다. 자연에서는 자연적으로 부서지거나 동물에 의해 파상 처리 과정이 일어날 것이다. 정원가는 그렇게 될 때까지 기다릴 수 없으니, 종피를 줄로 문지르거나 내부에 사포를 덧댄 병에 (종자들을) 넣고 흔들면 된다. 아카시아 종자는 이런 처리에 잘 반응한다. 다른 방법으로는 종피를 가르거나 조금 잘라 내거나 핀으로 찌르는 방법이 있다.

침지 처리

침지 처리를 하면 천연 화학적 저해제가 제거되어 종자가 물을 빨아들일 수 있다. 침지 처리를 할 때는 종자가 눈에 띄게 부풀 때까지 대개 24시간 정도 뜨거운 물에 담가 놓고, 떠오르는 종자는 버린다. 침지한 종자는 바로 심어야 한다. 스위트피는 발아 전에 침지뿐 아니라 가벼운 파상 처리도 하는 것이 좋다.

오스트레일리아와 아프리카 남부의 식물에서, 불과 연기는 종자의 휴면 중단을 촉발하는 요인으로 잘 알려져 있다. 때로는 고온만으로 충분히 휴면이 중단되기도 하지만, (유칼립투스의 열매나 방크시아속*Banksia*의 마른 열매 같은) '꼬투리'에서 종자가 물리적으로 방출되려면 먼저 불과 연기가 필요하다. 실제로 나무 연기 속에 들어 있는 화학물질이 휴면을 중단시키는 역할을 할 가능성도 있다.

오프리스 아피페라*Ophrys apifera*, 벌난초

발아 요인

모든 종자의 발아에 필요한 세 가지 중요한 조건은 물, 적당한 온도, 산소이다. 빛의 유무도 중요한 요인인 경우가 많은데, 디기탈리스의 미세 종자는 발아하려면 빛이 필요해서, 반드시 흙 표면에 심어야 한다.

물

종자는 수분 함량이 줄어 있는 상태여서 물이 중요하다. 물이 주공(75쪽을 보라)을 통해 흡수되면, 씨앗 속의 세포들은 다시 팽창한다. 배젖에 저장된 양분의 소화에 필요한 효소를 활성화할 때도 물이 이용된다. 물은 종자를 팽창시켜 종피가 갈라지게 한다.

어떤 종자는 일단 물속에 들어가면 발아 과정을 멈출 수 없고, 그 이후에 건조되는 것은 치명적이다. 그러나 어떤 종자는 물의 흡수와 건조가 반복되어도 특별히 해를 입지 않는다.

산소

산소는 세포의 물질대사와 에너지 연소를 위한 호기성 호흡에 필요하다. 산소 호흡은 어린 식물이 첫 번째 녹색 잎을 만들어 광합성 하기 전까지 유일한 에너지 공급원이다. 배젖이 없는 난초의 종자는 발아를 위해 토양의 균류와 균근 연합을 형성한다. 그래야만 호흡에 필요한 연료를 균류로부터 받을 수 있기 때문이다.

온도

종자는 대개 특정 온도 범위 안에서만 발아가 일어난다. 온도는 세포의 물질대사와 효소의 활성화 속도에 영향을 준다. 너무 춥거나 너무 더우면 전체 발아 과정이 중단될 것이다. 정원가에게 중요한 것은 그들의 종자에 필요한 조건을 알고 적당한 온도를 유지하는 것이다.

빛

어떤 종자는 빛에 의해 발아가 결정된다. 이런 종자는 지표와 가까워졌을 때만 발아가 일어날 테니, 종자가 땅속에 파묻혀 있다면 이런 특성이 유용하다. 종자가 파묻힌 채로 발아되면 새싹이 지표까지 가기에는 양분이 충분하지 않을 수도 있다. 대부분의 종자는 빛의 양에 영향을 받지 않지만, 이런 종자는 광합성을 할 만큼 빛이 충분하지 않으면 발아가 되지 않는다. 이런 종자에는 빛에 민감한 피토크롬이라는 색소가 들어 있다. 숲속 식물에서 종종 볼 수 있는 이 메커니즘은 생장에 필요한 빛이 충분한 시기에만 발아를 하려는 일종의 적응이며, 그런 시기는 숲에서 큰 나무가 쓰러질 때 찾아올 수도 있다. 이렇게 개벌된 숲에서 볼 수 있는 꽃의 예로는 디기탈리스가 있다.

디기탈리스 루테아*Digitalis lutea*,
노란꽃디기탈리스
이런 숲속 식물의 종자는 발아하는 데 빛이 필요하다. 그래서 씨를 흙 속에 파묻거나 흙으로 덮지 않고, 흙 위에 살짝 눌러 놓는다.

발아의 생리학

전형적인 종자는 배젖에, 그리고 떡잎과 배에 탄수화물, 단백질, 지방을 저장한다. 주로 저장되는 것은 지방과 녹말(탄수화물의 일종)이다. 물의 흡수로 배가 수화水化되면, 전체 발아 과정에 시동을 거는 효소를 활성화한다.

이 활동은 배와 배젖을 중심으로 일어난다. 효소가 일으키는 반응은 이화작용(큰 분자가 작은 단위로 쪼개지는 반응)일 수도, 동화작용(작은 단위가 큰 분자로 합쳐지는 반응)일 수도 있다. 저장된 양분에서 이화작용이 일어나면, 단백질은 아미노산으로, 탄수화물은 단순한 당으로(예를 들면 녹말은 엿당이 되고, 엿당은 포도당이 된다), 지방은 지방산과 글리세롤로 분해될 수 있다.

이렇게 분해된 더 작은 단위들은 연이어 일어나는 동화작용을 거쳐 새로운 세포로 만들어지고, 그동안 배가 자라기 시작한다. 아미노산이 모여 새로운 단백질이 만들어지고, 포도당은 셀룰로스를 만드는 데 쓰이고, 지방산과 글리세롤은 세포막의 형성에 이용된다. 발아 과정에 영향을 주는 식물 호르몬도 합성된다. 연료처럼 이용되는 포도당은 세포의 물질대사를 돕기 위해 배의 생장부로 옮겨진다.

종자가 저장된 양분을 사용하는 처음 몇 시간 동안, 종자의 건조 질량에서는 순손실이 일어난다. 아직 광합성을 하지 못하므로 스스로 양분을 만들 수는 없다. 이런 질량 손실은 종자가 첫 녹색 잎을 만들 때까지 계속되고, 배젖은 쭈그러들고 시들기 시작한다.

배의 성장

배에서는 세포분열, 확대, 분화라는 세 단계의 성장이 나타난다.

세포분열

눈으로 볼 수 있는 첫 성장 징후는 배에서 어린뿌리가 나오는 것이다. 유근이라고도 불리는 이 뿌리는 양성 굴지성을 나타낸다. 즉, 아래쪽으로 자라 씨앗을 땅에 고정한다. 세포의 분열과 확대는 어린뿌리가 시작되는 부분 주위에서 일어나며, 이곳을 상배축이라고 한다. 어린뿌리는 미세한 뿌리털로 덮여 있고, 뿌리털은 토양에서 물과 무기물을 흡수하기 시작한다.

확대

유아라고도 불리는 배의 어린싹은 음성 굴지성을 나타내며, 중력의 반대 방향인 위쪽으로 자란다. 어린싹의 성장 중심부는 하배축이라고 불리며, 상배축과 마찬가지로 어린싹의 끝이 아니라 종자와 가까운 곳에서 발견된다.

분화

어린 식물의 첫 싹이 흙을 뚫고 공기 중으로 솟아나올 수 있는 방식은 두 가지로 나뉜다. 어린뿌리가 자라 종자를 흙 밖으로 밀어내는 지상 발아와 종자를 땅속에 그대로 두고 어린싹이 자라는 지하 발아가 있다. 지상 발아를 하면, 종자와 함께 땅 위로 올라온 떡잎이 녹색이 되면서 펼쳐진다. 때로는 종피가 떡잎 중 하나에 붙어 있기도 하는데, 이는 확실한 지상 발아의 흔적이다. 전형적인 예로는 애호박과 호박이 있다.

어린싹이 자랄 때는 지하 발아가 일어난다. 떡잎은 땅속에 있고, 그동안 어린싹이 길어지면서 첫 잎을 형성한다. 떡잎은 시들고 분해된다. 지하 발아를 하는 식물로는 완두가 있다.

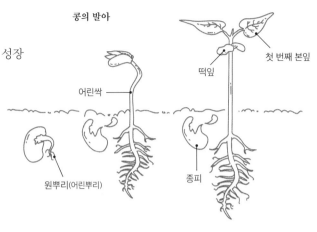

콩의 발아

첫 번째 본잎
떡잎
어린싹
원뿌리(어린뿌리)
종피

지상 발아에서는 어린싹이 길게 자라 떡잎과 어린 줄기를 토양 밖으로 끌어낸다.

화본류 같은 외떡잎식물에서는 막 나온 어린뿌리와 어린싹이 각각 근초와 자엽초라 불리는 싸개로 둘러싸여 보호된다. 자엽초는 일단 지상으로 올라오면 성장이 중단된다. 그다음 이 보호용 싸개 안에서 첫 번째 본잎이 나온다.

어린 식물의 등장

어린뿌리와 어린싹이 나타나면, 씨앗은 어린 식물 단계에 들어간다. 발아가 완료되고 성숙이 시작되는 것이다. 어린 식물은 초식동물, 병해충, 고온이나 저온, 홍수나 가뭄으로 인한 피해를 입기 쉬워, 이 단계에서는 어느 식물이나 취약하다.

많은 식물이 가능한 한 씨앗을 많이 만들어 적어도 일부는 성공적으로 자라기를 바란다. 어떤 식물은 정반대의 접근법을 선택하여, 소수의 씨앗에 모든 에너지를 쏟아 붓는다. 이런 경우, 그 식물의 접근법이 성공하려면 발아율과 정착 성공률이 상대적으로 높아야 한다. 이런 경우에는 종종 동물의 도움을 받고 일종의 보상을 제공하는데, 그 보상은 주로 과육의 형태로 제공된다(78~81쪽을 보라).

마틸다 스미스
1854~1926

식물화가 마틸다 스미스Matilda Smith는 인도 뭄바이에서 태어나 어릴 때 잉글랜드로 갔다. 그는 45년 동안 『커티스 식물학 매거진Curtis's Botanical Magazine』을 위해 아름다운 식물 삽화를 그린 것으로 유명하다.

이 잡지는 『식물학 매거진The Botanical Magazine』이라는 제목으로 1787년에 창간되었다. 이제 역사가 200년이 훨씬 넘은 이 잡지는 원색의 식물 삽화가 실리는 식물학지로서는 최장수 정기간행물이다. 책의 네 부분에는 국제적인 식물화가들이 그린 원본 수채화를 재현한 식물 삽화가 24점씩 실려 있다. 1984년에서 1994년까지는 『큐 매거진The Kew Magazine』이라는 제목으로 출간되었지만, 1995년부터는 다시 역사적인 뿌리가 있는 유명한 이름인 『커티스 식물학 매거진』으로 돌아갔다.

큐 왕립 식물원의 초대 원장인 윌리엄 잭슨 후커 경은 1826년부터 이 잡지의 편집을 맡으면서 식물학자로서 풍부한 경험을 쌓았다. 그의 아들인 조지프 돌턴 후커는 아버지의 뒤를 이어 1865년에 큐 식물원 원장이 되었고, 자연스레 이 잡지의 편집인도 맡게 되었다. 이 시기에, 40년 동안 큐 식물원의 수석 식물화가로 일해 왔던 월터 피치 Walter Fitch가 일을 그만두었다. 피치의 부재로, 조지프 후커는 잡지의 존속을 위해 이 중요한 특집을 계속 이어나갈 헌신적인 신인 삽화가를 찾아 훈련시켜야만 했다.

그 자신도 상당히 재능 있는 식물화가였던 후커는 6촌인 마틸다 스미스가 미술에 재능이 있다는 것을 알았고, 그녀를 조

마틸다 스미스는
『커티스 식물학 매거진』을 위해
수많은 식물화를
그렸다.

**로도덴드론 콘키눔Rhododendron concinnum,
우미만병초rhododendron**
존 뉴젠트 피치John Nugent Fitch가 그린 이 로도덴드론 콘키눔 그림의 원본은 『커티스 식물학 매거진』에 실린 마틸다 스미스의 그림이다.

금 더 훈련시켜 자신의 지휘 아래 작품을 만들게 하기로 결심했다. 1년 안에 스미스의 첫 삽화가 잡지에 실렸다. 1878년에서 1923년까지, 스미스는 『커티스 식물학 매거진』을 위해 2,300점이 넘는 전면 삽화를 그렸다.

스미스는 다른 여러 출판물에도 그림을 그렸는데, 후커의 『식물도감Icones Plantarum』도 그중 하나이다. 큐 식물원 식물 표본원에서 선택한 식물의 그림과 설명을 담은 이 책에는 스미스의 전면 삽화가 1,500점 이상 실려 있다. 또, 그녀는 큐 식물원 도서관이 소장한 희귀본에서 손상되어 사라진 그림을 재현하는 일을 맡기도 했으며, 당대의 어떤 화가보다도 살아 있는 식물의 채색화를 많이 그린 것으로 알려져 있다.

20년에 걸쳐 꾸준히 작품 활동을 한 끝에, 남다른

판다누스 푸르카투스 Pandanus furcatus, **히말라야판다누스**
이 그림은 마틸다 스미스와 월터 피치가 『커티스 식물학 매거진』을 위해 그린 것이다.

기술과 이 잡지에 대한 기여를 인정받아 큐 식물원의 첫 공식 식물화가가 되었고, 식물 표본원의 직원으로서 공식적인 출입 허가를 얻었다. 즉, 최초의 공무원 식물화가가 된 것이다.

마틸다 스미스는 납작하게 건조된 표본에 다시 생기를 불어넣는 기술로도 주목을 받았다. 그녀는 종종 특징이 온전하게 남아 있지 않은 표본도 되살려 내고는 했다. 스미스는 『세계의 야생 목화와 재배품종 목화The Wild and Cultivated Cotton Plants of the World』를 비롯한 여러 책에 삽화를 그렸고, 조지프 돌턴 후커의 책을 위해 식물화가로는 처음으로 뉴질랜드의 전체적인 식물상을 그렸다.

식물 삽화가로서 놀라운 공헌을 인정받은 스미스는 여성으로서는 두 번째로 린네 학회의 준회원이 되었다. 그녀는 "특히 『식물학 매거진』과 관련된 식물 그림 실력"으로 왕립 원예학회가 수여하는 바이치 기념메달 은상을 수상했다. 또, 여성으로서는 최초로 큐 식물원의 상급 직원 모임인 큐 조합의 회장으로 임명되기도 했다.

스미티안타Smithiantha와 스미티엘라Smithiella라는 식물의 속명은 그녀를 기리려고 지어진 이름이다.

학명을 인용할 때 스미스를 나타내는 약어는 M. Sm.이다.

로도덴드론 윅티이 Rhododendron wightii, **와이트로도덴드론**
『커티스 식물학 매거진』에 실린 마틸다 스미스의 수많은 로도덴드론 그림 중 하나.

씨뿌리기와 씨받기

78~80쪽에서는 자연에서 종자가 분산되는 방법을 알아보았는데, 재배식물에서는 그 방법이 완전히 다르다. 재배식물에서 종자의 분산은 인류와 밀접한 관계를 맺고 있다. 인간은 농경을 처음 시작할 무렵부터 종자를 받아 보관해 왔고, 이 과정은 오늘날까지 이어져 온다. 종자는 거래되고 전 세계에 분배되기도 하며, 종자나 종자가 들어 있는 열매(밀 같은 곡물이나 카카오콩 따위)는 전 세계적으로 귀중한 상품인 경우가 많다.

먹히거나 뭔가 다른 것으로 가공되지 않는다면, 이 종자들 중 일부는 정원가나 농민의 손에 의해 다시 땅에 뿌려질 것이다. 평범하지 않은 생존 전략이지만, 종자는 뿌려질 때마다 분산 임무를 완수하는 것이다.

퀘르쿠스 수베르*Quercus suber*,
코르크참나무

종자와 어린 식물의 관리

시판되는 종자에는 종자를 보호하거나 더 쉽게 다룰 수 있도록 사전 처리가 되어 있는 경우도 있다. 단옥수수를 처음 기르는 사람들은 그 종자가 실제로 쪼글쪼글한 옥수수 알갱이인 것을 보고 놀랄 수도 있을 것이다. 어떤 때는 사람이 먹지 않도록 종자에 염색을 하기도 한다. 또는, 싹이 빨리 틀 수 있도록 종자를 가공하기도 한다. 아주 작거나 형태가 일정치 않은 종자를 쉽게 다룰 수 있도록 점토 같은 것으로 겉면을 감싼 펠릿 종자라는 것도 있고, 겉면에 살진균제를 입혀 곰팡이를 방지한 종자도 있다. 때로는 정원가들이 정말로 간편하게 심을 수 있도록, 물에 녹는 테이프나 매트에 붙여 나오는 종자도 있다.

정원가들은 대개 화분에다 종자를 심어 묘상을 만들거나, 식물이 자랄 땅에 바로 씨를 뿌리기도 한다. 식물마다 특유의 요건이 매우 다양하지만, 다행히도 종자 봉지의 뒷면에는 대부분 유의할 점이 잘 쓰여 있다. 씨뿌리기 설명서를 보면, 종종 그 식물이 자연 서식지에서 진화된 방식이 드러나 있다. 디기탈리스 종자는 빛이 필요하고, 도토리를 만드는 나무들(참나무 종류)은 (도토리를 모아 묻어 놓는 동물들이 하듯이) 도토리를 깊이 심어야 한다.

경험이 풍부한 정원가들에게는 그들만의 비법과 요령이 있으며, 이런 비법들은 종종 이전 세대로부터 전해져 내려온다. 때로는 옥수수 녹말로 만든 얇은 막위나 종이타월 두 장 사이에서 종자를 미리 발아시킬 수도 있다. 많은 종류의 채소 종자를 이런 방식으로 발아시킬 수 있는데, (한랭한 기후에서는) 생장철에 일찍 재배를 시작하고 튼튼한 종자만 심을 수 있게 해주는 좋은 방법이다.

자랄 자리에 곧바로 심을 수 있는 종자는 흩뿌

릴 수도 있고, 구멍을 뚫거나 고랑을 파서 심을 수도 있다. 이렇게 씨를 뿌리는 것이 훨씬 더 소박하고 매력적이지만, 안타깝게도 이런 방법이 모든 종자에 적용되지는 않는다. 특히 발아 단계에서 병해충에 취약한 종자는 이렇게 심을 수 없다. 발아를 성공시키는 중요한 비결은 종자를 바로 심을 수 있는 때와 그렇지 않은 때를 알고, 좋은 묘상을 준비하는 것이다. 좋은 묘상은 자갈과 잡초가 없어야 하고, 흙은 곱고 포슬포슬해야 한다.

정원가에게는 식물이 스스로 발아하는 방식이 가장 수월할 것이다. 그러고는 그 결과로 나온 어린 식물을 조심스럽게 떠내 화분에서 기르다가, 좀 더 크면 다른 곳으로 옮겨 심으면 된다. 그러나 스스로 싹

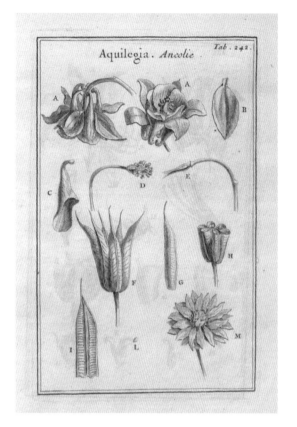

조제프 피통 드 투른포르가 그린 아퀼레기아*Aquilegia*(새매발톱꽃) 그림. 종자와 이삭이 보인다.

조제프 피통 드 투른포르Joseph Pitton de Tournefort의 헬레보루스 *Helleborus*(헬레보어) 그림. 종자와 이삭이 보인다.

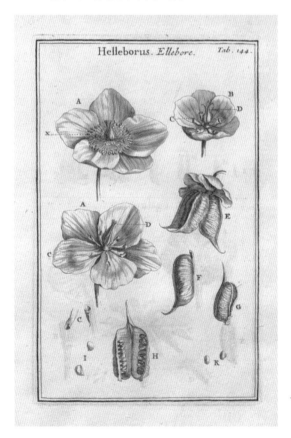

이 튼 식물은 그 부모가 갖고 있던 매력적인 특성이 사라지거나 희석되는 경우가 종종 나타난다. 그 대표적인 예가 헬레보어와 새매발톱꽃(매발톱속*Aquilegia*)이다. 둘 다 스스로 싹이 잘 트는 식물이라 안타깝다. 그러나 삼림 지대의 아주 멋진 지피식물인 금색나도겨이삭(*Milium effusum* 'Aureum') 같은 일부 재배품종은 부모의 형질이 그대로 나타난다.

상업적인 규모에서는 대개 종자를 기계로 뿌리거나 거대한 묘상에서 키운 다음 옮겨 심는다. 후자의 방법은 특히 나무 종자의 경우에 적용된다. 때로는 종자나 어린 식물을 개별적으로 관리하는 비용이 엄두도 못 낼 정도로 커서, 종자와 어린 식물이 잘 자라도록 제초제와 살충제와 살진균제와 다른 농약들을 쓰기도 한다.

종자 보관

종자 보관에 관해 논의할 때, 우리는 식물과 사람 사이의 관계를 연구하는 학문인 민족식물학의 세계로 들어간다. 종종 특정 지역에서 잘 자라도록 선택된 특별한 식물이 있고, 이런 식물들은 잉카인이 신성하게 여기는 퀴노아처럼 문화적으로 대단히 중요한 의미를 지닐 수도 있다.

인류 역사 전반에 걸쳐, 재배식물의 종자는 수백만 명의 손을 거쳐 대대손손 전해져 내려왔다. 그 결과, 우리의 작물과 관상용 식물의 다양성은 엄청나게 크다. 우리는 종자의 보관에 힘써야 하며, 종자를 보전하고 다양성을 높이는 일은 인류의 미래를 위해 반드시 해야 할 일이다.

그러나 개인 수준에서 종자의 보관은 내년에 수확할 작물을 위한 씨를 모으는 정도일 뿐이다. 가장 잘 자란 식물에서 나온 종자를 보관하기만 하면, 이듬해에는 어느 정도 개량이 될 수도 있다. 오늘날 우리가 보유하고 있는 종자 유산은 오로지 조상들의 수집 활동을 통해 모인 것이다.

따라서 전 세계의 종자 도서관과 종자 은행에서 하는 일은 결코 어리석은 짓이 아니며, 올바른 걸음을 내딛고 있는 것이다. 20세기 중반의 니콜라이 바빌로프Nikolai Vavilov 같은 선구자는 현대의 종자 은행으로 나아가는 길을 닦았다. 이제 정부 지원을 받는 다양한 규모와 목적의 비영리 종자 은행이 세계 곳곳에 많이 생기고 있다. 이런 종자 은행으로는 독일의 국제 작물 다양성 신탁Global Crop Diversity Trust, 그리스의 펠리티 종자 은행Peliti Seed Bank, 캐나다의 종자 다양성 Seeds of Diversity이 있다.

현재까지 가장 야심찬 프로젝트는 (전 세계 약 50개국의 협력을 받는) 영국의 큐 밀레니엄 종자 은행Kew's Millenium Seed Bank, 범지구적인 재앙을 견딜 수 있도록 건축된 노르웨이의 '둠스데이 금고Doomsday Vault'(스발바르 국제 종자 보관소Svalbard Global Seed Vault), 지중해 서부의 야생 식물 종을 위한 에스파냐의 UPM 종자 은행이다.

정원가들은 거의 모든 식물의 종자를 받아 보관할 수 있지만, 순종끼리 교배한 F1 잡종의 종자는 대부분 보관할 가치가 없다. 같은 형태가 재현되지도 않고, 나타날 수 있는 특성의 범위도 대단히 다양하기 때문이다. 마찬가지로, 재배품종 과실수의 씨로 키운 식물도 열매가 잘 안 달리거나 볼품없는 열매가 달린다.

종자는 완전히 익은 후에, 그러나 식물에서 사라지기 전에 받아야 한다. 때로는 그 기간이 아주 짧아, 이삭이 성숙하는 동안에는 식물에서 눈을 떼어서는 안 된다. 완전히 익기 전에 씨를 모으면 발아가 잘 안되거나 저장하는 동안 썩거나 변질된다. 가능하면 맑고 건조한 날에 씨를 받아야 한다. 그래야만 완전히 마른 씨앗을 얻는 데 도움이 될 것이다. 축축한 씨앗은 아주 빨리 썩으므로 씨앗을 잘 말려 저장해야 한다.

케노포듐 퀴노아Chenopodium quinoa, 퀴노아
퀴노아는 씨앗을 먹는 곡물로, 안데스 문화에서 주식으로 쓰이는 중요한 작물이다. 잉카인은 퀴노아를 신성한 작물로 여긴다.

토양 속 종자 은행

자연은 나름의 방식으로 종자를 보관하는데, 그 비결은 토양에 있다. 어떤 토양 표본 속에도 수백 종의 종자가 휴면하고 있으며, 이런 종자들은 조건이 좋아지면 곧바로 발아할 준비가 되어 있다. 토양 속 종자는 어떤 혼란이나 재앙이 지나간 뒤에 식물 생태계를 빠르게 재건할 수 있어 생태적으로 대단히 중요하다. 산불로 인해 파괴된 자연이 얼마나 빨리 되살아나는지 본 적이 있는 사람은 그 효과를 부인하기 어려울 것이다. 제1차 세계대전 중 1915년에 프랑스와 벨기에의 전장이었다가 방치된 땅에 자연적으로 형성된 유명한 개양귀비 밭은 마구 휘저어진 땅에서 개양귀비 씨앗이 발아한 결과였다.

안타깝게도 정원가는 토양 속에 있는 종자 은행에 들일 시간이 별로 없을 것이다. 그 종자들은 정원가들이 없애고 싶어 하는 잡초가 대부분이어서, 끈질긴 골칫거리가 된다. '1년 종자, 7년 잡초'라는 옛 격언은 잡초를 방치해 씨가 영글어 퍼지게 두면(어떤 잡초는 이 과정이 꽤 빠르게 진행된다), 토양 속에 휴면 상태의 잡초 종자가 꽤 오랫동안 남아 있을 수 있다는 경고이다.

사실 종자는 짧게는 몇 달에서 길게는 100년 넘게 휴면 상태로 있을 수 있다. 이런 이야기가 위협처럼 들리겠지만, 몇 년 동안 조심스럽게 보살피면서 잘 가꾼 정원은 내버려 둔 정원보다 잡초로 인한 고생을 훨씬 덜하게 될 것이다.

만약 정원을 한두 계절만 그냥 방치하면, 자연은 곧 본래의 모습으로 되돌아갈 것이다. 과거에 얼마나 잘 가꾸고 있었는지는 중요하지 않다. 이런 변화는 정원이 인간의 목적을 위해 만들어진 인공 구조물에 불과하다는 사실을 상기시켜 준다. 오랫동안 잊혀 있다가 1990년대에 힘겹게 자연으로부터 되찾아 온 영국 콘월의 '헬리건의 잃어버린 정원Lost Gardens of Heligan'은 그 좋은 예이다.

파파베르 로이아스*Papaver rhoeas*, 개양귀비

쓸모 있는 식물학

살기 위한 경쟁

정원에서 정원가의 역할은 스포츠 경기의 심판과 비슷하다. 식물을 이곳에서는 자라게 하고, 저곳에서는 자라지 못하게 한다. 잡초는 다 없애고, 기대했던 것보다 잘 자라지 않는 식물은 다른 식물로 바꾼다. 그러나 빽빽하게 들어차 있는 정원에서, 식물은 여전히 살려고 분투한다. 하나의 정원은 여러 특별한 서식지들로 이루어져 있다. 타고 올라가는 식물을 위한 벽, 숲에 사는 다년초를 위한 그늘진 곳, 나무를 위한 햇볕이 잘 드는 곳이 있다. 이런 방식으로 보면, 정원가는 그의 식물이 살 길을 찾도록 도움을 줄 수 있다. 알맞은 장소에 알맞은 식물을 선택하고, 각각의 식물이 만족스럽게 생장하는 데 필요한 것이 갖춰져 있는지 확인하는 것이다. 구할 수 있는 서식지를 빠짐없이 잘 활용하면, 풍성하고 다채로운 정원을 가꿀 수 있다.

산자고속*Tulipa*,
튤립

제6장

외적 요인

이 장의 주제는 식물의 외부 환경이다. 식물은 움직일 수 없으므로, 뜨거운 태양빛과 가뭄, 극도의 저온, 얼음과 눈, 폭우에 이르는 어떤 환경에 내던져지더라도 견뎌야 한다. 그 결과, 외부 환경은 모든 식물에 엄청나게 큰 영향을 끼친다.

그러므로 식물은 그들의 자연 서식지에서 발생할 수 있는 극한의 환경을 견디도록 진화해 왔다. 이를테면, 열대우림의 식물은 많은 비와 높은 습도, 양분이 부족한 얕은 토양에 대처할 수 있어야 한다. 뿐만 아니라, 숲의 하부에서 자라고 있는지, 또는 최상층에 있는지에 따라 매우 적거나 많은 빛의 양에도 대처해야 한다. 극도로 건조한 환경에 적응한 사막 식물은 잠깐 동안 내리는 간헐적인 비를 최대한 활용한다. 지중해의 식물은 여름에는 비가 잘 내리지 않아 불이 나기 쉬운 환경에서 살고, 겨울에는 비가 많이 내려 양분이 적고 배수가 좋지 않은 토양에서 살아간다.

우리의 정원에서 자라는 식물은 대부분 온화하거나 서늘한 온대 지역에서 온 것이다. 이런 범위 안에서는 식물마다 지니는 내성의 범위가 매우 다양하지만, 대부분의 식물은 변덕스러운 여름 날씨와 매서운 겨울 날씨, 강풍과 많은 비뿐만 아니라, 가끔씩 나타나는 가뭄도 견딜 수 있을 것이다.

토양

토양은 단순히 땅이 아니라 온전한 생태계이다. 토양은 식물에 작용하는 외적 요인들 중 가장 중요한 활동 영역일 것이다. 토양은 공기, 물, 암석, 생명체가 모두 모이는 유일한 장소이다. 예부터 내려오는 말처럼, "답은 흙에 있다."

　토양의 주요 기능 중 하나는 생명체를 지탱하는 것이다. 그리고 토양에는 미생물에서부터 곤충, 지렁이에 이르기까지 온갖 생명체가 득실거린다. 식물이 단단히 뿌리를 내리고 안정적으로 서 있을 수 있는 매개체를 제공하고, 식물의 생장에 필요한 무기 양분과 다량의 물을 공급한다. 토양의 구조와 구성과 내용물은 매우 중요해서, 그것만을 연구하는 분야인 토양학이라는 학문이 따로 있다.
　정원을 가꾸기에 완벽한 토양은 흙을 파고 작업하기 쉽고, 봄에는 금방 따뜻해져 식물이 빨리 자랄 수

라부르눔 아나기로이데스*Laburnum anagyroides*, 금사슬나무

있고, 식물이 튼튼하게 자랄 수 있는 적당량의 물을 함유하고 있지만 배수가 잘돼 물이 고이지 않는 흙이다. 지력도 중요하다. 토양에 유기물이 많고 식물에 필수적인 양분이 풍부하면, 토양 구조에 좋을 뿐 아니라 그 토양에 살고 있는 동물상과 식물상에도 이롭다. 안타깝게도, 정원가는 이런 이상과는 거리가 먼 상황을 종종 마주하므로 시간과 노력을 들여 토양을 개선해야 한다.

토양은 왜 저마다 다 다른가?

　정원을 여러 곳에서 가꿔 본 사람은 토양이 지역마다 상당히 다를 수 있다는 것을 알 테다. 어떤 곳은 걸쭉하고 빽빽하며, 어떤 곳은 성글성글하고 물이 잘 빠진다. 토양은 매우 다양하며, 토양의 구성과 작용은 그 지역의 지질이나 지형은 물론 인간의 역사에 따라 다르다.
　지질학적으로 볼 때, 토양의 재료는 토양 아래에 있는 기반암의 풍화와 침식으로 만들어진 다양한 크기의 입자들이다. 대체로 토양은 이런 풍화된 고체들로 구성된다. 지형학적으로는 지표의 경관, 기후, 비바람에 노출되는 정도에 따라 토양의 침식과 퇴적과 배수 유형이 결정된다. 이런 지형학적 요인은 유기물의 퇴적 속도와 유형에도 영향을 줄 것이다.
　인간의 수준에서 볼 때, 사람들이 자연적인 토양 유형에 개입하는 방법으로는 경작과 토질 개선이 있다. 배수를 개선하고 비료를 첨가해 토양의 성분을 바꾸고 pH를 조절한다. 인간의 활동은 토양에 극히 해로운 영향을 줄 수도 있다. 식물을 제거해 침식이 더 많이 일어나기도 하고, 차량 통행으로 인해 토양의 공기가 모두 빠져나가 흙다짐이 일어나기도 한다. 지중해 유럽의 토양은 인간이 관리를 잘 못한 탓에 점차 토질이 나빠졌다고 여겨진다.
　다양한 토양을 묘사할 수 있는 몇 가지 방법이 있다. 대부분의 정원가는 아마 '토양 구조'와 '토성'이

라는 용어에 친숙할 것이다. 둘 다 토양의 유형을 나타내는 척도인데, 서로 영향을 끼치므로 함께 쓰인다. 토양 지도는 주어진 지역에 대한 토양 유형의 다양성과 특성을 보여 준다.

토양의 종단면

만약 토양에 충분히 깊게 구멍을 뚫으면, 토양의 수직 단면을 볼 수 있을 것이다. 이런 토양의 수직 단면을 통해 토양 구조와 지력에 관한 중요한 정보를 모을 수 있다. 토양의 단면은 깊이에 따라 변하고, 토양의 기원이 되는 광물은 기반암에 더 가까워질수록 더 뚜렷해진다. 토양의 종단면은 크게 두 부분으로 나뉜다.

표토

표토는 토양의 상층부이며, 일반적으로 식물이 뿌리를 내리고 대부분의 양분을 얻는 곳이다. 표토는 깊이가 다양하지만, 대부분의 정원에서는 삽날 하나의 깊이와 비슷한 15센티미터 정도이다. 토양에서 가장 비옥한 부분인 표토에는 유기물과 미생물이 가장 고농도로 집중되어 있다. 표토의 깊이는 지표에서부터 아래로 내려가다가 처음으로 나타나는 치밀한 토양층, 즉 심토까지의 깊이로 측정된다.

토양의 종단면은 정원가가 표토의 깊이를 결정하는 데 도움이 되며, 또 얼마나 배수가 잘되는 토양인지도 알려 줄 것이다. 경반(식물이 뚫고 지나갈 수 없는 장벽을 형성하는 단단한 토양층)의 존재를 확인할 수도 있고, 경작을 방해할 수도 있는 돌의 크기와 특성을 알 수도 있다. 표토 전체에 걸쳐 뻗어 있는 미세한 하얀 뿌리는 물과 공기가 잘 통한다는 것을 나타낸다. 표토의 색이 짙거나 검게 보인다면 유기물이 풍부하다는 증거이며, 대개는 지렁이도 많다. 지렁이는 토양에 공기를 통하게 하고, 유기물을 뒤섞어 놓는다. 심한 산성을 띠거나 물이 고여 있는 토양에는 지렁이가 없다.

표토에 있는 무기물은 종종 붉은색이나 주황색, 또는 노란색을 띠기도 한다. 푸른색이나 회색을 띤다면 배수가 좋지 않고 공기가 잘 통하지 않는다는 것을 나타내므로 좋지 않은 징조이며, 이런 토양에서는 악취가 날 수도 있다. 통기는 식물의 성장뿐 아니라 세균, 특히 공기 중 질소를 고정하는 세균의 활동을 위해서도 중요하다. 하얗게 침전된 무기물은 흔히 석회나 백악이라 불리는 탄산칼슘인 경우가 많다.

심토

심토는 표토와 마찬가지로 모래, 진흙, 실트 같은 다양한 크기의 입자들이 섞여 있지만, 더 조밀하여 공기층이 더 적다. 또, 유기물 함량이 매우 낮아 대개 표토와는 색이 다르다. 큰키나무처럼 뿌리를 깊게 내리는 식물의 뿌리가 있을 수 있지만, 대부분의 식물 뿌리는 심토까지는 내려오지 않는다.

심토 아래는 기층으로, 기반암과 기반암에서 떨어져 나온 덩어리들이 쌓여 있는 모질물이 있다. 어떤 지역에는 빙하나 강의 작용 같은 지질 활동으로 인해, 꽤 멀리 떨어진 곳의 기반암에서 유래한 토양이 쌓여 있을 수도 있다. 이런 경우에는 표토와 심토와 기반암의 광물 조성이 다를 수도 있다. 예를 들면, 기반암은 화강암인데 그 위에는 백악질 토양이 덮여 있는 것이다.

심토와 표토가 섞이면 토양 구조와 지력과 생물의 활동에 해로운 영향을 끼치므로, 정원가는 심토와 표토가 섞이지 않도록 주의해야 한다. 만약 그렇게 되면 토양이 회복되기까지 몇 년이 걸릴 수도 있다. 표토와 심토의 혼합은 정원을 조경할 때나 건축 작업에서 기초 공사를 할 때 쉽게 일어날 수 있다. 표토와 심토가 섞이지 않게 하려면, 먼저 표토를 제거하여 심토와 분리해야 한다. 잉글랜드 남부의 백악질 언덕 지대에 있는 일부 표토층은 두께가 매우 얇아 7.5센티미터 깊이 이상 쟁기질을 해서는 안 된다. 그보다 더 깊이 내려가면 백악질이 너무 많이 올라와서 수년 동안 해를 끼칠 수도 있다.

토성

'토성'은 토양 속에 있는 광물과 암석 입자의 상대적 비율을 가리킨다. 토성은 집에서도 쉽게 알아볼 수 있는데, 토양의 질감이 거칠거칠한지, 보드라운지, 찰기가 있는지를 손가락으로 쉽게 느낄 수 있기 때문이다.

암석 입자를 크기별로 분류하는 국제 토성 등급 체계는 1905년에 스웨덴의 화학자인 알베르트 아테르베리Albert Atterberg가 처음 제안했다. 이 체계에서는 지름 2밀리미터 이상은 돌, 2~0.05밀리미터는 모래, 0.05~0.002밀리미터는 실트, 0.002밀리미터 이하는 진흙으로 분류한다. 토양의 물리적 작용은 이 입자들 중 모래, 실트, 진흙 입자에 의해 결정된다. 토성은 이 입자들의 상대적 비율로 측정되며, 주어진 토양에 가장 많이 함유된 입자가 그 토양의 특성을 결정한다. 일반적으로, 모래와 작은 돌 같은 큰 입자는 통기와 배수를 담당하고, 진흙 같은 미세한 입자는 물과 식물 영양소를 결합하는 역할을 맡는다.

병꽃나무속Weigela은 진흙과 실트 토양에 이상적이며, 모든 유형의 토양 pH에 적합하다.

쓸모 있는 식물학

흙을 한 움큼 떠서 물을 조금 적시고 손으로 뭉쳐 공 모양을 만들어 보자. 만약 공 모양이 제대로 만들어지지 않는다면 그 흙은 모래 함량이 높은 사질 토양이다. 공 모양이 만들어지면, 흙덩이를 굴려 소시지처럼 길게 늘인 다음 고리 모양을 만들어 보자. 만약 고리가 만들어진다면, 그 흙은 점토 함량이 높은 토양이다. 만약 길쭉한 모양이 불안정하여 부스러지거나 고리가 만들어지지 않는다면, 그 흙은 여러 종류의 입자가 섞여 있는 것이다. 그러면서 부드럽게 느껴진다면, 그 흙은 실트 함량이 높은 토양이다.

이 세 가지 토양 유형이 극단적으로 나타날 때에는 전부 문제가 되겠지만, 이런 특징들이 알맞은 비율로 섞여 있으면 서로 보완될 수 있다. 이 세 입자 유형이 적절하게 섞여 있는 흙을 양토라고 한다. 양토는 비옥하고 배수가 잘되고 작업하기가 쉬워서 정원가에게 좋다. 토성은 12유형으로 분류된다(도표를 보라).

사토

말라 있으면 손가락 사이로 흘러내리고 물기가 있어도 찰기가 없다.

양질 사토

물기가 있으면 적당량의 점토가 약간의 응집력을 만든다.

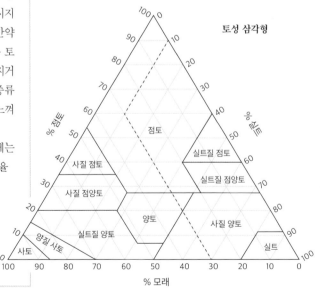

토성 삼각형

% 점토 · 응집트 · 점토 · 실트질 점토 · 사질 점토 · 실트질 점양토 · 사질 점양토 · 양토 · 사질 양토 · 양질 사토 · 실트질 양토 · 사토 · 실트

% 모래

사질 양토

공 모양으로 잘 뭉쳐지지만 찰기가 없어 엄지와 검지로 누르면 부서진다.

양토

공 모양으로 쉽게 뭉쳐지고 약간 찰기가 있다. 조금 부스러지기는 해도 소시지 모양으로 늘일 수 있지만, 구부러지지는 않는다.

실트질 양토

양토와 비슷하지만 질감이 더 매끈하고 부드럽다.

사질 점양토

소시지 모양으로 만들 수 있고, 조심스럽게 받치면 구부릴 수도 있다. 찰기가 있지만 모래의 거칠거칠한 질감도 있다.

점양토

위와 비슷하지만 덜 거칠다.

클리안투스 푸니케우스*Clianthus puniceus*(앵무새부리꽃)는 사질 토양에서 기르기에 적합한 반덩굴성 상록 관목이다.

실트질 점양토

위와 비슷하지만 비누처럼 미끌미끌하다.

실트

매우 미끄럽고 부드럽다(순수하게 실트로만 이루어진 토양은 정원에는 드물다).

사질 점토

쉽게 소시지 모양으로 만들 수 있고 고리 모양으로 구부러진다. 거칠거칠한 모래의 질감이 뚜렷하게 느껴진다.

점토

진흙 함량이 중간 정도인 점토는 위와 비슷하지만 거칠거칠하지 않고 찰기가 있어 문지르면 표면에 윤기가 흐른다. 진흙 함량이 높은 점토는 매우 끈끈해 어떤 모양이든지 쉽게 성형할 수 있다. 표면에 지문이 남을 수도 있다.

실트질 점토

점토와 마찬가지로 대단히 끈끈하지만 비누처럼 미끌미끌한 느낌이 뚜렷하다.

사토'

경토[농작업에 힘이 덜 필요한 토양]로 알려진 사토에서는 식물을 재배하기 쉽다. 사토는 봄에는 점토에 비해 훨씬 더 빨리 따뜻해지지만, 수분을 잘 머금지 못해 매우 빨리 마른다. 또, 사토는 식물 영양소가 적은 편인데, 토양 속에 영양소와 결합할 것이 없어 영양소가 빗물에 금세 씻겨 내려가기 때문이다. 푸슬푸슬한 토성으로 인해 침식이 잘 일어난다는 문제도 있다. 사토는 종종 산성을 띠기도 한다.

사토의 수분과 양분 보유력은 유기물을 넉넉히 추가하면 개선할 수 있다. 푸슬푸슬한 모래 알갱이와 결

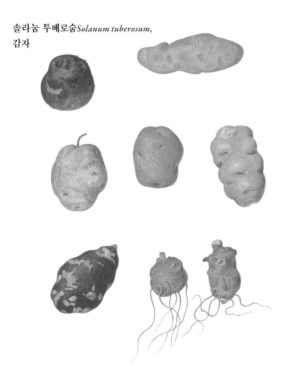

솔라눔 투베로숨*Solanum tuberosum*, 감자

합된 유기물은 더 잘 뭉쳐지는 비옥한 흙을 만들어 토질을 개선한다. 사토는 봄에 빨리 따뜻해져서 일찍 심는 감자나 딸기 같은 작물에 이상적인 흙이고, 특히 해가 나는 쪽으로 땅이 기울어져 있으면 더 좋다.

점토

중토라고 알려진 점토는 입자가 매우 작아 화학적 활성이 높다. 점토는 무기질 이온(영양소)을 붙잡아 두고 토양 입자들이 서로 결합될 수 있도록 중요한 역할을 하며, 이런 이유에서 점토가 함유된 토양은 아주 비옥한 편이다. 점토는 입자들 사이의 미세한 공간에 생기는 모세관 인력 때문에 많은 양의 물을 머금을 수도 있다.

점토는 젖으면 찰기가 생기고 물이 잘 빠지지 않는다. 물이 잘 빠지지 않으면 장마철에는 매우 질척해지거나 물이 고일 수도 있다. 이런 상태가 되면, 흙이 다져질 수도 있어 그 흙에서 작업을 하거나 걸어 다녀서는 안 된다. 여름에 토양이 건조해지면 점토 입자는 다른 입자들보다 서로 더 잘 달라붙는 경향이 있다. 그러면 토양이 단단하게 굳어 물이 투과하지 못하게 된다.

무거운 점토에서는 작업하기가 어려울 수도 있지만, 점토 함량이 높은 흙은 타고난 토질이 좋고 영양분이 많아 정원 일을 하기에 가장 좋은 흙에 속한다. 점토의 무거운 성질을 개선하려면 잘 썩은 유기물을 많이 파묻고, 모래도 섞어 주어야 한다. 그러면 점토가 더 작고 부슬부슬한 덩어리로 부스러지면서 전체적인 토양 구조가 개선될 뿐 아니라, 점토 입자 속에 들어 있는 물과 양분을 식물의 뿌리가 곧바로 이용할 수 있게 만드는 데도 도움이 될 것이다.

실트질 토양

실트질 토양은 비옥하고 배수가 꽤 잘되며, 사토보다 수분과 양분을 더 많이 보유한다. 단점으로는, 다져지기가 쉽고 침식이 잘 일어난다는 점을 들 수 있다. 다른 토양 유형과 마찬가지로, 토양 구조와 토질을 개선하려면 퇴비 같은 잘 썩은 유기물을 정기적으로 추가해 주어야 한다.

백악질 토양

백악질 토양은 다른 기준으로 생각해야 한다. 백악은 입자의 유형이 아니라 암석 또는 광물의 일종이다. 백악은 아주 작은 바다 생물의 껍데기나 골격으로 만들어지는데, 잉글랜드 남서부와 같은 백악질 토양은 그 지역이 바다로 덮여 있을 때 살았던 생물의 잔해가 무수히 많이 쌓여 형성된 것이다. 토양 속에 함유된 백악은 토양의 pH를 강염기성으로 만들 수 있다. 그렇게 되면 참나무는 버틸 수는 있어도 잘 자라지는 못하고, 자작나무와 로도덴드론은 사실상 생길 수도 없으며, 장미는 제대로 번성할 수 없다.

백악질 토양은 배수가 잘돼서 봄에는 빨리 따뜻해지고 빨리 얼기도 하며, 작업하기가 쉽다. 그러나 백악질 토양에서는 유기물이 빨리 썩어 없어져 다량의 유기물을 정기적으로 추가해 주어야 한다. 해마다 토양에 넣어 주어야 하는 유기물의 양은 대다수의 정원가들이 생각하는 것보다 훨씬 더 많다. 그리고 백악질 토양에 만들어진 정원만큼 추가적인 양분에 욕심을 내는 정원도 없다.

유기물이 주를 이루는 토양도 있다. 토탄 늪이나 소택지에는 죽은 식물의 잔해가 충분히 썩지도 못하고 토양 속에 쌓여 있다. 토탄은 그런 토양에서 나온다. 유기물에 관한 고려가 없다는 점이 토성 측정 체계의 중요한 단점 중 하나이다.

토양 구조

토양 구조는 토성의 요소들(입자들)이 서로 얼마나 잘 결합되어 있는지로 결정된다. 유기물과 점토가 있으면 입자들이 서로 뭉쳐 '설립상屑粒狀 구조'가 되고, 설립상 구조 속 공극의 연결망을 통해 물과 물에 녹아 있는 영양분과 공기가 순환될 수 있다.

토양 구조는 수분 보유, 양분 공급, 통기, 빗물의 침투와 배수를 통해 식물의 뿌리에 공급되는 자원에 영향을 준다. 다시 말해, 전체적인 토양의 생산성을 결정하는 것이다. 구조가 좋은 토양은 전체 공간의 약 60퍼센트를 공극이 차지한다. 구조가 나쁜 토양은 공극의 비율이 20퍼센트 이하인 경우도 있다. 뿌리와 지렁이와 미생물의 작용은 토양 구조에서 중요한 역할을 하며, 추위와 더위로 인한 토양의 수축과 팽창도 마찬가지이다. 경작은 토양 구조의 개선에 도움이 된다.

잘 썩은 유기물을 넣어 주는 것은 토양 구조를 개선하는 한 방법이다. 특히 한 종류의 입자(모래, 실트, 점토)가 풍부할 때 효과가 좋다. 점토는 (설립상 구조를 형성하기 위한) 토양의 '응집'에 도움이 되며, 석회나 석고를 추가하는 것도 좋다. 칼슘 이온은 음전하를 띠

는 점토 입자를 끌어당겨, 응집이 잘 일어나게 한다.

토양 구조는 젖었을 때 가장 취약한데, 응집제(설립상 구조를 서로 결합시키는 '접착제')가 물에 녹을 수 있기 때문이다. 젖은 흙 위를 걷기만 해도 토양 구조가 손상되어 흙다짐과 캐핑(표토가 이겨지면서 단단한 층으로 변하는 현상)이 일어날 수 있다. 이런 이유로, 비가 오는 날에는 중토를 갈면 절대 안 된다. 배수가 잘되는 토양은 젖어 있을 때 손상을 덜 입는 편이며, 응집제가 물에 녹을 위험도 적다. 만약 흙이 장화에 달라붙으면, 땅을 갈기에는 너무 축축한 상태라는 것을 기억하자.

토양 구조는 크게 판상, 괴상, 주상, 설립상이라는 네 종류로 나뉜다. 앞의 세 종류의 구조는 심토에서만 발견되며, 학문적인 관심 외에는 정원가와 크게 관련이 없다. 그러나 설립상 구조는 표토에 나타나서 매우 중요하다. 작은 알갱이들이 둥글게 뭉쳐 있는 설립상 구조에는 공극이 잘 발달해 있다. 설립상 구조는 영어로 crumb이라고 하는데, 그 이름에서 알 수 있듯이 빵 부스러기와 비슷한 모양을 하고 있으며, 질 좋은 표토를 만든다. 이런 토양은 갈퀴질을 하면 씨를 뿌리기에 완벽한 좋은 경작지를 만들 수 있다.

벤트리코사비비추
(호스타 벤트리코사Hosta ventricosa).
비비추 종류는
비옥하고 촉촉하지만
배수가 잘되는
토양이 필요하다.

토양의 pH

정원가들은 pH라는 용어를 대단히 많이 들을 것이다. pH는 산성도와 염기성도의 측정 단위이며, 0~14의 숫자로 표현된다. pH 값이 0이면 대단히 강한 산성을 띠는 것이고, 7은 중성, 14는 강한 염기성이다. 대부분의 토양은 3.5~9의 범위에 있다. 대부분의 식물을 위한 최적의 pH 범위는 5.5~7.5이다. '백악질'과 '호석회성'은 염기성 토양과 관련된 용어이고, '진달랫과'와 '혐석회성'은 산성 토양을 나타낼 때 쓰인다.

바키늄 울리기노숨*Vaccinium uliginosum*, 들쭉나무

토양의 pH는 대체로 모암과 그 모암에서 침출된 무기질 이온에 의해 조절된다. 마그네슘과 칼슘 이온이 가장 중요하며, 백악이나 석회암처럼 칼슘이 풍부한 토양은 pH 값이 큰 편이다(염기성). 대부분의 토양은 산성도가 pH 4 이하로 떨어지기 어렵고, pH 값이 8 이상인 염기성 토양도 드물다.

토양의 산성도와 염기성도는 다양한 무기물의 용해도를 조절하므로 토양의 작용에 매우 중요한 영향을 끼친다. 즉, pH 값에 따라 식물이 뿌리로 흡수할 수 있는 무기물과 흡수할 수 없는 무기물의 종류가 달라진다는 것을 의미한다. 그래서 어떤 식물은 산성 토양에서 잘 자라고(이런 식물을 혐석회성 식물이라고 부른다), 어떤 식물은 그렇지 못하다(호석회성 식물).

토양의 pH는 (칼슘 이온의 활용 가능성을 통해) 토양 구조에도 영향을 주고, 토양 유기물의 활동과 양분의 재활용에도 영향을 준다. 어떤 식물은 토양의 pH에

별로 구애 받지 않지만, 어떤 식물은 아주 까다롭다. '진달랫과' 식물은 산성 토양에서만 자란다고 알려져 있으며, 로도덴드론과 블루베리(산앵도나무속*Vaccinium*)가 진달랫과에 속한다. 식물에 따라 선호하는 pH 농도가 있기는 하지만, 필수적인 것은 아니다. 이를테면, 많은 과실수가 약산성(pH 6.5 정도) 토양에서 수확량이 더 많아진다.

토양의 pH는 토양의 기반암에 의해 결정되며, 말 그대로 반석과 같다. 오르내리거나 변하는 일이 매우 드물다. 토양을 산성화하는 황이나 토양의 pH를 높여 주는 석회 같은 광물 첨가제를 이용하면 토양의 pH에 영향을 줄 수는 있지만, 비용이 꽤 많이 들기도 하고 비교적 짧은 시간 안에 pH가 원상태로 돌아갈 수도 있다. 이미 썼던 버섯 배지를 이용한 퇴비(염기성) 또는 솔잎(산성)처럼 pH가 높거나 낮은 유기물을 첨가해도 토양의 pH에 크게 영향을 주지 않는다. 기르고 싶은 식물이 토양의 pH와 잘 맞지 않을 때 정원가가 할 수 있는 최선의 방법은, 그 식물이 요구하는 pH의 흙이 담긴 화분에서 기르는 것이다.

토양의 pH를 알고 싶다면 가까운 정원용품점에서 검사 키트를 구입하여 손쉽게 검사할 수 있다. 정원 곳곳에서 몇 센티미터 깊이의 흙 표본을 채취하여 각각의 pH를 검사한 다음 평균을 내면 된다. 정원이 아주 넓은 경우에는 토양의 pH가 장소에 따라서 큰 차이를 나타낼 수도 있다.

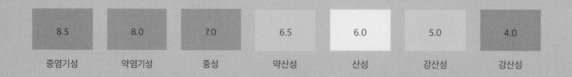

8.5	8.0	7.0	6.5	6.0	5.0	4.0
중염기성	약염기성	중성	약산성	산성	강산성	강산성

지력

식물은 뿌리를 통해 토양의 무기 양분을 모두 흡수하므로, 토양의 지력은 식물과 그 생장에 직접적인 영향을 끼친다.

그리고 지력은 앞서 설명한 바와 같이 토성, 토양 구조, 토양의 pH에 의해 결정된다. 따라서 정원가는 토양에 비료를 주는 것만으로는 최상의 결과를 기대하기 어렵다. 훌륭한 정원을 가꾸려면 그 토대가 되는 토양을 먼저 잘 보살펴 주어야 한다.

유기물과 부식腐植

부식은 어느 정도 분해되어 안정된 상태에 있는 토양 속 유기물이다. 부식은 색이 진하며, 토양 속에 있는 세 가지 유기물 중 하나이다. 다른 두 가지 유기물은 분해되지 않은 신선한 식물과 동물의 잔해, 그리고 그런 유기물이 완전히 분해되어 형성된 화합물이다. 부식은 이 모든 유기물의 상호작용으로 만들어진 결과물로, 더 오랜 시간에 걸쳐 계속 분해된다.

모든 유기물은 결국에는 미생물에 의해 이산화탄소와 무기염류로 분해된다. 이런 무기염류는 중요한 식물 영양분이다. 반면, 대부분의 유기물은 비료에 비해 식물 영양분의 함량이 적다. 적당히 분해되지 않은 유기물은 지렁이, 민

트릴륨 에렉툼*Trillium erectum*,
붉은연영초
연영초는 삼림 지대에서 자생하며, 다량의 유기물이 추가되어 부식이 풍부한 토양이 필요하다.

달팽이, 달팽이 같은 토양 속 생물의 중요한 먹이가 된다. 일부 미생물은 유기물을 분해할 때 끈끈한 점액질을 만드는데, 이 점액질은 흙 알갱이들을 서로 달라붙게 해서 토양의 설립상 구조를 개선하고 공기가 더 잘 통하게 한다.

부식 속에 들어 있는 풀브산과 부식산은 점토 같은 토양 입자와 결합하여 토양 입자의 물리적 특성을 변화시키므로, 설립상 구조에 추가적인 영향을 준다. 부식이 첨가된 점토는 점성이 줄어들고 통기성이 더 좋아진다. 중금속에 오염된 토양에는 때로 유기물이 처리되기도 한다. 유기물이 중금속 이온과 강력한 화학적 결합을 형성해 중금속의 용해도를 줄일 수도 있기 때문이다.

부식은 무게의 90퍼센트까지 수분을 유지할 수 있어, 부식이 있으면 토양의 수분 함량 증가와 양분 유지에 도움이 된다. 부식이 풍부한 토양은 색이 더 짙어진다는 이점도 있다. 짙은 색의 토양은 봄에 더 많은 태양 에너지를 흡수하고 더 빨리 데워진다.

부식이 분해되는 속도는 여러 요소의 영향을 받는다. 극단적인 산성도, 물 고임, 양분 부족 같은 조건은 미생물의 활동을 저해할 수 있다. 그러면 지표면에 신선한 잔해들이 계속 쌓이고, 극단적인 경우에 위치에 따라서는 토탄이 형성되기도 한다. 이런 토양은 석회나 비료를 첨가하고 배수를 개선하면 더 나아질 수 있다.

일반적으로 숲의 토양이 유기물 농도가 가장 높고, 그다음에는 초지, 농지의 순이다. 사토는 점토에 비해 유기물이 더 적다. 토양의 유기물 함량을 증가하는 데 정원가가 사용할 수 있는 쉽고 효과적인 방법은 잘 썩힌 동물 배설물과 썩힌 낙엽 같은 퇴비를 다량 뿌려 주는 것이다. 이런 퇴비는 파묻어도 되고, 땅을 덮듯이 뿌려 지렁이가 땅속으로 끌고 들어가게 두어도 된다.

질소 순환

 질소는 공기 중에 풍부하지만 공기 중의 질소를 바로 흡수할 수 있는 식물은 상대적으로 드물다. 공기 중 질소를 이용하려면, 뿌리를 통해 질소를 받아들일 수 있는 형태가 되어야 하기 때문이다. 질소의 공급은 유기물의 부패나 질소 고정 세균의 작용, 또는 비료를 통해서도 일어날 수 있다.

 '질소 순환'은 질소가 한 화합물에서 다른 화합물로 변환되는 과정을 보여 준다. 이 과정은 주로 토양에서 일어나고 세균이 중요한 역할을 한다. 구조가 좋은 토양의 장점은 토양 속 작은 공극을 통해 다량의 공기가 들어갈 수 있고, 생물학적 상호작용이 일어날 표면적이 더 넓다는 것이다.

 대기 중 질소(N_2 형태)에서 시작되는 질소 순환은 토양 속 세균에 의해 먼저 암모니아(NH_3)로 전환(또는 고정)되고, 그다음에 아질산염(NO_2), 질산염(NO_3)의 순서로 전환된다. 동식물의 잔해에서 유래한 질소 폐기물도 같은 과정을 통해 전환된다. 질산염이나 암모늄염 속 질소는 식물의 뿌리털을 통해 흡수되어 유기 분자를 만드는 데 이용될 수 있다.

 암모니아, 아질산염, 질산염은 낙뢰, 화석 연료의 연소, 비료를 통해서도 만들어진다. 식물이 죽거나 다른 동물에 먹히면, 고정되어 있던 질소는 토양으로 돌아간다. 그리고는 유기체와 토양 사이에서 몇 번 순환하다 결국에는 탈질소 세균의 작용으로 N_2 형태로 대기 중으로 돌아간다.

 질산염은 물에 대단히 잘 녹고 토양에서 쉽게 씻겨 강이나 시내로 들어간다. 질소 함량이 높은 비료를 많이 뿌린 토양에서 침출된 물이 수로로 들어가면, 부영양화라고 알려진 심각한 환경 문제가 일어날 수도 있다. 부영양화는 종종 조류의 대발생을 일으키기도 하는데. 수중에 갑자기 양분이 많아져 조류가 급격히 증가하면 심각한 수질 악화를 초래한다. 그로 인해 어패류를 포함한 수많은 수생생물과 함께, 그 수생생물을 먹고 사는 육상동물까지도 죽을 수 있다.

토양 첨가제

 때로는 비료를 토양 첨가제에 포함시키기도 하지만, 일반적으로 비료는 토양보다는 식물에 주는 것이다. 진정한 토양 첨가제는 석회나 농장 한편에 쌓아둔 거름이며, 이런 것들은 토양을 개선하는 데 쓰인다.

석회
 석회의 가장 중요한 효과는 토양의 pH에 영향을 주는 것이다. 그래서 석회는 일반적으로 산성 토양에 첨가하여 토양의 pH를 높여 주고, 토양의 양분을 더 풍부하게 해 준다. 다만 토양에 석회를 과도하게 섞으면 오히려 역효과가 일어나 영양 부족을 초래할 수도 있다는 점을 알아야 한다. 따라서 석회를 첨가하기 전에는 반드시 토양의 pH를 측정해야 한다. 한편, 석회는 정원에서 다른 용도로 사용될 수도 있는데, 무거운 점토에 석회를 첨가하여 토양 구조를 개선하기도 한다(143쪽을 보라).

 석회는 지렁이와 질소 고정 세균의 유익한 활동

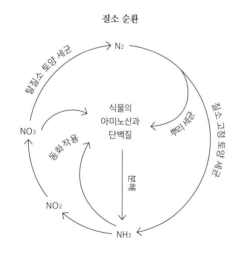

질소 순환

질소 순환은 주로 토양에서 일어나며, 질소가 어떤 화합물들을 거쳐 전환되는지를 설명한다.

브라시카 올레라케아*Brassica oleracea*, 관상용 케일

을 촉진하는 것으로도 알려져 있다. 또, 특정 식물의 생장 조건을 개선하여 병충해가 덜 일어나게 만들어 주기도 한다. 배추속 식물의 뿌리 혹병이 좋은 사례이지만, pH가 높아지면 수확량이 줄어들 수 있다는 점도 염두에 두어야 한다.

다양한 형태의 석회를 구할 수 있는데, 모두 유효 성분인 칼슘을 포함하고 있다. 탄산칼슘이 가장 흔히 구할 수 있는 형태이며, 백악이나 석회암을 분쇄한 형태로도 구입할 수 있다. 생석회를 이용할 수도 있지만, 생석회는 반응성이 매우 높아 다루기가 까다롭고 위험하다. 소석회는 효과가 빠르지만 식물의 잎을 누렇게 마르게 할 수도 있다.

석회는 맨땅에 첨가하는 것이 더 좋고, 1년 중 어느 때라도 상관없지만 가을이나 겨울에 뿌려 주는 것이 가장 좋다. 동물 배설물과 함께 뿌리는 것은 피해야 한다. 화학작용이 일어나, 동물 배설물 속의 유용한 질소가 암모니아 기체로 바뀌어 날아갈 수 있기 때문이다. 석회와 동물 배설물은 적어도 몇 주 간격을 두고 따로 뿌려야 한다. 비슷한 이유에서, 거름 더미에 석회를 뿌리는 것도 질소 함량을 격감시켜 더 이상 권장되지 않는다.

대량의 유기물

여기에는 동물 배설물이나 가정에서 만든 거름 같은 모든 범위의 토양 개선제가 포함된다. 주변의 식물 쓰레기, 짚, 건초, 버섯 배지, 맥주 양조에 쓰인 홉 같은 식물 폐기물을 썩혀 만든 퇴비도 대체로 괜찮다.

토양에는 썩힌 유기물만 첨가해야 한다는 점을 기억하자. 신선한 유기물은 먼저 처리를 해 주어야 하는데, 2년 이상 거름 더미에 넣어 두면 그런 처리가 될 수 있다. 나무를 태운 재(재거름)에는 칼륨과 미량 원소들이 많아, 거름 더미에 조금만 첨가하는 것이 유용하다. 또, 재거름은 석회와 같은 효과가 있어 석회처럼 이용할 수도 있고, 겨울에 맨땅에 뿌려 주어도 좋다.

동물 배설물

동물 배설물은 토양에 사용하기 전에 잘 썩혀야 하고, 토마토나 장미처럼 가장 먹성 좋은 정원 식물에 유용하다. 이제 영국의 여러 지역 당국에서는 다른 생활 쓰레기와 함께 식물 폐기물도 함께 수거하지만, 정원용 퇴비를 만드는 것은 정원에서 나오는 쓰레기를 처리하는 매우 좋은 방법이다. 거름은 쉽게 만들 수 있으며, 다양한 형태의 거름통도 판매되고 있다. 거름을 만드는 다른 방법으로는 보카시ぼかし(음식물 쓰레기에 발효균을 첨가하여 숙성시키는 방법)와 지렁이를 이용하는 방법이 있다.

부엽腐葉

부엽도 쉽게 대량으로 만들 수 있는데, 낙엽을 쌓아 놓고 그대로 썩히면 된다. 낙엽은 균류의 작용에 의해 천천히 썩으므로, 부엽을 만드는 일은 최소 3년이 걸리는 점진적인 작업이다. 공기가 잘 통하는 거름 더미에서 일어나는 세균의 작용과 달리, 균류는 낙엽 더미의 온도를 크게 올리지 않는다. 부엽은 정원용 퇴비보다 만드는 시간이 더 오래 걸리기는 하지만, 처음에 쌓아 놓고 난 뒤에는 뒤적거릴 필요 없이 그대로 방치해도 된다는 장점이 있다. 그러면 토양 구조를 개선해 주는 훌륭한 첨가제가 된다.

토양의 수분과 빗물

모든 식물에는 규칙적으로 물을 공급해야 한다. 식물은 잎을 통해 약간의 수분을 흡수할 수도 있지만, 물은 주로 토양을 통해 얻는다. 정원에서는 토양을 잘 관리하기만 하면 식물이 쉽게 수분을 얻을 수 있지만, 건조한 시기가 오래 지속되거나 가뭄이 들면 물을 보충해 줘야 할 수도 있다. 화분에서 자라는 식물은 뿌리가 물을 찾아 뻗어 나갈 수 없어 훨씬 더 쉽게 말라 죽을 수 있고, 모든 물과 양분을 전적으로 정원가에게 의존한다.

토양이 습하거나 젖어 있어도 뿌리가 토양의 수분을 빨아들이지 못할 수 있고, 그러면 식물이 시들기 시작할 것이다. 이런 현상은 점토 입자가 수분을 너무 단단히 붙잡고 있는 무거운 점토에서 볼 수 있다. 또, 뿌리가 병충해를 입어 손상되었을 때나 토양이 물에 잠겨 있을 때도 뿌리가 썩거나 죽을 수 있다.

어린 식물은 수분 결핍 스트레스를 이기지 못하고 말라 죽기 더 쉬운데, 뿌리가 작고 잘 발달하지 않아서 토양 속 깊은 곳까지 뻗어 내려가지 못하기 때문이다. 잘 자란 식물, 특히 여러 큰키나무와 떨기나무는 물을 찾아 토양 속으로 더 깊이 들어갈 수 있어, 수분 결핍 스트레스를 덜 받는다. 그러나 헤더와 에리카(칼루나속과 에리카속), 동백, 수국, 로도덴드론처럼 뿌리가 얕은 떨기나무와 여러 종류의 구과식물은 쉽게 마르고 시든다.

물이 포화 상태인 토양

토양이 물에 완전히 잠기거나 홍수가 나면, 물이 토양 속의 공기를 몰아내면서 뿌리에는 식물이 잘 자라는 데 필요한 산소가 부족해진다. 뿌리가 휴면을 취하는 겨울에는 토양이 물에 잠겨 있어도 치명적인 손상이 생기기 전까지는 비교적 오랫동안 살아남을 수 있지만, 식물에 많은 물이 필요한 여름에는 토양이 며

칠만 물에 잠겨 있어도 치명적일 수 있다. 공극이 침해되지 않은 상태에서 수분을 최대로 함유한 토양을 '포장 용수량'에 있다고 한다.

시듦점

토양의 시듦점은 식물이 시들지 않고 그 토양에서 살아갈 수 있는 최소한의 수분량으로 정의된다. 더운 날씨에 토양이 말라 시듦점 이하의 환경이 되면 가뭄이라고 묘사할 수 있다. 가뭄이 오래 이어지는 동안에는 영구 시듦점을 넘어설 수도 있는데, 그런 식물은 팽만성을 회복하지 못하고 죽을 수도 있다. 토양의 수분 함량이 위험한 수준으로 낮아지기 시작하면, 식물은 수분 손실을 줄이려고 잎의 기공을 닫는다. 허나 기공이 완전히 닫히는 일은 드물어서, 어떻게든 수분 손실은 일어날 것이다.

처음으로 나타나는 증상은 잎이 시드는 것이다. 뒤이어 잎과 눈이 죽고, 마지막으로 줄기 또는 식물 전

쓸모 있는 식물학

물주기

식물에 물을 줄 때는 확실하게 잘 주는 것이 중요하다. 물은 살짝만 주면 토양 표면 근처에만 머물러 있고, 토양 종단면으로 봤을 때 뿌리에 가장 이로운 깊이까지는 내려가지 않는다. 이런 가벼운 물주기만 정기적으로 반복하면, 뿌리가 토양 표면 쪽으로 자라는 결과를 초래해 건조한 시기에 식물을 더 취약하게 만들 수도 있다.

빗물은 대체로 pH 5 정도의 산성을 띠지만, pH 4까지도 내려갈 수 있다. 빗물이 산성인 까닭은 기본적으로 황산과 질산 때문인데, 이 두 가지 강산은 대기 중에서 자연적으로 발생하기도 하고 인위적으로 만들어지기도 한다. 식물에는 너무 염기성일 수도 있는 수돗물보다는 빗물이 대체로 더 낫다.

체가 죽는다. 대개는 뿌리에서 가장 멀리 있는 부분이 맨 먼저, 가장 심각하게 영향을 받는다.

가뭄에 대해 식물이 보이는 반응 중 가장 극단적인 것으로, 나뭇가지들이 모두 떨어져 나가는 현상이 있다. 이는 오스트레일리아의 붉은유칼립투스나무(*Eucalyptus camaldulensis*)에서 볼 수 있는데, 이 나무의 별명은 불길하게도 '과부 만드는 나무'이다. 영국에서는 가물어도 나뭇가지가 떨어지는 일은 드물다. 하지만 매우 건조하고 더웠던 2003년 여름, 왕립 원예학회의 위슬리 수목원 입구에 있던 큰 참나무의 가지 하나가 기념품점 지붕 위로 갑자기 떨어진 일이 있었다. 다행히 다친 사람은 아무도 없었다.

가뭄에 대한 저항성과 건생식물

건조한 지역에 사는 식물은 건조한 날씨와 탈수로부터 스스로를 보호하려고 무수히 많은 방식의 적응을 보여 준다. 이런 식물을 건생식물이라고 부른다.

건생식물은 다른 식물에 비해 전체 잎의 표면적이 작다. 원통선인장처럼 가지의 수가 훨씬 줄어들 수도 있고, 잎이 작거나 퇴화하기도 한다. 선인장에서는 잎이 가시로 퇴화한 극단적인 사례를 볼 수 있다.

잎이 있는 건생식물은 두꺼운 밀랍 같은 큐티클이나 솜털 같은 것으로 덮여 있을 수 있다. 이런 솜털은 물을 가둬 두거나 흡수하는 역할을 해서, 식물 주위에 공기를 더 습하게 만들고 공기의 흐름을 감소시켜 증발과 증산작용이 일어나는 속도를 줄인다. 어떤 식물은 향이 나는 휘발성 기름을 분비하기도 한다. 잎의 표면을 덮고 있는 이런 기름은 수분 손실의 방지에 도움이 되며, 지중해 지역의 식물에서 많이 볼 수 있는 적응이다. 은색이나 흰색 같은 연한 색을 띠는 잎은 태양빛을 반사하여 잎의 온도를 낮추고 증발을 줄인다.

다육식물은 줄기나 잎에 물을 저장하며, 때로는 변형된 땅속줄기에 물을 저장하기도

한다. 알뿌리, 뿌리줄기, 덩이줄기 식물은 날씨가 가물어지면 대개 휴면을 하는데, 가뭄이 지나갈 때까지만 땅속에서 휴면하면서 가뭄을 피하는 이런 식물은 진정한 건생식물이 아니다.

많은 건생식물이 크레슐라산 대사라고 알려진 특별한 물질대사를 한다. 크레슐라산 대사는 일반적인 광합성 과정과 다르다. 기공은 (기온이 훨씬 더 낮아지는) 밤에만 열리고, 그동안 식물은 이산화탄소를 저장해 낮에 광합성을 할 수 있도록 한다. 또한, 기공은 우묵한 구멍 속에 있어 환경에 덜 노출되도록 만들어져 있다.

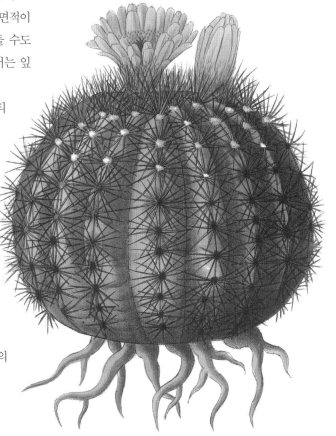

원통선인장에 속하는 에키노칵투스속*Echinocactus*은 줄기를 만들지 않는다. 잎은 수분 손실을 최소화하려고 가시로 퇴화했다.

존 린들리
1799-1865

잉글랜드의 식물학자 존 린들리John Lindley는 영국의 식물학과 원예학에 다방면으로 지대한 영향을 끼쳤고, 초기 왕립 원예학회의 중요한 일원이었다.

린들리는 잉글랜드 동부의 노리치 근처에서 태어났고, 그의 아버지는 보육원을 운영하면서 그 지역에서 과일 판매 사업을 했다. 린들리는 식물을 좋아했다. 그는 아버지의 일을 도우면서 여가 시간에는 야생화를 채집했다. 그의 아버지는 원예를 잘 알고 있었지만, 사업은 잘되지 않아 그의 가족은 항상 빚에 시달렸다. 린들리는 대학에 다니려던 뜻을 접어야 했다. 대신 그는 16세에 런던의 한 종자 상인의 대리인이 되어 벨기에로 갔다.

잉글랜드로 돌아오는 길에 그는 식물학자인 윌리엄 잭슨 후커 경을 만났는데, 후커는 그의 식물학 도서관을 린들리가 이용할 수 있게 해 주었다. 린들리는 후커의 소개로 조지프 뱅크스 경의 식물 표본실에 보조 사서로 고용되었다. 린들리는 뱅크스의 집에서 장미와 디기탈리스를 집중적으로 연구했고, 처음으로 출판물들을 만들기도 했다. 그런 출판물로는 신종에 대한 설명과 그가 직접 그린 식물화가 실려 있는 『장미 연구Monographia Rosarum』, 『디기탈리스 연구Monographia Digitalium』, 『사과나무족 관찰Observations on Pomaceae』이 있다. 이 책들에서 그는 뛰어난 분류학적 판단과 세밀한 관찰력을 보여 주었고, 대학 교육을 받지 않았는데도 라틴어와 영어로 된 용어들을 정확하게 사용했다. 이와 함께 『식물 명부Botanical Register』라는 잡지에도 글을 기고하면서, 그는 순식간에 국제적인 찬사를 받으며 뛰어난 식물학자라는 명성을 얻었다.

린들리는 이 시기에 조지프 서빈Joseph Sabine을 만났다. 열정적인 장미 육종가이자 런던 원예학회(왕립 원예학회의 전신)의 회장인 서빈은 린들리에게 식물학적인 장미 그림을 그려 줄 것을 의뢰했다. 1822년에 린들리는 이 학회에서 런던 치즈윅에 설립한 새 식물원의 부원장으로 임명되어 그곳의 식물들을 관리했다. 또, 그는 꽃과 관련된 여러 행사를 기획하기도 했는데, 잉글랜드 최초의 화초 전시회였던 이런 행사들이 발전하여 현재의 유명한 왕립 원예학회 화초 전시회에 이르렀다.

6년 후, 그는 런던 왕립학회의 회원으로 선출되었고, 새롭게 설립된 런던 대학교의 식물학 교수로 임명되었다. 만족스러운 식물학 교재를 구할 수 없었던 그는 학생들을 위해 직접 식물학 교재를 집필하기도 했다. 린들리는 1860년까지 교수직을 유지했고, 그 뒤에는 명예교수가 되었다. 그는 런던 원예학회의 일도 포기하고 싶지 않아, 두 가지 직을 동시에 유지했다. 그래서 1827년에는 런던 원예학회의 총부회장이 되었고, 1858년에는 회장으로 취임했다. 이 시기에 그는 원예학회를 책임진다는 막중한 부담을 느꼈고, 재정적으로 어려웠던 시기에 중요한 결정들을 내

존 린들리는 왕립 원예학회의 초창기에 중요한 역할을 한 인물이다. 런던에 있는 이 학회의 도서관은 그의 이름을 따서 린들리 도서관이라고 불린다.

렸다.

린들리는 아버지의 엄청난 채무를 떠안고 있었다. 어느 정도는 재정적인 이유도 있었고 또한 그는 과중한 업무를 회피하는 사람이 결코 아니어서, 이미 하고 있던 일들을 그대로 하면서 점점 더 많은 일들을 떠맡았다. 이를테면, 1826년에는 『식물 명부』의 실질적인 편집자를 담당하면서 첼시 약용식물원의 관리자 일도 했다.

린들리의 전문성은 당시의 여러 중요한 문제에서도 큰 역할을 했다. 조지프 뱅크스 경의 사망 후부터 큐 식물원은 쇠퇴하기 시작했고, 린들리는 그곳의 관리를 위한 보고서를 준비했다. 그는 이 식물원을 나라에서 관리하면서 영국 식물학의 본산으로 삼아야 한다고 권고했지만, 영국 정부는 그의 보고서를 받아들이지 않았다. 오히려 그의 권고를 무시하고 큐 식물원의 식물들을 분산시키려고 했다. 린들리가 의회에서 이 문제를 제기하자, 정부가 한 발 물러서면서 큐 식물원을 구할 수 있었다. 지금의 큐 왕립 식물원은 그의 노력 덕분에 설립될 수 있었다.

린들리는 아일랜드 대기근의 원인이 된 감자 잎마름병과 그 영향을 조사하기 위한 영국 정부의 과학 위원회에도 참여했다. 이 위원회에서 나온 보고서는 1815년에 제정된 곡물 수입제한 법령을 폐지하여 감자 잎마름병의 영향을 완화하는 데 도움이 되었다.

린들리는 난초 분류의 최고 권위자로도 인정받았고, 그의 유명한 난초 표본들은 큐 식물 표본원에 소장되어 있다. 그의 저서인 『원예의 이론과 실천Theory and Practice of Horticulture』은 원예학의 생리학적 원리에 관한 최고의 책 중 하나이다. 그의 책 중 가장 유명한 『식물계The Vegetable Kingdom』(1846)에서는 자신만의 식물 분류 체계를 개발하기도 했다. 그의 방대한 식물학 장서를 토대로 왕립 원예학회의 린들리 도서관이 만들어졌다. 1841년에는 정기 간행물인 『정원가

연감The Gardeners' Chronicle』을 공동 창간했고, 150년 가까이 출간된 이 간행물의 초대 편집자가 되었다.

린들리는 화려한 경력을 이어 가는 동안 무수히 많은 상과 훈장을 받았다. 그는 런던 린네 학회와 왕립학회의 회원으로 선출되었고, 뮌헨 대학교에서 명예 철학박사 학위를 받았다.

그는 과학계에서 높이 평가되었고, 많은 학명에 그의 이름을 딴 린들레이*lindleyi*나 린들레아누스*lindleyanus*라는 이름이 붙었다.

식물의 학명을 인용할 때 그를 나타내는 표준 저자 약어는 Lindl.이다.

반다 산데리아나*Vanda sanderiana*, 야생란, 왈링왈링

로사 포에티다*Rosa foetida*, 오스트리아들장미, 오스트리아노란장미
존 린들리의 『장미 연구』에 실린 존 커티스 John Curtis의 로사 포에티다 채색 판화.

양분과 비료주기

제3장에서 다뤘듯이, 식물의 생장 과정이 완수되려면 광범위한 무기 양분이 필요하다. 이런 무기 양분은 대부분 뿌리를 통해 흡수되므로, 토양에는 바로 이용할 수 있는 형태로 이런 양분이 적당량 함유되어 있어야 한다.

자연 환경에서는 이런 양분이 모두 주위 환경에서 유래할 것이며, 숲속에 있는 썩은 낙엽 더미가 바로 그런 것이다. 그러나 정원에서는 식물, 특히 많은 양분이 필요한 일부 재배품종이 건강하게 자라려면, 자연적으로 공급되는 양분만으로는 토양의 지력이 충분하지 않을 수도 있다. 이는 종종 추가적인 양분 공급, 즉 비료주기[시비]가 필요하다는 뜻이다. 잔디밭에도 정기적인 비료주기가 필요할 수 있다. 잔디를 자주 깎으면 달리 대체할 수 없는 양분이 대량으로 제거되기 때문이다.

화분에서 기르는 식물은 뿌리를 화분 밖으로 뻗어 스스로 양분을 찾을 수 없으므로, 추가적인 양분에 더 의존할 수밖에 없다. 품질 좋은 화분용 비료는 대개 5~6주 정도 식물에 충분히 영양을 공급할 수 있는 양의 양분이 들어 있고, 길게는 6개월 이상 양분을 공급할 수 있는 비료도 있다. 그 뒷일은 정원가에게 달려 있다.

식물은 활발하게 자랄 때만 비료 공급이 필요하다. 휴면 중인 식물에 비료를 주면, 과도한 양분이 독으로 작용하여 연약한 뿌리털이 손상될 수 있고 심하면 식물이 죽을 수도 있다. 반대로, 양분이 부족하면 생리적인 장애가 일어날 수 있다(216~217쪽을 보라).

유기질 비료

정원가 중에는 대부분의 토양 첨가제가 유기질 비료라고 생각하는 사람도 있겠지만, 집에서 만든 퇴비처럼 보이는 토양 첨가제의 실제 양분 함량은 비교적 낮을 수도 있다. 토양 첨가제의 주된 목적은 토질 개선이다. 진짜 유기질 비료는 양분 함량이 높지만, 유기물로 만들어졌기 때문에 공장에서 만들어진 합성 비료에 비해 더 오랜 시간에 걸쳐 양분을 방출하는 경향이 있다.

유기질 비료는 종종 인공 비료보다 더 좋은 것으로 여겨진다. 유기질 비료를 주면, 식물에 양분을 제공할 뿐 아니라 토양의 미생물 집단을 유지하는 데도 도움이 되기 때문이다. 또한, 유기질 비료는 만드는 데 들어가는 에너지도 더 적은 편이다. 해초 추출물을 기반으로 만들어졌거나 해초가 함유된 비료는 그 양분 함량은 다양할 수 있지만, 다량 영양소와 미량 영양소, 비타민, 식물 호르몬, 항생물질을 광범위하게 함유하고 있어 유용한 식물 '강장제'이다.

토양 위에서의 생활

식물에서 토양 위로 나와 있는 부분은 공기와 자연에 온전히 노출되어, 극한의 날씨와 기온, 비, 서리, 매서운 바람과 마주한다. 정원가들은 그들의 식물을 보호하려고 다양한 방법을 모색하겠지만(제7장을 보라), 전체적으로는 그 식물이 살던 자연 환경의 맥락에서 이해하려고 노력해야 한다. 그러면 재배에 성공할 가능성이 훨씬 더 높아진다.

어느 정도 덩굴성이 있는 것으로 여겨지는 캄프시스 라디칸스*Campsis radicans*(미국능소화)는 기온이 섭씨 영하 20도까지 내려가도 일반적으로 잘 견딘다.

날씨와 기후

'기후'는 의미 있는 평균을 낼 수 있을 정도로 오랜 기간에 걸쳐 한 지역에 나타나는 날씨 유형을 가리키는 용어이다. '날씨'는 특정 시점에 나타나는 대기 조건을 묘사한다. 즉, 흔히 하는 말처럼, "기후는 미래에 관한 예측이고, 날씨는 지금 닥친 것이다!"

미기후

미微기후는 좁은 영역에 걸쳐 주변과는 다른 기후가 나타나는 것을 가리킨다. 드넓은 전원 지대에서는, 남쪽을 향하는 절벽면(북반구의 경우)이 비바람을 피할 수 있는 미기후가 될 수도 있고, 바람이 빠르게 지나가는 협곡이 야외의 풍동風洞[바람을 일으켜 기류가 물체에 미치는 작용이나 영향을 실험하는 터널형 장치]이 되기도 한다. 정원에서는 비를 피할 수 있는 나무 밑이나 볕이 잘 드는 자리에 있는 담장 같은 곳이 미기후에 포함된다. 낮에는 열을 품고 있다가 밤에는 방출하는 이런 담장은 그 근처에서 자라는 식물을 보호하는 역할을 하기도 한다.

기후 변화

기후 변화라는 용어는 종종 오용되기도 하고, 오해를 불러일으키기도 한다. 이 용어는 지구 온난화에 관한 이야기에서 자주 쓰이는데, 지구의 평균 기온이 꾸준히 상승하는 현상인 지구 온난화는 과학자들이 수십 년에 걸쳐 기록해 온 실제 현상이다. 사실 지구에서는 늘 기후 변화가 일어나고 있었다. 수천 년 전에는 빙하기가 있었고, 그 빙하기는 지구에 찾아왔던 여러 번의 빙하기 중 하나였다. 현재 우리는 간빙기에 살고 있으며 지구는 계속 따뜻해지고 있다. 정원가가 기후 변화에 대해 할 수 있는 일이라고는 날씨를 잘 살피고 적절하게 대처하는 것뿐이다!

온도와 내성

아주 높거나 낮은 온도는 식물 생장에 좋지 않은 영향을 줄 것이다. 식물은 어느 한계 이상 온도가 올라가면 죽는데, 그런 온도를 열치사 온도라고 한다. 열치사 온도는 식물마다 다 다르다. 이를테면, 선인장 중에는 매우 높은 온도에서도 살아남을 수 있는 종류가 많은 반면, 그늘을 좋아하는 식물은 그보다 훨씬 낮은 온도에서도 죽는다. 온도가 섭씨 50도를 넘으면 대다수의 온대 식물은 죽을 것이다.

식물이 견딜 수 있는 최저 온도는 그 식물의 내한성을 결정한다. 당연히 그런 온도의 범위는 아주 넓고, 대체로 비내한성, 반내한성, 내한성이라는 세 가지 범주로 크게 나뉜다. 비내한성 식물은 영하의 온도에서 살지 못하는 식물이고, 반내한성 식물은 어느 정도 추위에 내성이 있는 식물이다. 내한성 식물은 영하의 온도에 잘 적응한 식물이며, 견딜 수 있는 온도는 식물에 따라 조금씩 다르다.

'hardy'라는 용어는 원예에서 주로 내한성을 뜻하기는 하지만, 그 외에도 아주 많은 의미가 함축되어 있다. 더운 지방에서는 가뭄이나 고온을 잘 견딘다는 의미를 내포할 수도 있다. 또한, 내성은 상대적이다. 어떤 지역에서는 잘 견딜 수 있는 식물이 다른 지역에서는 그렇지 않을 수도 있어, 이 용어를 너무 느슨하게 적용하면 그 식물에 대해 알려주는 것이 별로 없을 수도 있다. '내한성 푸크시아'가 바로 이런 경우이다. 어떤 푸크시아는 섭씨 영하 10도의 온도에서도 살아남을 수 있지만, 어떤 푸크시아는 영하의 온도에서 아주 단기간밖에 살지 못한다.

식물의 반응

열 충격 단백질

식물이 열에 대응하려고 만드는 특별한 열 충격 단백질은, 온도로 인한 스트레스가 극에 달한 시기에 식물세포들이 제 기능을 할 수 있도록 도와준다. 높은 온도에 익숙한 식물은 열 충격 단백질이 항상 준비되어 있어, 더 온도가 높아져도 빠르게 대응할 수 있다.

저온 스트레스 반응

온대와 한대 지역에서는, 어는점 이하로 내려가는 온도가 대부분의 식물에 영향을 끼친다. 이런 낮은 온도에 대응하려고, 식물은 생화학적 변화를 일으킨다. 이를테면, 당을 많이 만들어 세포 내 당의 농도를 증가시켜 세포액을 더 농축시키면 물의 어는점보다 낮은 온도에서도 얼지 않고 액체 상태로 존재하게 만들 수도 있다.

북극권처럼 아주 추운 기후에 사는 식물은 사실상 세포를 탈수시킨다. 세포에서 나온 물은 세포벽과 세포벽 사이의 공간에 저장되는데, 그렇게 하면 물이 얼어도 세포의 내용물은 손상을 입지 않을 것이다.

'저온 경화'라고 알려진 이런 변화는 가을에 짧아진 낮의 길이와 낮아진 온도에 의해 촉발된다. 그러나 식물이 영하의 조건에 완전히 익숙해지려면 영하로 내려가기 전에 며칠 정도는 추운 날씨를 경험해야 한다. 이런 이유로, 내한성 식물도 갑자기 내린 가을 서리에 피해를 입을 수 있다.

식물은 부동 단백질도 만든다. 이 단백질은 세포액의 농도를 더 진하게 만들어 영하의 온도에서 추가로 식물을 보호한다. 부동 단백질은 세포 내 얼음 결정이 더 커져 세포가 파열되는 것을 막으려고 얼음 결정과 결합한다.

흔히 '내한성 제라늄'으로 통칭되는 제라늄 아르젠테움*Geranium argenteum*(은색쥐손이풀) 같은 쥐손이풀속*Geranium* 종들은 무려 영하 30도까지 견딜 수 있다. 다른 종들은 이 정도로 추운 날씨는 견디지 못한다.

서리와 상혈霜穴

지표의 온도가 어
는점에 도달하면,
공기 중 수증기는
서리 형태로 지표에
쌓이기 시작한다. 가을
이 되어 밤 기온이 섭씨
5도 이하로 떨어지기 시작하
면, 정원가들은 첫 서리가 내릴 것을
예상하고 달리아와 칸나처럼 서리에 민감한 식
물을 보호할 조치를 생각해야 한다.

서리는 특히 새로 자란 여린 식물과 봄꽃을 손
상시킨다. 온도가 얼마나 떨어졌는지, 추위가 얼마
나 오래 지속되는지에 따라, 식물은 살아남으려고
눈, 잎, 꽃, 성장하고 있는 열매를 떨구기 시작할 수도
있다. 여름 화단을 장식하는 식물들처럼 서리에 취약
한 식물은 밤 기온이 섭씨 5도 이상 올라가기 전까지
는 야외에 심어서는 안 된다. 영국에서는 이 시기가
5월 말쯤이 될 것이다.

화분에서 자라는 식물은 서리와 추위로 인한 손상
에 특히 더 취약하다. 뿌리가 지면보다 높이 있고, 냉
기를 차단해 주는 대량의 흙이 주위를 둘러싸고 있
지 않기 때문이다. 내한성 식물이라도 화분에서 자
라면서 분형근[화분 모양을 따라 둥글게 분포되어 있는
뿌리] 전체가 얼면 손상을 입거나 죽을 수도 있다. 이
런 이유에서, 많은 정원가가 겨울에는 화분에 단열
처리를 한다. 특히 화분이 작을 때는 신경을 써야 하

로도덴드론 칼렌둘라케움*Rhododendron calendulaceum*, 불꽃철쭉

며, 도자기 화분의 경우에는 서리로 인
해 화분에 금이 가는 것도 막아 주어야
한다. 그러나 추위가 오래 지속되거나 온
도가 매우 낮을 때는 이런 단열 처리도
소용이 없을 것이다.

매우 찬 공기가 비탈을 따라 내려가다가
골짜기나 우묵한 곳, 또는 담장이나 생울타리 같은
단단한 구조물 앞에 모일 때 상혈이 생긴다. 이런 현
상이 생기는 이유는 공기가 차가울수록 무거워지기
때문이다.

바람

나무 같은 큰 식물이나 노출된 상황에서 자라는
식물은 강풍이나 폭풍에 손상을 입기 쉽다. 허허벌
판 같은 환경에서 살아가는 식물은 바람에 대한 노
출을 줄이려고 키가 작거나 바닥에 깔린 모양으로
자란다. 바람의 방향에 따라 휘어진 나무의 모습에
서는 바람에 노출된 식물의 실제 반응을 볼 수 있다.
나무의 성장은 바람을 조금이라도 더 피할 수 있는
방향으로 자라는 데 집중된다.

바람은 식물을 마구 뒤흔들고, 때로는 큰 가지를
부러뜨리거나 나무를 뿌리째 뽑아 버리기도 한다. 바
나나에는 잎이 찢어지는 자리인 '파열대'가 있다. 파
열대를 따라 찢어진 잎은 바람에 대한 저항이 줄어
들어, 식물체나 잎을 통째로 잃는 것을 막아 준다. 잎
을 더 작게 만들어 바람에 대한 저항을 줄인 식물도
있다. 특히 잎이 넓은 낙엽수는 손상을 입기가 아주
쉬운데, 그런 나무들의 잎은 여름이나 가을에 부는
강풍에 활짝 펼쳐진 돛처럼 바람을 그대로 받는다.
영국 역사상 최악의 허리케인으로 기억되는 1987년
10월 16일의 허리케인은 잉글랜드 남부를 휩쓸고 지
나가면서 1,500만 그루가 넘는 나무를 파괴했는데,
그중에는 수백 년 넘게 서 있던 고목도 많았다.

쓸모 있는 식물학

서리 대처법

서리 자체도 식물에 손상을 일으킬 수 있지만, 얼
었다 녹기를 반복하거나 아주 빠르게 녹으면, 손상
이 더 심할 수 있다. 동백은 급속도의 해동에 특히
더 취약하다. 아침에 햇빛이 드는 곳에 절대로 동백
을 심지 말라는 것은 바로 이런 이유 때문이다.

바람이 불면, 공기가 빠르게 움직이면서 잎에서 다량의 수분을 제거한다. 그러면 식물은 손실되는 수분의 양을 줄이려고 기공을 닫는다. 화본류는 기공에서 일어나는 수분 증발을 줄이려고 잎을 둥글게 말 수 있으며, 가뭄 때도 이런 반응을 볼 수 있다. 어떤 식물은 간단히 잎을 떨궈 버린다. 만약 손실되는 양보다 더 빨리 수분이 보충될 수 없으면, 바람으로 인한 잎마름이 일어나 잎이 가장자리를 따라서 갈색으로 마를 것이다.

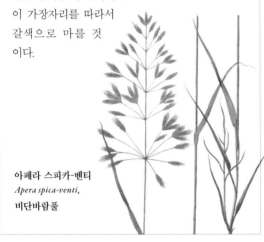

아페라 스피카-벤티
Apera spica-venti,
비단바람풀

비, 눈, 우박

토양의 수분 유지를 위해서는 빗물이 반드시 필요하지만, 장맛비나 폭우는 연한 줄기와 잎, 꽃을 망가뜨려 식물에 좋지 않은 영향을 줄 수 있다. 습한 날씨가 계속 이어지는 것도 식물 표면에 곰팡이나 다른 병충해를 일으킬 수 있다. 어떤 식물은 물방울이 잎을 따라 떨어질 수 있도록 잎의 끝이 길고 뾰족하게 생겼다. '드립 팁'이라 불리는 이런 형태의 잎은 물방울이 잎 표면에 일정 시간 이상 머물러 있는 것을 막으려는 적응일 것이다. 잎의 끝이 길쭉할수록 떨어지는 물방울의 크기가 작아지고, 떨어지는 물방울의 크기가 작을수록 식물의 뿌리 주변 토양에서 침식이 덜 일어난다.

비와 마찬가지로, 우박도 식물의 연약한 부분을 망가뜨릴 수 있다. 심지어 우박은 잎을 찢고 지나갈 수도 있다. 식물에 상처를 낼 수도 있고, 잎을 고사시키

거나 열매를 떨어뜨릴 수도 있다. 우박으로 인해 어린 잎이나 열매에 난 작은 상처는 식물이 자라는 동안에 훨씬 더 뚜렷해지기도 한다. 과수를 키우는 농민에게 우박은 큰 골칫거리이다.

눈은 녹을 때는 수분의 급원이 되지만, 묵직한 무게 탓에 식물에 피해를 줄 수도 있다. 줄기에 압력을 가해 가지가 부러질 수도 있기 때문이다. 오랫동안 눈이 지면에 두껍게 쌓여 있으면, 식물은 빛을 받지 못해 잎이 떨어지거나 심할 경우에는 죽을 수도 있다. 사실 지면에 쌓인 눈은 단열 효과를 제공해, 춥고 매서운 날씨와 바람으로부터 키 작은 식물을 보호할 수도 있다. 고산 지대에서는 쌓인 눈이 녹기 전에 풀이 자라기도 한다. 새롭게 자란 부분은 눈에 덮여 보호되므로, 여름이 되어 눈이 녹으면 식물은 이미 꽃을 피우고 있다.

해안 지대와 염분

탁 트인 환경과 바람에 날리는 모래 알갱이는 해안가에서 자라는 식물이 겪는 전형적인 문제이며, 여기에 공기 중 염분이라는 다른 문제가 추가된다. 식물에 내려앉은 염분은 식물 조직에서 수분을 빨아들여 잎의 탈수와 그슬림을 일으킨다. 수분이 증발할 때, 염분은 줄기와 눈과 잎을 통과하여 직접적인 손상을 일으키고 식물의 세포 구조와 물질대사 과정에 영향을 줄 수 있다. 그 결과, 눈이 떨어지고, 줄기가 말라 시들고, 성장이 불량해지며, 극단적인 경우에는 식물이 죽을 수도 있다. 우연히 식물에 닿은 도로의 염분도 같은 효과를 일으킬 수 있다.

사구와 해수 습지에 사는 식물은 해안에 가까울수록 염도가 높은 환경에서 받는 스트레스에 잘 적응한다. 한동안 짠물에 잠겨 있어도 견딜 수 있는 식물을 염생식물이라고 한다. 염도가 높은 물에서는 식물이 물을 빨아들이기 어려워, 염생식물은 생리학적으로 다양한 방식의 적응을 한다. 각각의 세포 속 염분 농도를 줄이려고 물에 잠겨 있는 동안에 급속도로 성장하기도 하고, 염분의 해로운 효과를 희석시키

려고 잎을 부풀리기도 하고, 다육질의 잎을 만들어 수분을 유지하기도 한다. 일부 맹그로브나무는 끊임없이 유입되는 염분을 수액에서 빼낸 다음, 오래된 잎으로 보낸다. 그러면 오래된 잎이 떨어질 때 축적되어 있던 염분도 함께 제거할 수 있다.

빛

정원가는 식물에 필요한 광량에 늘 주의를 기울여야 한다. 햇빛을 좋아하는 식물을 그늘에서 키우면 금방 시들시들해져 죽을 것이고, 그늘을 좋아하는 식물을 뙤약볕 아래에서 키우면 금방 타들어 가면서 말라 죽을 것이다. 중요한 것은 빛의 양이며, 그것을 결정하는 요소는 낮의 길이, 구름의 양, 그늘의 범위, 특정 스펙트럼에 속하는 빛의 종류(숲 바닥에서 자라는 식물이나 대단히 강한 자외선에 노출되는 곳에서 자라는 식물의 경우)이다.

자연적인 요구량보다 빛이 훨씬 적은 곳에서 자란 식물에는 황화 현상이 나타난다. 황화 현상이 나타난 식물은 줄기가 지나치게 길고 약하며, 잎이 듬성듬성하고 색이 연하다. 이는 창문턱에서 자라는 어린 식물에서 볼 수 있는 전형적인 증상인데, 이런 식물은 옆으로 자라면서 광원이 있는 쪽으로 뻗어나간다. 빛을 좋아하는 식물을 그늘이 많이 지는 곳에서 키울 때도 비슷한 증상이 나타난다. 이를테면 베로니카스트룸 비르기니쿰은 빛이 충분하지 않으면 긴 꽃대가 햇빛을 향해 자란다.

빛이 식물에 끼치는 효과는 제8장에서도 다룰 것이다.

베로니카스트룸 비르기니쿰*Veronicastrum virginicum*, 버지니아냉초

생장 환경에 영향 주기

식물의 생장 조건을 개선하려고, 즉 수확량을 늘리거나 열매를 잘 맺히게 하려고, 정원가가 영향을 줄 수 있는 방법은 많다. 토양을 잘 관리하고 제대로 된 장소에서 길러 식물을 건강하게 유지할 수도 있고, 유리 온실이나 소형 덮개나 원예용 비닐이나 그 밖의 다른 형태의 시설 재배를 활용할 수도 있다.

이를테면, 원예용 비닐이나 소형 덮개는 새로 돋아나는 식물 위의 공기를 따뜻하고 차분하게 유지해 식물이 더 일찍 생장을 시작하게 만들 수 있고, 유리 온실이나 비닐하우스를 이용하면 겨울이 오기 전에 가능한 한 오랫동안 (포도나무나 고추 같은) 식물에서 열매를 얻을 수 있다.

방풍벽이나 방풍림 같은 장치들은 차갑고 강한 바람으로부터 정원을 보호해 준다. 그 높이의 10배에 해당하는 거리까지 바람의 영향을 크게 줄일 수 있어, 식물이 자라기 좋은 아늑한 환경을 조성할 때 매우 효과적일 수 있다. 방풍벽은 보호해야 하는 지역보다 옆으로 더 길게 만들어야 하는데, 양 끝으로 바람이 새어 나갈 수 있기 때문이다.

토양에 유기물을 두껍게 덮어 주는 멀칭은 장점이 아주 많다. 겨울에는 토양의 단열 효과가 있고, 여름에는 뿌리를 시원하게 유지하여 증발로 인한 수분 손실을 감소시킨다. 또한, 잡초의 성장을 줄여, 식물이 이용할 토양의 수분과 양분을 잡초에 빼앗기는 것을 방지한다.

겨울과 초봄에는 어린 식물이 강하고 단단하게 자랄 수 있을 정도로 빛의 양이 강하지 않아, 황화 현상이 일어날 수 있다. 이런 상황에서는 유리 온실이나 실내에 보조 조명을 설치하면 생장 환경을 개선할 수 있다. 이때 사용되는 전구는 파장이 정확히 400~450나노미터와 650~700나노미터인 빛을 내야만 한다.

장미속*Rosa*,
장미

제7장

가지치기

가지치기는 식물체의 일부를 제거하여 식물의 열매맺이와 건강을 개선할 뿐만 아니라, 주위 환경과 어울리도록 전체적인 식물의 모양과 크기를 다듬는 것이다. 가지치기라는 용어는 보통 나무에 쓰이기는 하지만, 식물체를 정리하는 모든 행위에 느슨하게 적용될 수 있다. 이 책에서는 시든 꽃이나 가지를 솎아내는 것처럼 정원가들이 하는 가지치기를 주로 다루지만, 식물에서 저절로 일어나는 '자가 가지치기'인 탈리脫離라는 현상도 있다(161쪽을 보라).

가지치기는 예술과 과학의 조합이라고 정의되어 왔다. 가지치기 방법에 대한 지식과 미학적인 안목 사이의 균형을 잘 잡아야 한다. 물론 숲이나 들판 같은 자연 환경에서 자랄 때처럼 가지치기를 하지 않고 식물을 방치할 수도 있다. 그러나 정원에서 그렇게 식물을 방치하면 대부분의 식물이 이내 지저분하게 아무렇게나 자랄 것이다.

가지치기는 식물의 성장 유형에 영향을 끼치는 방식으로 작용한다. 호르몬의 변화는 휴면 중인 눈에서 새 가지가 돋아나거나 새로운 눈이 형성되도록 유도할 수 있고, 식물의 지하부에 대한 지상부의 성장률 변화는 그 식물만의 특별한 성장 반응을 유도할 수 있다.

가지치기를 하는 이유

가지치기는 식물이 자라는 방식에 영향을 끼친다. 그리고 정원가는 이런 생리학적 반응을 활용하여 식물의 형태를 잡고, 꽃과 열매를 맺는 능력을 개선한다. 죽거나 병에 걸리거나 상처를 입은 부분도 가지치기로 제거해 식물의 건강을 전체적으로 향상할 수 있다.

가지치기가 거의 필요하지 않은 식물도 있고, 원하는 방식으로 자라게 하려면 해마다 가지치기를 해 줘야 하는 식물도 있다. 한 번도 가지치기를 한 적이 없거나 가지치기가 잘못되어 아무렇게나 자란 식물은, 형태를 바로잡고 다시 탐스러운 꽃과 열매를 맺게 하기 위해 집중적인 가지치기가 필요할 수도 있다.

초보 정원가 중에는 잔가지 하나를 조금만 잘라도 식물에 끔찍한 결과를 초래할까 전전긍긍하면서 필요 이상의 걱정을 하는 사람이 많다. 사실 대부분의 식물은 가지치기에 매우 너그러운 반응을 보이며 회복도 잘된다. 어떤 식물은 가지를 바짝 잘라내는 강

키스투스 살비폴리우스
Cistus salviifolius,
세이지잎시스투스

전정을 해도 회복이 잘되고, 심지어 수명이 연장되기도 한다. 반면, 가지치기하는 것을 전혀 좋아하지 않는 시스투스(키스투스속*Cistus*)나 금사슬나무 같은 식물도 있다.

정원의 가지치기

정원가는 정원이 어느 정도는 자연 환경이라는 사실을 결코 잊어서는 안 된다. 자연에만 맡기면 금세 무성해져, 인간의 역할이 중요하다. 가지치기는 잡초 제거와 함께 정원 관리 유지의 핵심이다. 기본적으로 가지치기는 식물이 정원의 규모와 어울리는 범위 안에 있도록 유지하는 것이다. 너무 많이 자라 지나치게 우거진 나무나 덤불은 정원의 다른 요소들과의 균형을 무너뜨린다.

그렇기 때문에, 나무를 원하는 형태로 자라게 하려면 초기에 가지를 잘 다듬어 수형을 만드는 것이 매우 중요하다. 약하거나 꼬이거나 쏠리거나 너무 무성하게 자란 가지는 어떤 식물에서도 제거해야 하며, 툭 불거져 나와 있는 나뭇가지도 시각적 매력을 해치니 제거한다. 유럽호랑가시나무와 월계수처럼 빽빽하게 자라는 상록 관목은 가지가 뚜렷하게 보이지 않아 이런 것이 그렇게 중요하지 않다. 쏠리면서 자라는 가지는 수피가 손상될 수 있어, 제거하지 않으면 감염으로 이어질 수 있다.

죽었거나 병에 걸렸거나 죽어 가거나 손상된 부분 역시 미적인 이유에서뿐만 아니라 감염 예방을 위해서도 제거해야 한다. 병에 걸렸거나 죽은 가지가 있는 큰 나무는 안전상의 위험을 초래할 수 있으므로, 자격을 갖춘 전문가에게 보이고 치료를 받아야 한다.

가지치기는 개화와 결실을 더 좋게 만들 수도 있고, 가지치기 자체를 이용하여 토피어리나 (왜림 작업이나 두목 전정을 통한) 가지와 잎의 모양잡기, 분재 같은 시각적 효과를 만들어 낼 수도 있다.

접붙이기를 한 식물의 대목에서는 때로 곁눈이 나

오기도 하는데, 이런 곁눈이 눈에 띄면 곧바로 제거해 주어야 한다. 잎이 알록달록한 식물에서는 잎 전체가 초록색인 부분이 나오는 경우가 종종 있다. 이런 부분도 지체 없이 제거해 주어야 하는데, 그렇지 않으면 초록 잎이 우세해질 수도 있기 때문이다.

자연적인 노화와 탈리

시간의 흐름에 따른 식물의 쇠퇴 과정은 식물 기관의 죽음으로 이어지고, 이 과정을 노화라고 부른다. 이렇게 죽은 식물 기관은 탈리라는 과정을 거쳐 식물체에서 실제로 떨어져 나간다. 노화와 탈리는 매해 낙엽이 질 때마다 볼 수 있고, 꽃이 지거나 열매가 익어 떨어지는 현상에도 적용될 수 있다.

노화는 종종 정기적으로 일어난다. 한해살이 식물에서는 해마다 일어나는데, 먼저 잎이 죽고 줄기와 근계가 뒤따라 죽는다. 두해살이 식물에서는 이런 현상이 2년마다 일어난다. 여러해살이 식물은 수명이 정해져 있지 않고, 줄기와 근계가 오랫동안 살아 있다. 때로는 수백 년 동안 살기도 하는 이런 식물도 잎과 종자와 열매와 꽃에서 연중 각각 다른 시기에 탈리가 일어난다.

많은 상록수에서 잎은 2~3년밖에 살지 못하며, 그 뒤에는 죽어 탈리된다. 다년초에서 잎의 노화는 오래된 잎에서 어린 잎으로 진행되고, 때로는 식물의 지상 부분 전체가 죽은 다음에 휴면에 들어가기도 한다. 늦여름에서 가을까지는 정원에서 아주 오랜 시간을 머물면서 노화로 시든 부분을 깔끔하게 정리해야만 정원의 모습을 생기 있게 유지할 수 있다. 그러면 때로는 새 가지가 자라도록 자극을 받아 새 꽃이 더 필 수도 있다.

일렉스 아퀴폴륨 '안구스티마르기나타 아우레아' *Ilex aquifolium 'Angustimarginata Aurea'*, **유럽호랑가시나무**

노화와 탈리에는 생물학적으로 여러 가지 장점이 있다. 그중에서도 열매의 탈리에는 그 종의 존속이 달려 있다. 열매는 제 때에 탈리가 되어야만 흩어지거나 새로운 장소로 옮겨질 수 있기 때문이다. 오래된 꽃과 잎이 제거되지 않으면, 어린 꽃과 잎에 그늘을 드리우거나 병이 들게 할 수도 있다. 게다가 잎을 떨구는 것은 양분을 토양으로 되돌려 보내는 데도 도움이 된다. 지력이 약한 토양에서 숲의 나무들이 살아남으려는 일종의 양분 절약 방법인 셈이다. 탈리는 탈수가 일어난 식물에서도 볼 수 있는데, 이런 식물은 잎을 떨궈 증산작용을 줄인다.

잎의 엽록소

가을에는 여러 큰키나무와 떨기나무와 일부 다년초에서 잎 색이 빨간색, 노란색, 주황색 등으로 바뀌는 독특한 노화 현상이 일어나 또 다른 관상 효과를 볼 수 있다. 가을이 되면서 낮의 길이가 짧아지고 기온이 낮아지면, 식물의 잎에서는 엽록소가 분해된다. 분해된 엽록소가 식물의 다른 부분으로 이동하여 재활용되는 동안, 잎에서는 엽록소에 가려 보이지 않던 노란색 색소인 크산토필과 주황색 색소인 카로티노이드의 색이 드러난다. 이와 동시에, 잎에서는 빨간색과 보라색 색소인 안토시아닌을 합성할 수도 있다.

가을색으로 물든 아케르 플라타노이데스 '아우레오바리가툼' *Acer platanoides 'Aureovariegatum'*, 노르웨이단풍

가지치기에 대한 생리학적 반응

올바르게 가지치기를 하려면, 식물이 어떻게 자라고 가지치기에 어떻게 반응하는지 이해하는 것이 도움 된다. 새로 자라는 가지는 대체로 줄기 끝에 있는 눈에서 만들어지며, 이런 눈을 정아 또는 끝눈이라고 한다. 줄기를 따라 눈이 배열되는 순서는 식물마다 다르며, 마주나기, 어긋나기, 돌려나기로 구분된다(67~68쪽을 보라). 가지치기가 개화와 결실에 방해가 되지 않으려면, 시기를 잘 선택하는 것이 중요하다. 특정 식물에 대한 이런 지식은 정원가들이 어떤 가지를 어떻게 잘라야 하는지뿐만 아니라, 가지치기를 언제 해야 하는지 아는 데도 도움이 된다.

정아 우세

정아, 즉 끝눈은 그 아래쪽에 위치한 눈과 줄기의 성장에 영향을 끼치고, 옆으로 자라는 곁가지의 성장을 통제하는데, 이런 현상을 정아 우세라고 한다. 정아를 제거하면, 정아 우세가 사라지면서 그 아래에 있는 눈에서 새 가지가 자라기 시작한다. 정원가들은 이런 반응을 활용하여 식물을 더 무성하게 만들 수 있고, 더 나아가 정기적으로 나무를 다듬어 섬세한 형태의 토피어리를 만들 수도 있다.

어떤 식물에서는 정아가 제거되면 곁가지 하나가 옆으로 쑥 자라 우세를 나타낼 수도 있다. 또 다른 식물에서는 둘 이상의 생장점이 공동으로 우세 현상을 나타내면서 두 개 이상의 새 가지가 돋아난다. 나무에서 우세를 나타내는 가지가 여럿이면 나중에 문제가 될 수도 있어, 가장 튼튼하거나 가장 곧은(또는 둘 다인) 가지를 유지하려면 가장 약한 가지를 제거해야 한다.

정아 우세 현상은 식물 호르몬 옥신을 만드는 끝눈에 의해 조절된다(98쪽을 보라). 새 가지의 끝이 활성화되려면 큰 줄기로 옥신을 보낼 수 있어야 한다. 그러나 큰 줄기에 이미 충분한 양의 옥신이 있으면, 옥신 전달 통로가 형성될 수 없어 새 가지는 비활성 상태로 남는다. 새 가지들은 모두 서로 경쟁을 하니, 위쪽에 있는 눈과 아래쪽에 있는 눈은 둘 다 서로의 생장에 영향을 줄 수 있다. 그래서 가장 튼튼한 가지는 위치에 관계없이 가장 활발하게 자란다. 일반적으로 큰 줄기에서 나오는 가지가 우세한 까닭은 그 식물의 끝에 위치해서라기보다는 가장 먼저 자리를 잡았기 때문이다.

수직으로 자라는 새 가지를 아래로 잡아당겨 옆으로 자라도록 길들여도 정아 우세를 중단할 수 있다. 이 가지에서 생긴 곁가지들은 꽃과 열매를 맺기 훨씬 더 쉽다. 이런 기술은 덩굴식물이나 벽을 타고 올라가는 식물의 모양을 잡을 때와 일부 과실수를 기를 때 특히 유용하다.

분지 유형

식물은 줄기에 눈이 배열되는 방식에 따라 구분할 수 있다. 이 방식에 따라 식물의 잎과 줄기가 배열되는 방식인 어긋나기, 마주나기, 돌려나기가 결정된다. 마주나기 눈은 줄기의 같은 높이에 한 쌍의 눈이 마

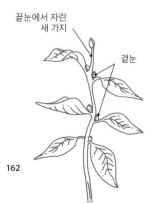

끝눈은 곁눈의 생장을 억제한다.

끝눈에서 자란 새 가지 / 곁눈

우세한 눈이 잘려 나가면 곁눈이 자극을 받는다.

끝눈이 있는 가지 제거 / 곁눈 성장

옥신의 역할을 증명하려고 눈이 잘린 자리에 옥신을 적신 한천 조각을 놓으면, 곁눈의 생장이 억제된다.

한천 조각(옥신)

주보고 있으며, 이 눈에서 자라는 잎과 줄기도 마주나기로 배열된다. 어긋나기 눈은 줄기를 따라 서로 엇갈리면서 눈이 달린다. 돌려나기 눈은 마디마다 3개 이상의 잎이나 가지를 만든다. (잎과 가지의 배열에 관해서는 68쪽을 보라.)

눈에서 발생한 새 가지는 그 눈이 가리키는 방향으로 자라는 경향이 있다. 어긋나기 눈이 달린 위쪽 가지를 잘라 내면, 그 눈이 가리키는 방향으로 새 가지가 자라도록 유도할 수 있다. 한 쌍의 마주나기 눈이 있는 가지의 위쪽을 잘라 내면, 남아 있는 눈에서 양쪽으로 하나씩 두 개의 새 가지가 자라게 될 것이다.

마주나기를 하는 식물은 가지치기하기가 더 어렵다. 가지치기할 때는 눈이 있는 위치의 바로 위까지 바싹 잘라야만 남은 가지의 그루터기가 죽는 것을 방지할 수 있는데, 전지가위의 끝을 밀어 넣어 그렇게 V자 모양으로 가지를 자르기가 어렵기 때문이다. 게다가 원하는 방향으로 줄기를 자라게 하는 것은 더 어렵다. 한 줄기는 (아마 중심을 벗어나서) 맞는 방향으로 자라겠지만, 다른 줄기는 반대 방향으로 가려 할 것이다. 해결책으로는, 원치 않는 눈을 문질러 없애거나 몇 주 뒤에 원치 않는 방향으로 자란 가지를 잘라 내는 방법이 있다.

가지치기 시기

최고의 개화와 결실을 보장 받으려면 정확한 시기를 선택하여 가지치기하는 것이 중요하다. 그러나 날씨와 기후도 한몫하므로, 각각의 식물에 필요한 것을 예민하게 살펴야 한다. 일부 상록수나 추위를 잘 견디지 못하는 식물을 너무 이른 봄이나 아주 늦은 가을에 가지치기하면, 잘라 낸 단면이나 새 가지가 서리나 찬바람에 손상을 입을 수도 있다.

어떤 식물은 시기를 잘못 선택하여 가지치기하면 수액이 너무 많이 흘러나와 나무가 약해지기도 하고, 심하면 죽을 수도 있다. 자작나무는 여름, 포도나무는 봄, 호두나무는 가을이 이런 시기이다. 어떤 식물은 잘못된 시기에 가지치기해서 질병에 더 취약해지

프루누스 아붐*Prunus avium*, 양벚나무

기도 한다. 이를테면, 핵과가 열리는 모든 벚나무 종류(벚나무속)는 휴면기인 겨울에 가지치기하면, 세균성 줄기마름병과 잎이 납색으로 변하는 은엽병에 걸릴 위험이 있다. 그러므로 여름까지 기다렸다가 가지치기해야 한다.

가지치기에 대한 식물의 반응은 가지를 얼마나 자르는지뿐만 아니라 언제 자르는지에 따라서도 달라진다. 휴면기에 가지를 자르는 것은 새순이나 꽃이 될 눈을 제거하는 것이어서, 더 적은 눈이 식물에 저장된 양분을 가져간다. 따라서 남은 눈에는 더 많은 양분이 배분돼 새 가지는 더 생기 있게 자란다. 가지치기에 대한 식물의 반응은 생장철이 진행되는 동안 바뀌는데, 한여름이 지난 후에는 반응이 덜 활발하다.

꽃을 보려고 키우는 나무 종류의 경우, 가지치기 시기는 그 식물의 개화 시기에 의해 결정된다. 정원가는 꽃이 올해 새로 자란 가지에 달리는지, 아니면 작년 여름에 나온 가지에 달리는지를 알아야 한다. 일반적인 규칙에 따르면, 새 가지에 꽃이 달리는 식물은 한여름이 지나기 전까지는 꽃이 달리지 않는다. 생장철의 초반기에는 새 가지들을 만들어야 하기 때문이다. 오래된 가지에 꽃이 달리는 식물은 아주 이른 시기에 꽃이 필 수 있으며, 일반적으로 한겨울에서 한여름까지 어느 시기에나 개화가 가능하다.

큰키나무의 가지치기

큰키나무의 깃

큰키나무에서 가지의 구조와 그 결합 방식은 크게 세 가지로 나뉜다. 가지깃[가지가 수간과 연결되는 위치에 고리 모양으로 부풀어 있는 부분]이 있는 결합, 가지깃이 없는 결합, 동등한 결합(동시에 나온 두 가지의 지름이 비슷해 어느 쪽도 더 우세하지 않은 결합)이 있다. 가지깃에는 화학적 보호 지대 역할을 하는 조직이 있어, 절단 부위를 분리하고 감염의 이동을 억제한다.

가지치기 방식은 결합 유형에 따라 달라진다. 그래야만 잘린 상처가 잘 아물고, 썩을 확률도 적어진다.

가지의 결합부

가지깃이 있는 결합부는, 그 가지가 수간에서 갈라지는 곳에서 수피가 살짝 솟아 있는 부분(지피 융기선)과 불룩한 가지깃이 있는 부분의 바로 바깥쪽을 잘라야 하며, 가지깃의 안쪽이나 가지깃을 자르면 안 된다. 가지깃이 없는 결합부는 불룩한 가지깃이 없으므로, 지피 융기선의 바깥쪽 끝에서부터 수간에서 멀어지는 방향으로 비스듬하게 잘라야 한다. 동등한 결합부는, 수간과 만나는 가지의 절단면이 지피 융기선에서 주름진 부분의 바로 바깥쪽에 있도록 잘라야 한다.

실제로는 지피 융기선과 가지깃이 잘 보이지 않는

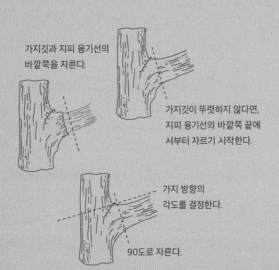

가지깃과 지피 융기선의
바깥쪽을 자른다.

가지깃이 뚜렷하지 않다면,
지피 융기선의 바깥쪽 끝에
서부터 자르기 시작한다.

가지 방향의
각도를 결정한다.

90도로 자른다.

경우가 많아, 아마추어 정원가는 정확한 판단을 내리기가 어렵다. 때로는 톱이 들어가기 어렵거나 불가능한 위치에 나뭇가지가 있을 수도 있다. 무거운 가지를 자르는 동안 수피가 찢어져 나무를 더 잘라 내지 않으면 회복하기 어려운 손상을 입기도 한다. 큰나무를 가지치기할 때는 항상 제대로 된 장비를 사용하고, 경험이 많고 자격을 갖춘 전문가를 고용해야 한다. 그래야만 나무와 사람의 생명을 위협할 수도 있는 사고의 위험을 줄일 수 있다.

환상박피

65쪽에서 다루었듯이, 수피를 둥글게 자르는 환상박피는 식물의 성장 조절에 쓸 수 있다. 이는 뿌리 다듬기와 비슷한 효과를 내며, 생산성이 좋지 않은 사과나무와 배나무에 매우 유용하지만 핵과에는 그렇지 않다. 그 방법은, 지면보다는 적당히 높지만 가장 밑의 가지보다는 훨씬 아래쪽에 있는 수간의 한 위치에서, 너비 6~13밀리미터의 불완전한 고리 모양으로 수피를 잘라 내는 것이다. 잘라 낸 부분은 수피와 형성층을 정확히 통과해야 한다.

만약 이 불완전한 고리 모양에서 수피의 약 1/3이 온전히 남아 있으면, 나무는 뿌리에서 흡수한 물과 무기 양분을 여전히 위쪽으로 전달할 수 있을 것이다. 당과 다른 양분도 여전히 뿌리 쪽으로 흘러갈 수 있지만, 공급되는 양은 크게 줄어들 것이다. 그로 인해 식물의 활력이 크게 억제되고, 만약 환상박피가 제대로 되지 않으면 식물이 죽을 수도 있다.

환상박피는 아주 건강한 나무에만 쓸 수 있는 최후의 수단이며, 봄의 중반이나 후반에 시행할 수 있다. 눈의 바로 위쪽에 반달 모양으로 홈을 파는 것도 환상박피와 비슷한 기술이지만, 훨씬 더 좁은 범위에서 효과를 낸다. 이 기술은 홈을 파낸 부위 바로 아래쪽에 있는 눈의 성장을 자극할 목적으로 활용된다.

가지치기

끊임없이 모양을 다듬고, 가지를 조금씩 자르고, 식물을 슬쩍슬쩍 기울이면, 식물이 반듯하게 자라지 못하고 위가 더 무거워지거나 한쪽으로 기울어질 수도 있다. 또, 적절한 시기를 생각하지 않고 가지치기하면, 발생하고 있는 꽃눈을 제거하여 꽃이나 열매가 달리지 않는 결과를 야기할 수도 있다. 어떤 정원가는 과감하게 가지들을 많이 쳐낼 것이고(강전정), 어떤 정원가는 너무 소심해 가지를 살짝 다듬는 것도 주저할 수 있다.

가지치기로 효과를 보려면, 이 두 방식 중 어떤 것이 더 적합한지, 그리고 그 중간 방식으로 접근해야 할 때는 언제인지 알아야 할 것이다. 많은 식물이 강전정에는 잘 반응하지 않는다는 점을 알아야 한다. 휴면을 하지 않거나 막눈이 없을 수도 있어, 오래된 나무나 가지에서는 새 가지가 다시 돋아나지 않을 수도 있다.

흔히 웃자란 식물은 강전정으로 크기를 줄이는 것이 정답이라고 생각하지만, 항상 강전정이 정답은 아니다. 근계의 크기와 건강 상태와 활력에 따라, 강전정을 하면 새 가지가 더 활발하게 나오는 반응을 보이는 식물도 있기 때문이다. 따라서 크게 웃자란 식물의 크기를 줄이고 수형을 개조하려면 보통은 몇 년에 걸쳐 (강전정이 아닌) 선별적인 가지치기를 해야 한다. 튼튼한 줄기는 대개 절반이나 1/3까지 쳐내고, 더 약한 가지는 완전히 잘라 낼 수도 있다.

가지치기의 절단면

가지치기할 때는 언제나 깨끗하고 예리한 도구를 사용해야 한다. 그래야만 절단면이 빨리 아물고 감염 위험을 최소화할 수 있다. 또, 정확한 시기에 정확한 자리를 올바르게 잘라 내는 것도 중요하다.

가지치기의 절단면은 가장자리가 우툴두툴하거나 줄기의 손상이 있으면 안 되고, 가능한 한 눈과 가까워야 하지만 너무 가까우면 눈을 손상시킬 수도

위스테리아 시넨시스*Wisteria sinensis*,
중국등나무
등나무는 여름과 겨울에 가지치기해야만 꽃이 달리는 짧은 잔가지가 많이 생기고 과도한 성장을 억제할 수 있다.

있다. 가지치기의 목적은 튼튼한 눈이나 건강한 곁가지가 줄기 끝에 있도록 보장하는 것이다.

눈이나 곁가지의 바깥쪽을 잘라 내고 남은 부분은, 그 부분을 유지하는 데 필요한 다른 기관이나 눈이 없어 그냥 죽게 될 것이다. 그런 짧은 '그루터기'는 감염의 원인이 되고, 그로 인한 질병은 줄기를 통해 식물의 다른 부분까지 전달될 수도 있다.

절단면의 치유

가지치기를 하면, 식물은 노출된 세포에 단백질을 축적하는 반응을 보인다. 이 반응은 일시적으로 절단면 아래에 있는 조직을 감염으로부터 보호해 주며, 물관과 체관에서는 항진균성 화합물을 만들기도 한다. 그다음에는 절단면의 표면에 유합癒合조직이 형성되기 시작한다.

아무렇게나 자란 유세포 덩어리인 유합조직은 절단면의 표면을 무정형으로 덮고 있다. 유합조직은 관다발과 코르크 세포에서 만들어지며, 점점 안쪽으로 자라 절단면 전체를 덮거나 절단면의 바깥쪽에 고리 모양을 형성한다. 개개의 세포도 감염 위험을 막으려고 상처의 둘레에 '벽'을 형성하는 변화가 일어

프루누스 도메스티카*Prunus domestica*(서양자두나무).
벚나무속의 종은 가지치기를 한 후에 상처용 페인트를 발라 주면
은엽병 예방에 도움이 될 수도 있다.

나기도 한다.

가지치기로 인해 생긴 절단면에 상처용 페인트를 칠하는 것이 가끔 추천되기도 한다. 그러나 상처용 페인트는 유합조직의 형성이라는 자연스러운 치유 과정을 방해하는 것이 확인되어, 이런 방식은 이제 더 이상 권유되지 않는 편이다. 뿐만 아니라, 상처용 페인트는 수분이 빠져나가지 못하게 해 병원균이 번식하기에 더 좋은 환경을 조성하기도 한다. 유일한 예외는 자두나무나 벚나무 같은 벚나무속인데, 이런 나무들에서는 상처용 페인트가 은엽병의 예방에 특히 유용한 것으로 추측된다.

뿌리치기

뿌리치기를 하면 과도하게 자란 지상부의 영양기관을 줄이고 생장을 억제할 수 있지만, 식물을 땅 위로 끌어올려 뿌리를 다듬는 것은 가지를 다듬는 것보다 훨씬 더 어려운 작업이다. 뿌리치기는 식물의 활력을 줄여, 잎보다는 꽃의 형성을 촉진하는 결과를 가져온다. 따라서 꽃이 피는 관목과 과실수의 생산성을 개선하는 데 매우 유용하다. 뿌리치기는 가을에서 늦은 겨울 사이, 식물이 완전히 휴면에 들어갔을 때 실

행한다.

5년생 이하의 어린 식물은 간단히 파내 뿌리를 다듬은 다음에 다시 심으면 된다. 더 나이가 많은 10년생 이하의 나무는 더 많은 준비가 필요하다. 나무의 밑동에서 1.2~1.5미터 떨어진 위치에 깊이와 너비가 30~45센티미터인 고랑을 나무 둘레를 따라 길게 판 다음, 굵은 뿌리들을 절단하고 가능한 한 빨리 고랑을 다시 메운다. 나이가 많은 성숙한 나무는 어린 나무에 비해 회복력이 훨씬 작아, 최후의 수단일 경우를 제외하고는 뿌리 가지치기를 해서는 안 된다.

순지르기와 눈따기

새롭게 나온 연한 순은 엄지와 검지만을 이용해 '잘라 낼' 수 있다. 이런 순지르기는 그 지점에서 길이 생장을 감소시키고, 곁가지의 형성을 촉진하여 나무를 울창하게 만들어 준다. 종종 어린 식물이 가늘고 길게 자라는 것을 방지하려고 순지르기를 하지만, 연한 순이 있다면 어떤 식물이라도 순지르기를 할 수 있다.

눈따기는 여분의 눈을 제거하는 작업이다. 보통은 과실수에서 눈따기를 하는데, 꽃눈이 너무 많아 나중에 열매가 지나치게 많이 달리는 것을 방지하려는 작업이다. 즉, 눈따기를 이용해 열매의 양과 질을 조절하는 것이다. 눈따기는 순수하게 꽃을 보려고 키우는 식물에도 활용될 수 있다. 식물이 만들 수 있는 꽃의 총량이 정해져 있다는 전제 아래, 더 큰 꽃을 보고 싶을 때는 꽃의 수를 줄여야만 한다. 그러면 꽃의 크기뿐 아

토마토 송이가 곧게 자라게 하고,
더 크고 좋은 열매를 얻으려고 곁순을 제거한다.

니라 품질도 영향을 받는데, 식물이 구할 수 있는 물과 양분이 더 적은 수의 꽃에 배분되기 때문이다.

데드헤딩

시들어 가거나 죽은 꽃을 제거하는 작업을 데드헤딩deadheading이라고 한다. 시든 꽃을 제거하는 것은 식물을 계속 매력적으로 보이게 하려는 것이며(죽은 꽃은 종종 지저분하게 보이기 때문이다), 식물에 따라서는 새로운 꽃이 더 생기도록 자극하기도 한다.

일단 꽃가루받이가 일어나면 종자와 열매가 발달하기 시작하고, 식물의 다른 부분에 신호를 보내 새로운 꽃이 추가로 발달하는 것을 억제하기도 한다. 시든 꽃을 규칙적으로 제거하면 종자와 열매가 생기는 것을 막을 수 있어, 그로 인한 에너지 낭비도 방지할 수 있다. 이 여분의 에너지는 더 튼튼한 줄기를 만들거나, 때로는 더 많은 꽃을 만드는 데 활용된다.

일반적으로 화단용 식물과 알뿌리와 여러 다년생 풀에서는 시든 꽃을 제거해야 한다. 알뿌리는 시든 꽃을 제거해도 꽃을 더 만들지는 않지만, 종자를 만드느라 에너지를 낭비하는 것을 방지함으로써 내년에 필 꽃을 위해 에너지를 비축할 수 있다. 종자를 만드는 씨방은 제거해야 하지만, 초록색 꽃대는 광합성을 해서 양분을 생산하니 남겨 두어야 한다.

관목은 시든 꽃을 따 주지 않아도 된다. 해마다 어쨌든 개화기 이후에 가지치기도 하고(172쪽을 보라), 현실적으로 쉽지도 않기 때문이다. 그러나 일부 관목, 특히 큰 꽃이 피는 종류는 시든 꽃을 따 주는 것이 좋다. 이런 종류의 관목으로는 동백, 로도덴드론, 라일락(수수꽃다리속), 장미, 모란이 있다.

일부 정원가는 '라이브헤딩liveheading'을 하기도 한다. 라이브헤딩은 늦여름에 꽃이 피는 다년초에서 더 늦게까지 더 무성하고 탐스러운 꽃을 보기 위한 방법이다. 일찍 생긴 꽃송이는 한여름까지는(늦여름이 아니다) 즉시 잘라 내어 다시 자라게 하는 것이다. 라이브헤딩이 효과가 있는 식물로는 쑥부쟁이, 풀협죽도, 헬레니움이 있다.

쓸모 있는 식물학

가지치기 이후의 영양 공급

가지치기한 뒤에는 식물에 비료를 공급하는 것이 좋다. 식물은 줄기에 다량의 양분을 저장하기 때문에, 가지를 잘라 내면 저장된 양분의 총량이 감소한다. 따라서 가지치기한 뒤에는 식물이 잘 자라게 해 주는 것이 중요하다.

액체 비료는 효과가 빠르지만 지속 시간이 짧고, 과립형 비료가 지속 기간이 길다. 효과가 몇 달에 걸쳐 지속되는 방출 조절 비료도 있다. 꽃이 피는 나무와 관목과 덩굴식물은 대부분 고칼륨 과립형 비료를 주는 것이 효과가 좋다.

식물의 잔뿌리는 주로 잎이 드리우는 범위의 가장자리를 따라 분포해서, 비료는 이 범위 안에서 둥글게 뿌려야 한다. 일부 정원가는 줄기의 밑동 부분에 비료를 주는 실수를 범하기도 하는데, 큰 줄기 바로 아래에는 비료를 흡수하여 활용할 수 있는 잔뿌리가 거의 없다.

비료를 준 후에는 비료의 작용을 활성화하려고 토양에 물을 주고, 토양의 수분을 유지하려고 잘 썩은 거름이나 정원용 퇴비와 같은 유기물을 두텁게 덮어 준다. 식물 비료에 관해 더 알고 싶다면 152쪽을 보라.

꽃이 지고 종자가 여물고 있는 이삭

헬레니움속*Helenium*, 재채기풀

메리앤 노스
1830~1890

메리앤 노스Marianne North는 영국의 식물화가이자 자연학자이다. 그녀는 꽃 그림에 대한 자신의 열정을 만족시키려고 전 세계를 여행했다.

원래 가수가 되고자 했던 노스는 성악가가 되기 위한 훈련을 받았지만, 안타깝게도 목소리가 망가져 버렸다. 그래서 그녀는 꿈을 바꿔 식물화가가 되어 다른 나라의 식물상을 그리겠다는 포부를 품었다.

그녀는 25세 때부터 아버지와 함께 두루 여행을 다녔다. 그러나 아버지의 사망은 그녀에게 큰 영향을 주었고, 그 뒤로 혼자서 더 먼 곳까지 여행해 보기로 결심했다. 노스의 이런 결심에는 이전의 여행들과 큐 식물원에서 본 표본들이 큰 영향을 끼쳤다.

41세에 단독 여행을 시작하면서, 그녀가 가장 먼저 간 곳은 캐나다였다. 그다음에는 미국, 자메이카, 브라질을 여행했다. 이후에는 북아프리카의 테네리페

빅토리아 시대의 화가 메리앤 노스는 세계 곳곳을 여행하면서 그곳에서 발견한 식물상을 그림으로 기록했다.

섬에 잠시 머물다가 1875년부터 2년에 걸친 세계 여행을 시작했고, 캘리포니아, 일본, 보르네오, 자바, 실론, 인도의 풍경과 식물상을 유화로 그렸다.

메리앤 노스는 정치가였던 아버지의 두터운 인맥 덕분에 여행하는 동안에 많은 이들의 도움을 받았고, 그중에는 시인인 헨리 워즈워스 롱펠로와 미국 대통령도 있었다. 영국에도 찰스 다윈과 훗날 큐 식물원 원장이 되는 조지프 후커를 비롯해 많은 후원자가 있었다.

이런 화려한 인맥에도 불구하고 홀로 여행하는 것을 좋아했던 메리앤 노스는 대부분의 유럽인은 잘 알지 못하는 곳들을 찾아다녔다. 그녀의 가장 큰 즐거움은 자연 서식지에 둘러싸인 야생의 식물을 발견하는 것이었고, 그런 식물을 그리는 일이었다. 메리앤 노스는 과학계에 소개된 적이 없는 식물을 그리기도 했으며, 그런 식물 중에는 그녀의 이름을 따서 명명된 것도 있었다.

영국으로 돌아온 그녀는 런던에서 몇 차례의 식물 그림 전시회를 열었다. 나중에는 그림을 모두 큐 왕립 식물원에 기증하고, 그 그림들을 소장할 미술관까지 짓겠다고 했다. 메리앤 노스 갤러리는 1882년에 처음 문을 열었고, 오늘날까지 이어지고 있다. 이 미술관은 영국에서 유일한 여성화가의 단독 상설 전시관이다. 큐 식물원을 방문하면, 빅토리아 시대의 전성기에 지어진 아름다운 건물과 선구적인 화가의 놀라운 식물화 소장품을 함께 감상할 수 있다.

그 이후에도 노스의 여행은 끝나지 않았다. 1880년에는 찰스 다윈의 제안으로 오스트레일리아와 뉴질랜드로 가서 1년 동안 그림을 그렸다. 메리앤 노스 갤러리가 문을 연 다음 해인 1883년에도 그녀는 여행을 계속하면서 그림을 그렸고, 남아프리카, 세이셸 제도, 칠레를 둘러보았다.

> "나의 오랜 꿈은 열대 지방에 가서 풍성하고 화려한
> 자연 속의 특이한 식생을 그림으로 그리는 것이었다…."

노스의 그림은 과학적으로 매우 정확해, 식물학적으로나 역사적으로나 영구적인 가치를 지닌 연구이다. 특히 방크시아 아테누아타*Banksia attenuata*, B. 그란디스*B. grandis*, B. 로부르*B. robur*를 그린 그림은 대단히 높은 평가를 받고 있다. 많은 식물 종이 메리앤 노스의 이름을 따서 명명되었는데, 그런 이름으로는 크리눔 노르티아눔*Crinum northianum*(크리눔 아시아티쿰*Crinum asiaticum*의 이명), 크니포피아 노르티아이*Kniphofia northiae*, 네펜테스 노르티아나*Nepenthes northiana*, 세이셸 제도의 토착식물인 노르티아속*Northia*(사포타과*Sapotaceae*)이 있다.

1876년에 보르네오에서 그린 야생 파인애플의 꽃과 열매. 메리앤 노스는 2년 동안 세계를 여행하면서 식물상과 풍경을 그렸다.

노스는 빅토리아 시대의 꽃 화가인 발렌타인 바살러뮤Valentine Bartholomew에게 잠시 사사했다. 이 네펜테스 노르티아나*Nepenthes northiana* 그림에는 그녀의 활기찬 화풍이 잘 드러나 있다.

메리앤 노스 갤러리

큐의 메리앤 노스 갤러리에 소장되어 있는 832점의 훌륭한 채색화는 메리앤 노스가 13년 동안 여행하면서 유심히 관찰한 세계 전역의 사람들과 동물상과 식물상의 기록을 담고 있다. 이 미술관은 화가이자 탐험가이며, 동시에 큐 식물원의 가장 중요한 후원자 중 한 사람인 메리앤 노스의 공헌을 기념한다.

안타깝게도, 미술관 건물과 소장된 그림들은 몇 년 전부터 곤란을 겪기 시작했다. 현대의 전시 공간과 달리, 이 건물에는 적절한 환경 조절 장치가 없어 건물과 작품 모두 열과 습기와 곰팡이로 인해 손상되어 왔다. 지붕은 더 이상 튼튼하지 않았고, 벽은 비바람을 견디지 못했다. 다행히 2008년에 국가 복권 위원회로부터 충분한 지원금을 받아 미술관 건물과 그림 복원 프로젝트를 시작할 수 있었다. 이 프로젝트에는 새로운 양방향 터치스크린을 설치하는 작업도 포함되어 있다.

크기와 수형을 위한 가지치기

정원가가 어떤 개입도 하지 않고 그냥 정원에 방치해도 되는 나무 종류는 아주 드물다. 식물에서 무엇보다도 중요한 것은 알맞은 크기를 유지하는 것이다. 손질하지 않고 제멋대로 자라게 두면, 많은 큰키나무와 떨기나무는 너무 무성해져 지저분해지고, 덩굴식물은 서로 뒤얽혀 거대한 덩어리를 이룰 것이다.

 정원이 자연스럽게 보이는 것이 좋다고 해도, 최소한의 손길이라는 환상 역시 세심하게 공을 들인 가지치기가 여전히 필요하다. 꽃이 핀 후에 가볍게 가지치기하면 식물이 아무렇게나 무성하게 자라는 것을 막을 수 있으며, 시야를 가릴 수도 있는 떨기나무가 더 커지는 것을 조심스럽게 억제할 수도 있다. 부들레야 다비디처럼 조금 큰 관목은 해마다 늦겨울에 강전정을 해야 할 수도 있다. 그래야만 크기를 유지하면서 여름에 다시 생기를 되찾을 수 있다.

 1년 내내 계속 가지치기해야 한다면, 아마 그 식물은 자라는 공간에 비해 너무 큰 식물일 것이다. 이런 경우에는 그 식물을 치우고 더 적당한 크기의 다른 식물로 바꾸는 것이 좋을 것이다. 유칼립투스나무, 봄에 꽃이 피는 클레마티스 몬타나*Clematis montana*, 레일란디측백 같은 식물은 종종 생울타리로 심기도 하지만, 금세 키가 커 버린다.

죽은 가지, 병에 걸린 가지, 손상된 가지의 제거

 죽은 가지는 식물에 아무런 필요도 없고 감염원이 될 수도 있어, 항상 완전히 제거해야 한다. 손상되었거나 병들었거나 죽어 가기 시작하는 가지도 제거해야 한다. 식물체에서 병에 걸린 부분은 즉시 제거하고 파괴해야 한다.

 진딧물(특히 면충 종류), 점박이응애, 줄기를 갉아먹는 애벌레, 깍지벌레 같은 해충은 가지치기를 통해 완전히, 또는 부분적으로 방제가 가능하다. 가지치기를 이용해 방제할 수 있는 질병으로는 균핵병, 줄기마름병, 붉은가지마름병, 화상병, 흰곰팡이, 잎녹병, 은엽병이 있다. 그러나 병충해가 있다면 보이지 않는 다른 원인이 있을 수도 있으니, 병해충의 방제를 가지치기에만 의존해서는 안 된다. 항상 문제의 원인을 찾아 그것을 치료하는 것이 가장 좋은 방법이다(제9장을 보라).

 손상되었거나 병에 걸렸던 가지가 이미 자연 치유가 되었다면, 잘라 내고 건강한 새 가지를 나게 하기보다는 대체로 그대로 두는 편이 더 낫다. 강풍이나 낙뢰로 피해를 입거나 동물에 먹혀 부분적으로 부러진 가지는 제 위치에 고정해도 다시 회복되는 일은 드물어, 보통은 잘라 내는 것이 좋다. 손상되거나 찢어진 수피가 나무에 다시 붙는 일은 거의 없다.

부들레야 다비디*Buddleja davidii*, 부들레야

수형을 잡기 위한 가지치기

큰키나무와 떨기나무에서는 균형이 잘 잡힌 가지 형태가 자연스럽게 발달하는 경우가 많다. 다 자란 후에는 최소한의 가지치기만 해 주어도 되는 식물 종이라도, 1년생이나 2년생일 때에는 수형을 잡기 위한 가지치기를 해 주는 것이 좋다. 아주 어린 나무, 특히 곁가지가 거의 없는 어린 나무는 좋은 수형을 만들기 위한 가지치기가 반드시 필요하다. 어린 과실수와 관목도 마찬가지이다.

해마다 강전정을 하는 관목은 수형을 잡기 위한 가지치기가 그렇게 중요하지는 않다. 그러나 적당한 간격으로 떨어져 있는 가지들이 대칭을 이룬 균형 잡힌 수형을 만들려면, 몰려 있거나 엇갈려 있는 가지들을 제거하는 것이 좋다. 가지치기한 식물은 가지의 간격이 일정해야 하며, 반듯하고 벌어져 있어야 한다. 이것이 나무의 영구적인 뼈대가 되고, 이 뼈대가 점점 굵어지면서 거목으로 성장하는 것이다. 수형을 잡는 가지치기의 목표는 식물이 계속 자라는 동안 새롭게 나오는 가지들이 이런 반듯한 모양을 유지하게 하는 것이다.

상록 관목의 가지치기

일반적으로 상록 관목은 (필요한 경우) 시든 꽃을 따 주고 죽은 가지나 순을 제거하는 것 외에는 형태를 다듬어 주면서 최소한의 가지치기만 해 주면 된다. 가능하면 활엽 상록 관목은 작은 전정가위로 다듬어 주는 것이 가장 좋다. 긴 전정가위로 나무 전체를 깎는 방식으로 가지치기하면 넓은 나뭇잎이 조잡하게 잘려 나가고, 잘린 끝이 갈색으로 변할 수도 있다. 이른 봄에 너무 일찍 가지치기하면 새순이 봄 서리에 손상될 수도 있고, 늦여름이나 가을에 너무 늦게 가지치기하면 겨울이 되기 전까지 여린 새순이 단단해지지 못할 수도 있다는 점을 명심해야 한다.

로스마리누스 오피키날리스
Rosmarinus officinalis,
로즈마리

로즈마리는 오래된 목질부에서는 다시 순이 돋아나지 않으므로, 절대로 강전정을 해서는 안 된다. 대신 해마다 다듬어 주어야 한다.

북반구의 정원가들은 왕립 원예학회의 첼시 플라워 쇼가 열리는 5월 말을 기준으로 삼는 것이 좋다. 이 시기에 가지치기하면 너무 이르지도 않고 너무 늦지도 않다. 그래서 이 시기에 하는 가지치기를 '첼시 촙 Chelsea chop'이라고 부르기도 한다.

일부 상록 관목은 강전정이 맞지 않는다. 막눈을 많이 만들지 않는 나무들은 오래된 나무에서 새 가지가 바로 돋아나지 않기 때문이다. 이런 상록 관목으로는 양골담초(키티수스속과 게니스타속*Genista*), 히스와 헤더(칼루나속과 에리카속), 라벤더와 로즈마리가 있다. 이런 관목들은 몇 년 동안 가지치기하지 않고 내버려 두었다가 오래된 목질부만 남기고 강전정을 하면, 그냥 죽어 버리거나 아주 약하고 가느다란 가지가 나오면서 매우 볼품없는 모양으로 자랄 것이다. 이런 식물들은 해마다 가볍게 솎아 주거나 다듬어 주어야만 원하는 크기의 건강하고 무성한 덤불을 유지하면서 꽃도 잘 핀다.

꽃과 열매를 보기 위한 가지치기

가지치기는 정원가들이 나무 식물의 개화에 큰 영향을 줄 수 있는 중요한 방법 중 하나이다. 가지치기 시기는 주로 식물의 개화 시기에 의해 결정된다. 그리고 꽃눈이 올해 새로 자란 가지에 생기는지, 아니면 작년 여름에 나와서 목질이 된 가지에 생기는지에 따라서도 달라진다.

펜스테몬 글라우쿠스
Penstemon glaucus,
펜스테몬

꽃

늦가을에서 늦봄 사이(때로는 초여름)에 꽃이 피는 식물은 이전 해 여름에 꽃눈을 만들어야 하므로, '오래된' 나뭇가지에 꽃눈이 있다. 식물이 활발하게 자라는 시기인 여름과 초가을에 꽃이 피는 식물은 그해에 나온 가지에서 꽃이 핀다. 일반적으로 꽃이 피는 관목은 꽃이 지자마자 가지치기한다. 그러면 한 계절 내내 다음 해의 꽃눈을 만들 수 있을 것이다. 수국처럼 늦여름이나 가을에 꽃이 피는 관목은 서리로 인한 피해를 막으려고 이듬해 봄에 가지치기를 해준다. 눈이 자라서 새 가지가 나오기 시작할 때까지 기다렸다가 가지치기하는 것도 좋은 생각이다.

푸크시아, 펜스테몬, 케이프푸크시아cape fuchsias(피겔리우스속*Phygelius*)처럼 꽃이 늦게 피는 관목은 너무 일찍 가지치기하면 서리나 추운 날씨로 인해 손상을 입을 수도 있으므로, 한파가 지속될 때는 봄의 중반이나 후반까지 그냥 두는 것이 가장 좋다.

열매

열매를 위한 가지치기의 목적은 기본적으로 열매가 될 꽃눈의 형성을 촉진하고, 나뭇가지 사이로 통과하는 햇빛의 양을 늘려 열매가 잘 익게 하고, 생산성이 좋지 않은 가지를 제거하여 효율적이고 안정적인 형태의 수관을 만드는 것이다. 가지치기를 하지 않고 그대로 두면 열매의 개수는 많아질지 모르지만, 열매 하나하나의 크기와 질은 훨씬 떨어질 것이다.

과실수에는 두 종류의 눈이 있는데, 열매로 자라는 꽃눈과 잎이 달리는 가지와 줄기로 자라는 영양눈(잎눈)이다. 과실수에서는 꽃눈이 잎눈보다 통통한 경우가 많고, 꽃눈은 줄기를 따라 단과지라고 불리는 짧이 '없는' 해가 생길 것이다. 수확이 '있는' 해에 물과 양분과 에너지를 공급하느라 엄청난 압박을 받은 나무는 그것을 회복하려면 생장철 전체가 필요하다. 수확이 '없는' 해의 겨울에 조심스럽게 가지치기하면, 해거리를 극복할 수 있다. 평소처럼 가지치기하되, 1년 된 새 가지를 되도록 많이 남겨 두는 것이다. 새 가지는 그해에는 열매를 많이 만들지 않지만, 그다음에 돌아오는 수확이 '없는' 해에는 꽃눈을 만들게 된다. 꽃을 솎아 내는 방법도 있다. 꽃이 피고 일주일 안에, 꽃 10개 중 9개를 제거하는 것이다.

줄기 가지치기

층층나무, 흰말채나무(*Cornus alba*), 붉은말채나무(*C. sanguinea*), 노랑말채나무(*C. sericea*), 관상용 산딸기(검은

말루스 도메스티카*Malus domestica*,
사과나무

가지치기를 제대로 하면,
아주 큰 사과가 정기적으로 열리는 굵은 나무가 만들어질 것이다.

은 가지를 형성한다. 과실수 중에는 이렇게 단과지를 형성하는 종류도 있고, 가지 끝에 꽃눈이 덩어리 형태로 생기는 종류도 있다.

눈이 생기는 시기의 생장 조건과 그 이후의 겨울 날씨는 꽃눈의 개수에 영향을 준다. 꽃눈은 일반적으로 2~3년 이상 된 줄기에서만 생기므로, 어린 나무가 어느 정도 번듯한 열매를 맺기까지 수형을 잡는 데만 몇 년이 걸릴 수도 있다.

해거리

일부 과실수, 특히 사과나무와 배나무는 해거리를 한다. 이런 나무는 한 해 걸러 한 해씩만 제대로 된 열매가 달린다. 해거리에 영향을 주는 요소는 수없이 많다. 나무의 건강이나 활력, 또는 환경적 요소에 영향을 받기도 하고, 다른 품종에 비해 해거리를 하기 더 쉬운 품종도 있다.

해거리 유형이 정착되면, 수확이 '있는' 해와 수확

쓸모 있는 식물학

웃자람 가지

과도한 가지치기로 인해 한 지점에서 여러 개의 눈이 동시에 파괴되면, 웃자람 가지라고 불리는 가느다란 가지들이 얼기설기 나올 수도 있다. 이런 웃자람 가지가 유용한 줄기로 되살아나면서 정상적인 꽃과 열매를 맺기도 하지만, 대개는 너무 많아 서로 밀치며 자리를 차지한다. 웃자람 가지는 대체할 다른 가지를 만들 필요가 없다면, 솎아 내거나 완전히 제거해야 한다.

웃자람 가지는 가장 튼튼한 가지 한두 개만 남기고 모두 솎아 낸다.

코르누스 알바*Cornus alba*,
흰말채나무

딸기), 일부 버드나무 종류(버드나무속)처럼 색색의 줄기가 자라는 활엽 관목은 겨울 정원을 아름답게 장식한다. 이런 줄기는 시간이 갈수록 색이 점점 엷어지므로, 가을에 선명한 색의 새 줄기를 보려면 봄에 강전정을 해 주어야 한다.

이런 가지치기는 대개 해마다 해야 하지만, 필요하다면 2~3년에 한 번으로 줄일 수도 있다. 관목이 적당한 키를 유지하는 것이 여름 화단에서 중요한 요소라면, 해마다 가장 오래된 줄기를 1/2~1/3씩 제거하는 가지치기를 2~3년 동안 해 준다.

줄기를 지면 근처까지 바싹 자르는 기술은 막눈 내기 절단(맹아 갱신)이라고도 한다. 층층나무와 버드나무도 윗부분을 잘라 내고 수간의 절단부에서 새로운 줄기가 자라도록 촉진할 수 있는데, 새 줄기가 자라는 높이는 정원가의 필요에 맞게 변화를 줄 수 있다. 그러나 모든 나무가 이런 관리 방식에 반응하지는 않는다는 점을 주의해야 한다.

왜림矮林 작업

큰키나무나 떨기나무의 모든 줄기를 지면과 가깝게 바싹 자르는 이 기술은 원색의 어린 줄기와 관상용 잎의 생장을 촉진할 뿐만 아니라, 강전정을 견디는 식물에 다시 활기를 주는 데도 유용하다. 웃자란 개암나무, 유럽서어나무, 주목(구과식물에서는 드물게 강전정을 견딜 수 있는 종)의 줄기는 늦겨울에 시면과 가깝게 자를 수 있다. 이렇게 해서 생긴 막눈에서 나온 많은 새 줄기를 다시 솎아 내면, 활짝 벌어져 있으면서 공기도 더 잘 통하는 덤불을 다시 만들 수 있다.

특히 개암나무는 몇 년에 한 번씩 이런 방식으로 줄기를 자르면, 텃밭에서 지지대로 쓸 수 있는 길고 곧은 줄기를 얻을 수 있다. 왜림 작업은 나무에는 매우 가혹할 수 있지만, 자연스럽게 자라게 두면 키가 너무 커지는 나무를 울타리 안에서 키우는 데 유용하다. 일례로, 1년에 3미터는 거뜬히 자랄 수 있는 참오동나무(*Paulownia tomentosa*)는 왜림 작업을 하면 큰 관목 정도의 크기를 유지할 수 있다. 게다가 부작용으로 유난히 크고 아주 아름다운 잎이 생긴다는 이점도 있다. 특히 키가 큰 나무는 강풍에 매우 취약하여 뿌리가 흔들리거나 쓰러질 수도 있어, 일부 유칼립투스나무도 비슷한 방식으로 관리할 수 있다.

1. 왜림 작업을 하기에 적당히 크거나 웃자란 관목.

2. 겨울에서 초봄 사이에 줄기를 바싹 자른다.

3. 튼튼한 새 가지가 빠르게 돋아난다.

4. 여분의 줄기는 솎아 낸다.

두목頭木 전정

큰키나무나 떨기나무의 모든 줄기를 수간만 남기고 잘라 내는 방식의 가지치기를 두목 전정이라고 한다. 두목 전정을 이용하면, 정원 뒤편에 있는 나무의 높이를 제한하면서 훨씬 더 큰 나무의 구조적 특징을 만들 수 있다. 이 기술은 오리나무속(*Alnus*), 물푸레나무속(*Fraxinus*), 백합나무(*Liriodendron tulipifera*), 뽕나무속, 버즘나무속, 참나무속, 피나무속(*Tilia*) 느릅나무속(*Ulmus*)의 나무에 활용할 수 있다. 두목 전정을 하기에 가장 좋은 시기는 늦겨울이나 초봄이며, 어린 나무는 상처가 빨리 아물어 썩을 위험이 적으니 나무가 어렸을 때 시작하는 것이 좋다.

쓸모 있는 식물학

두목을 만드는 방법

먼저 나무가 원하는 높이까지 자라게 둔 다음, 곁가지들을 제거한다. 그러면 수간의 윗부분에서 새로운 줄기가 돋아난다. 해마다 이 새 줄기들을 제거하고 수간의 윗부분만 남기면, 시간이 흐를수록 수간, 즉 두목이 점점 더 굵어지고 더 모양이 잡힌다.

두목 전정은 일단 시작하면 주기적으로 계속 해 주는 것이 중요하다. 새 가지의 각도와 무게로 인해 나무가 약해질 수도 있기 때문인데, 가지가 많이 생기는 곳은 특히 더 신경을 써야 한다.

두목 전정을 할 때는 이전에 잘랐던 부분의 바로 위에서 잘라야 한다. 그래야만 썩을 위험이 큰 오래된 목질부가 드러나는 것을 피할 수 있다.

줄기가 시작되는 부분 근처까지 바싹 자른다.

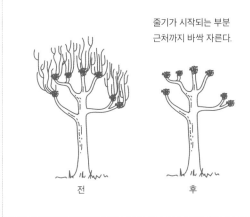

전　　　　후

잎 가지치기

낙엽성 관목과 교목 중에는 색색의 크고 아름다운 잎을 보려고 키우는 종류가 많으며, 대표적인 예로는 꽃개오동(카탈파 비그노니오이데스*Catalpa bignonioides*와 재배품종인 '아우레아*Aurea*'), 보라색 잎의 막시마개암나무(코릴루스 막시마 '푸르푸레아*Corylus maxima* 'Purpurea'), 안개나무(코티누스 코기그리아 '로열 퍼플'*Cotinus coggygria* 'Royal Purple'과 다른 재배품종), 참오동나무, 미국붉나무, 다양한 엘더베리(삼부쿠스 니그라*Sambucus nigra*)가 있다. 이런 관목은 해마다 봄에 강전정을 해 주면 잎이 더 크게 나온다.

안타깝게도 이런 강전정은 식물의 개화를 어느 정도 방해한다는 단점이 있는데, 이 관목들에는 대부분 영향이 없다. 만약 꽃이 피기를 원한다면, 3~4년 주기로 강전정을 하거나 강전정을 하지 않고 자라게 둔다.

코릴루스 막시마*Corylus maxima*,
막시마개암나무

나르키수스 타제타*Narcissus tazetta*,
수선화

제8장

식물과 감각

저명한 방송인이자 자연사학자인 데이비드 애튼버러David Attenborough는 이렇게 말한다. "식물은 볼 수 있다. 생각을 하고 서로 의사소통을 할 수 있다. 아주 살짝만 닿아도 반응할 수 있고 놀라울 정도로 정확하게 시간을 추정할 수도 있다." 헛된 상상 같지만, 식물학자는 식물에 관해 알면 알수록 식물이 주위 환경을 얼마나 꼼꼼하게 감지할 수 있는지 발견할 뿐이다.

경험 많은 정원가라면 이미 어느 정도 짐작은 하겠지만, 아마 실제로 벌어지는 일이 어느 정도인지는 알지 못할 것이다. 대부분의 사람들은 식물을 무생물과 비슷하게 생각한다. 식물의 시간 규모는 우리와는 사뭇 달라 이런 생각이 드는 것도 무리가 아니다.

그러나 우리 대부분은 돋아나고 있는 가지가 빛을 찾고, 발아하고 있는 씨앗이 중력을 감지할 수 있다는 것을 이미 알고 있다. 어떤 꽃은 해가 있는 방향으로 고개를 돌리고, 어떤 꽃은 밤에 꽃잎을 오므린다는 것도 누구나 안다. 심지어 먹이를 잡거나 천적을 물리칠 수 있는 식물도 있다. 찾으면 찾을수록 사례는 더 많아진다. 식물의 감각 능력은 식물학자들이 이제막 이해하기 시작한 현상이다.

빛 감지

식물이 빛을 감지하고, 즉 빛을 '보고', 빛의 존재에 반응해 광합성(89~90쪽을 보라)을 시작한다는 것이 17세기 중반에 매우 기초적인 실험을 통해 알려진 이래로 오랜 시간이 흘렀다. 오늘날 식물학자들은 빛에 대해 식물이 반응하는 여러 가지 방식을 묘사할 수 있다. 식물이 빛에 반응하여 스스로 구조적으로 발달하는 것은 광형태형성이라 하고, 식물 조직이 빛의 방향이나 그 반대 방향으로 자라는 성질은 굴광성이라 하며, 식물이 시간의 흐름에 맞춰 생장하는 현상은 광주기성이라 한다.

엑스선, 감마선, 라디오파, 마이크로파를 포함하는 전체 전자기 스펙트럼에서 가시광선이 차지하는 비율은 매우 작다. 음파는 이 스펙트럼에 포함되지 않는다. 빛의 파장은 나노미터(nm: 10억 분의 1미터) 단위로 측정되며, 인간이 눈으로 볼 수 있는 전자기 스펙트럼의 한 부분이다. 가시광선 스펙트럼을 구성하는 각각의 색은 저마다 파장이 다르다. 붉은색은 파장이 가장 길고(620~750나노미터), 보라색은 가장 짧다(380~450나노미터). 초록색의 파장은 495~570나노미터이다. 이 빛들의 파장이 모두 합쳐지면 흰색이 된다. 가시광선 스펙트럼의 양 끝에는 인간이 볼 수 없는 빛인 적외선(750~1000나노미터)과 자외선(300~400나노미터)이 있다. 식물은 이 적외선과 자외선의 파장도 감지할 수 있다.

식물의 기관에는 빛을 감지하는 화합물(광수용기)이 들어 있다. 이런 광수용기는 빛의 존재, 더 정확히 말하면 특정 파장의 빛에 반응한다. 중요한 광수용기로는 피토크롬(적색광과 청색광 흡수), 크립토크롬(청색광과 자외선 흡수), UVR8(자외선 흡수), 원原엽록소(적색광과 청색광 흡수)가 있다. 여기서 우리는 가시광선 스펙트럼의 양쪽 가장자리에 있는 붉은색과 파란색 파장의 빛이 식물에 가장 유용하다는 것을 알 수 있다. 흥미롭게도, 우리 눈은 어떤 물체에서 반사되는 빛만 볼 수 있다. 우리 눈에 식물이 초록색으로 보이는 까닭은 식물이 초록색 파장의 빛을 흡수하지 않기 때문이다.

굴광성

식물의 줄기와 잎은 대부분 주된 광원이 있는 쪽을 바라본다. 뿌리는 굴광성을 거의 나타내지 않고, 오히려 빛과 접촉하면 빛의 반대 방향으로 구부러지는 경향이 있다. 빛이 있는 방향으로 자라는 경향을 양성 굴광성이라 하고, 빛의 반대 방향으로 자라는 경향을 음성 굴광성이라 한다.

1880년에 찰스 다윈과 그의 아들인 프랜시스가 실험을 통해 밝혀낸 사실에 의하면, 식물에서 굴광성의 자극원을 감지하는 부분은 식물의 끝에 있는 생장점이지만, 식물이 구부러지는 원인은 생장점보다 아래에 있는 세포들이다. 이 사실을 증명하기 위한 실험에서, 다윈 부자는 발아하고 있는 귀리 싹의 자엽초(발아하고 있는 외떡잎식물의 새싹을 둘러싸서 보호하고 있는 부분)를 활용했다. 빛을 감지하지 못하도록 끝 부분을 덮은 귀리 싹은 굴광성을 나타내지 않았지만, 끝부분이 조금이라도 빛에 노출되면 빛이 있는 쪽으로 자랄 수 있었다. 1913년, 덴마크의 과학자인 보이센-옌센Boysen-Jensen은 생장점에서 일종의 화학적 신호가 그보다 조금 아래에 있는 세포로 전달된다는 것을 증명했다. 이 연구를 발판으로, 프리츠 벤트가 1926년에 식물 호르몬 옥신을 발견했다.

빛의 세기가 증가하면 굴광성도 이에 맞춰 증가한다. 그러나 빛이 너무 강해지면 음성 굴광성이 나타난다. 다시 말해, 식물이 빛을 피하기 시작하는 것이다. 특히 자외선 구간의 광도가 높으면, 일종의 천연 태양광 차단제인 안토시아닌의 생산이 자극될 수도 있다. 식물학자들은 가시광선 스펙트럼의 붉은색과 파란색 구간이 둘 다 굴광성을 유발한다는 것을 증명했고, 이로써 굴광성을 담당하는 광수용체의 종류가 둘 이상이라고 믿게 되었다.

광주기성

계절의 변화나 하루의 변화에 식물이 동기화하는 현상을 광주기성이라 한다. 광주기성은 줄기의 신장, 개화, 잎의 성장, 휴면, 기공의 개폐, 낙엽 같은 식물의 수많은 반응을 일으키며, 동물에서도 광범위하게 발견된다. 사실 우리가 자연 세계에서 볼 수 있는 대부분의 현상은 식물과 동물이 밤낮의 길이 변화를 감지할 수 있어서 일어나는 것이다.

밤낮의 길이 변화가 아주 작은 지역인 적도에서 멀리 사는 식물일수록, 계절적 광주기성이 큰 역할을 한다. 이를테면, 계절의 차이가 매우 큰 한대 지방에서는 여름이 끝날 무렵이 되면 숲 전체에서 나무들이 잎을 떨구고, 다년초는 지하의 눈만 남기고 시들어 버린다.

낮의 길이가 변화하는 속도는 1년 내내 다르다. 그중에서도 동지에 가까울 때는 변화가 느리지만, 춘분과 추분 무렵에는 낮의 길이가 더 빨리 변한다. 식물이 반응하는 것이 낮의 길이가 아니라 밤의 길이인 경우도 자주 볼 수 있다.

식물에서 광주기성의 효과에 관한 연구는 주로 개화 시기와 관련해 이루어져 왔다. 통제된 조건하에서 (즉, 예기치 못한 날씨 변화까지 계산에 넣은 상황에서), 주어진 식물 종은 해마다 대략 같은 시기에 꽃이 필 것이다.

식물은 장일 식물 또는 단일 식물로 나뉜다. 장일 식물은 낮의 길이가 어떤 한계점보다 길어지면 꽃이 핀다. 장일 식물의 전형적인 개화 시기는 낮이 점점 길어지기 시작하는 늦봄이나 초여름이다. 단일 식물은 낮의 길이가 한계점보다 짧아질 때만 꽃이 피며, 대체로 늦여름이나 가을에 꽃이 피는 쑥부쟁이와 국화 종류가 단일 식물에 속한다. 달빛 같은 야간의 자연광이나 가로등 빛은 개화에 방해가 되지 않는다.

낮의 길이에 영향을 받지 않는 중일성 식물도 있다. 중일성 식물에는 흔히 말하는 잡초 종류가 많지만, 잠두와 토마토도 중일성 식물에 속한다. 이 식물들은 전체적으로 특정 발달 단계나 나이에 도달할 때 꽃이 피거나, 저온 주기와 같은 다양한 환경 자극에 반응하여 꽃이 필 수도 있다.

이포모에아 푸르푸레아*Ipomoea purpurea*, 둥근잎나팔꽃

광형태형성

빛에 대한 식물의 반응 중에서 방향성도 주기도 없는 반응을 광형태형성이라 한다. 광형태형성은 식물이 빛으로 인해 어떻게 발생하는지를 보여 준다. 대표적인 예로는 발아할 때 일어나는 현상을 들 수 있다. 발아할 때 돋아난 새싹이 빛을 받으면, 새싹은 뿌리로 신호를 보내고, 뿌리는 그 신호에 반응하여 갈라지기 시작한다. 광형태형성에서 중요한 부분을 차지하는 것은 식물 호르몬이다. 식물 호르몬이 식물체의 한 부분에서 다른 부분으로 신호를 보내면, 그 신호에 의해 반응이 유발되기 때문이다. 감자의 덩이줄기 형성, 일조량이 적을 때 줄기가 길게 자라는 현상, 잎의 형성도 광형태형성의 예가 될 수 있다.

색 신호

식물은 종종 색깔을 이용해 동물의 감각을 유발한다. 원예의 크고 화려한 꽃이 만발하는 식물이 매력적이라는 사실은 어떤 정원가도 부정하지는 못할 것이다. 야생에서 색색의 꽃들은 환한 등대처럼 작용하여 꽃가루 매개동물을 유인한다.

꽃가루 매개동물은 저마다 다른 파장의 빛에 반응하고, 꽃은 저만의 꽃가루 매개동물을 유인하려고 특별한 색을 나타낸다. 많은 곤충, 특히 꿀벌은 파장이 짧은 파란색, 보라색, 자외선 영역의 빛에 반응한다. 반면, 주로 새를 매개로 꽃가루받이가 일어나는 식물은 붉은색과 주황색의 꽃이 핀다. 나비는 노란색, 주황색, 분홍색, 붉은색을 선호한다.

많은 꽃에는 꽃꿀 유도선이라고 불리는 줄무늬가 있다. 이 줄무늬는 곤충을 위한 활주로 역할을 해서, 곤충을 꽃꿀이나 꽃가루가 있는 쪽으로 곧장 안내한다. 어떤 꽃꿀 유도선은 보통의 빛에서도 보이지만, 많은 꽃꿀 유도선이 자외선에서만 나타난다. 빛의 양이 적을 때도 감지가 가능한 형광 유도선도 드물게 볼 수 있다.

대부분의 꽃은 꽃가루받이가 성공적으로 끝나면 색이 점차 옅어진다. 이는 꽃이 늙어 꽃가루나 꽃꿀이 없으니 다른 꽃으로 가야 한다는 것을 꽃가루 매개동물에게 알려 주는 작용을 한다. 꽃가루받이가 끝나면 사실상 꽃색이 바뀌는 식물도 있다. 물망초(개꽃마리속 *Myosotis*)와 렁워트(풀모나리아속) 같은 일부 지치과 *Boraginaceae* 식물은 꽃색이 분홍색에서 파란색으로 바뀐다. 색 변화는 열매가 익었음을 알려 주기도 한다.

'접촉'과 '촉감'

식물은 접촉에만 민감한 것이 아니라 중력이나 기압 같은 다른 외부의 힘에도 민감하다. 접촉에 대한 지향성 반응은 굴촉성이라고 알려져 있고, 중력에 대한 반응은 굴지성이라고 불린다.

굴촉성
포도나무 같은 일부 덩굴식물의 덩굴손은 굴촉성이 강하다. 이런 식물의 덩굴손은 촉각 돌기라고 부르는 감각 상피 세포를 통해, 그 식물이 자라고 있는 표면의 단단한 물체를 감지하고 그 결과 감는 반응이 일어난다. 지지대를 감고 올라가는 줄기나 뿌리나 잎자루 역시 굴촉성에 의한 것이다.

여기에서도 식물 호르몬 옥신이 중요한 역할을 한다. 물리적 자극을 받은 세포가 옥신을 생산하면, 그 옥신은 접촉이 일

풀모나리아속 *Pulmonaria*, 렁워트

파시플로라 알라타*Passiflora alata*,
알라타시계꽃

바람과 쓰다듬기의 효과

바람이 많이 부는 곳에서 자라는 식물은 바람으로
인한 피해를 견디려고 더 굵고 억센 줄기를 만든다.
나무에 지지대를 받쳐야 할 때는 이런 문제를 현실
적으로 고려해야 한다. 나무 높이의 1/3을 넘지 않
는 짧은 지지대는 수간 전체를 받치는 긴 지지대에
비해 나무줄기가 바람에 자유롭게 구부러질 수 있
어 밑동 근처에서부터 수간이 굵어진다. 그래서 나
중에 지지대를 제거하면, 나무가 스스로 잘 버틸 수
있을 것이다. 손가락이나 종이로 어린 묘목을 쓸어
주면 줄기가 더 튼튼해져 더 탄탄한 어린 식물을 만
들 수 있다.

굴지성

굴광성에 관한 연구와 마찬가지로, 이 현상 역시 찰
스 다윈과 그의 아들이 최초로 설명했다. 중력 굴성
이라고도 불리는 굴지성은 중력에 대한 식물의 생장
반응이다. 지구의 중력이 잡아당기는 방향인 아래쪽
으로 자라는 뿌리는 양성 굴지성을 나타내고, 중력의
반대 방향인 위쪽으로 자라는 줄기는 음성 굴지성을
나타내는 것이다.

정원에서는 싹이 트고 있는 어린 식물에서 굴지
성을 확인할 수 있다. 돋아나고 있는 뿌리는 아래
쪽으로 자라면서 토양 속을 탐험하기 시작한다. 그
러나 가지가 늘어지거나 지나치게 아래쪽으로 자
라는 습성이 있는 일부 큰키나무와 떨기나무에서
도 굴지성을 관찰할 수 있는데, 버들잎배나무 '펜둘
라'(*Pyrus salicifolia* 'Pendula')와 호랑버들 '킬마낙'(*Salix
caprea* 'Kilmarnock')이 그런 식물이다. 홍자단(*Cotoneaster
horizontalis*) 같은 식물은 위나 아래가 아니라 지면을
따라서 자라는 일종의 중성 굴지성을 나타낸다.

어난 가지의 반대편 생장 조직에 전달된다. 그러면 옥
신으로 인해 조직이 더 빨리 생장하여 접촉된 물체를
감싸면서 구부러진다. 어떤 경우에는 접촉 면의 세포
가 압축되면서 감는 반응을 더 강화하기도 한다.

뿌리는 감지한 물체에서 멀어지는 방향으로 자라
는 음성 굴촉성을 나타낸다. 그래서 토양 속의 돌이
나 다른 큰 장애물을 피해 방해를 가장 덜 받는 쪽으
로 자랄 수 있는 것이다.

미모사(*Mimosa pudica*)의 잎은 만지면 닫히면서 아
래로 처지는 것으로 유명하다. 그러나 이것은 굴촉성
반응이 아니라, 감촉성 반응의 일종이다. 현상은 비
슷하지만, 다른 기계적 반응으로 인한 결과이다.

감촉성은 세포의 생장에 의해 일어나는 반응이 아
니라, 세포의 팽압(세포에 들어 있는 물의 양에 따른 압
력)이 매우 빠르게 변하면서 나타나는 즉각적인 반응
이다. 다른 감촉성 반응으로는 곤충이 앉으면 닫히는
파리지옥(*Dionaea muscipula*)의 덫이나 기생무화과나무
(*Ficus costaricensis*)의 휘감는 줄기나 뿌리가 있다.

피에르-조제프 르두테
1759~1840

벨기에의 화가이자 식물학자인 피에르-조제프 르두테Pierre-Joseph Redouté는 모든 식물화가 중 가장 잘 알려져 있는 인물일 것이다. 그의 그림 중 특히 유명한 작품은 프랑스 말메종 성에서 그린 장미와 백합 수채화이다. 그의 장미 그림은 다른 식물화가들이 가장 많이 모사하는 그림으로 알려져 있다. 그는 르네상스의 거장 화가인 라파엘로에 빗대어 '꽃의 라파엘'이라고 불리기도 했다.

정식 교육을 받지 못한 르두테는 그의 아버지와 할아버지를 좇아 화가가 되려고 10대 초반에 집을 떠났고, 초상화와 종교화를 비롯해, 심지어 실내 장식을 위한 그림도 그렸다.

23세가 되었을 때, 르두테는 파리에서 실내장식과 조경 설계를 하던 그의 형 앙투완-페르디낭Antoine-Ferdinand과 합류했다. 파리에서 그는 르네 데퐁텐René Desfontaines이라는 식물학자를 만났고, 데퐁텐은 르두테를 식물화가의 길로 이끌었다. 당시 유럽의 문화와

피에르-조제프 르두테의 작품은 가장 유명한 식물학 삽화에 속한다.

과학 중심지로 여겨졌던 파리에서는 식물화에 대한 관심이 뜨거워 그에게는 일이 밀려들었다.

1786년, 르두테는 프랑스 국립 자연사 박물관에서 일하기 시작했다. 이곳에서 그는 과학 출판물을 위한 삽화를 준비하면서 식물과 동물 소장품의 목록을 분류하고, 식물 탐사에 참여하기도 했다. 이듬해에는 큐 왕립 식물원에서 식물을 연구했다. 큐 식물원에서 그는 그의 아름다운 식물 삽화의 제작에 필요한 전문 지식인 점묘 판화와 원색 인쇄 기술을 배우기도 했다. 훗날 그는 점묘 판화 기술을 프랑스에 소개했고, 작은 섀미가죽[무두질한 염소나 양의 부드러운 가죽]이나 면 수건을 이용해 동판에 연이어 색을 입히는 색 적용 방식을 개발하기도 했다.

그 후에는 프랑스 과학 아카데미에 고용되었다. 르두테의 스승이 된 네덜란드의 식물화가 헤라르트 판 스파언돈크Gerard van Spaendonck를 만난 것도 이 무렵이었다. 르두테의 후원자인 프랑스의 식물학자 샤를 루이 레리티에 드 브루텔Charles Louis L'Héritier de Brutelle은 꽃을 해부하고 특징을 묘사하는 법을 그에게 가르쳐 주었다. 판 스파언돈크로부터는 순수하게 수채물감만으로 그림을 그리는 법을 배웠다. 관찰한 자연을 종이에 옮기는 르두테의 솜씨는 나날이 훌륭해졌고, 그를 찾는 사람도 아주 많아졌다.

레리티에 드 브루텔은 르두테를 베르사유 궁정에 소개했고, 마리 앙투아네트는 그의 후원자가 되었다. 마리 앙투아네트의 정식 궁정화가가 된 르두테는 그녀의 정원을 그렸다. 루이 16세에서 루이 필프 1세에 이르는 프랑스 왕들도 그의 후원자였다. 르두테는 프랑스 혁명 기간에도 계속 그림을 그렸다.

1798년에는 나폴레옹 보나파르트의 첫 번째 부인인 조제핀 드 보아르네 황후가 르두테의 후원자가 되

**장미속*Rosa*의 여러 재배품종,
장미**

이 그림은 르두테가 생각한 자신의 가장 뛰어난 작품들을
엮은 책인 『가장 아름다운 꽃 모음집』에 실려 있다.

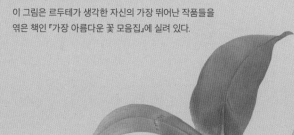

었고, 마침내 르두테는 황후의 공식 화가가 되었다.
그는 정원을 가꾸고 기록하려는 황후의 계획의 일환
으로, 그녀의 말메종 성 정원 식물의 그림을 그렸다.
르두테는 보나파르트의 이집트 원정에 동행하기도
했다. 황후의 후원 덕분에 더욱 큰 성공을 거둔 르두
테는 아메리카 대륙, 일본, 남아프리카 같은 먼 타국
의 식물을 그린 그의 가장 화려한 작품을 내놓았다.

황후가 죽은 후, 프랑스 국립 자연사 박물관의 미
술 책임자가 된 르두테는 왕족 여성들을 위한 그림
교실을 열었고, 『가장 아름다운 꽃 모음집Choix des
plus belles fleurs』 같은 미학적으로 가치 있는 그림을 그
렸다.

르두테는 당대의 위대한 식물학자들과 협업했고,
그가 삽화를 그린 출판물은 50권에 이르렀다. 그의
주요 작품으로는 『게라놀로지아Geraniologia』, 『백합
Les Liliacées』(8권), 『장미Les Roses』(3권), 『가장 아름다
운 꽃과 가장 아름다운 과일 모음집Choix des plus belles
fleurs et de quelques branches des plus beaux fruits』, 『P. J. 르
두테가 그린 486종의 백합과 168종
의 장미Catalogue de 486 Liliacées et de 168
roses peintes par P.-J. Redouté』, 『알파벳 꽃
Alphabet Flore』이 있다.

프랑스 혁명 기간에는 국가에 귀속된
수많은 정원을 기록했다. 그는 2,100점이
넘는 도판을 그렸고, 1,800종 이상의 종을
그림으로 묘사했다. 그가 벨럼[어린 동물
의 가죽으로 만든 피지]에 그린 원본 수채
화는 주로 프랑스의 말메종 국립 박물관
과 다른 박물관에 소장되어 있지만, 개인
이 소장하고 있는 작품도 많다.

**스프레켈리아 포르모시시마*Sprekelia formosissima*,
스프레켈리아**

이 그림도 『가장 아름다운 꽃 모음집』에 실려 있지만,
아마릴리스*Amaryllis*로 잘못 표기되어 있었다.

냄새 감지

제3장에서 확인했듯이, 식물은 공기 중의 특정 분자에 반응한다. 그중 가장 잘 알려진 분자인 에틸렌은, 익어 가고 있는 과일에서 반응을 일으킨다. 에틸렌은 꽃이나 잎이 지는 것 같은 식물 기관의 노쇠에도 역할을 하고, 고등한 식물의 모든 부분에서 생산되는 것으로 알려져 있다. 또, 물에 잠기거나 상처를 입는 것 같은 환경적 스트레스에 대한 반응으로도 에틸렌이 방출되는 것이 발견되었다.

연구를 통해 밝혀진 바에 따르면, 해충의 공격을 받고 있는 식물은 페로몬을 비롯해 다양한 휘발성 화합물을 공기 중에 방출하고, 주위의 다른 식물들은 이런 화합물도 받아들인다. 이런 화합물 중 하나인 자스몬산메틸은 주위의 식물들로 하여금 유기 화합물을 만들기 시작하도록 유도한다. 이렇게 만들어진 화합물 중 특히 타닌은 해충을 물리치고 곧 닥칠 공격에 대한 저항성을 기르는 데 도움이 된다(210~211쪽을 보라). 풀을 벨 때 나는 싱그러운 냄새는 사실 다양한 휘발성 화합물의 방출로 인한 것이다. 이 화합물들은 식물의 방어 기능을 하는 것으로 추측되며, 다른 식물에게 보내는 경고 신호일 수도 있다.

기생식물인 새삼속*Cuscuta*의 어린 식물은 화학물질을 감지하여 숙주가 있는 쪽으로 자란다. 미국 펜실베이니아 주립대학교의 과학자들은 일련의 실험을 통해, 새삼(미국실새삼*C. pentagona*)이 토마토의 식물체에서 만드는 휘발성 화합물이 있는 방향으로 자란다는 것을 증명했다. 먼저, 과학자들은 좋아하는 숙주인 토마토가 있는 쪽으로 새삼이 이끌리는지부터 밝혀냈다. 어린 새삼은 어둠 속에서도 토마토가 있는 쪽으로 기울어지면서 자랐다. 그다음에는, 토마토 향이 나지 않는 가짜 식물 근처에서 키운 새삼은 똑바로 자란다는 것을 증명했다. 새삼을 토마토와 밀 사이에 두면, 새삼은 항상 토마토 쪽으로 자랐다. 마지막으로, 새삼이 토마토의 냄새를 감지한다는 것을 증명하려고 두 식물을 각각 다른 상자에서 자라게 했다. 두 상자는 하나의 관으로 연결되어 있었는데, 토마토가 만드는 화합물은 이 관을 통해서만 새삼에 닿을 수 있었다. 새삼은 그 관이 있는 방향으로 자랐다.

그뿐이 아니었다. 새삼은 밀만 있을 때는 양분의 급원이 필요해 밀이 있는 쪽으로 자랐지만, 밀과 토마토 중에 선택을 할 수 있을 때는 항상 토마토가 있는 쪽으로 자란다. 밀에서도 새삼을 유인할 수 있는 물질이 만들어진다는 것이 밝혀졌지만, 토마토가 만드는 세 가지 화합물의 칵테일이 새삼을 더 잘 끌어당기고 있었다.

쿠스쿠타 레플렉사*Cuscuta reflexa*, 새삼

유인을 위한 향

어떤 꽃 냄새는 오랫동안 좋은 기억으로 남아 있고, 이런 기억은 그 식물의 냄새를 다시 맡으면 곧바로 떠오른다. 어떤 식물의 냄새는 너무 강해 독하게 느껴질 수도 있고, 어떤 식물의 냄새는 역겹다고밖에 묘사할 수 없다! 식물이 세상에서 가장 향기로운 향수를 우리에게 선사한다는 것도 그리 놀라운 일은 아니다.

우리가 아는 대부분의 식물 향은 꽃에서 만들어진다. 꽃의 향기는 화려한 색과 함께 꽃가루 매개 동물을 끌어들이는 데 이용되고, 열매가 내는 향은 그 열매가 익었다는 것을 드러낸다. 휘발성 화합물이 만들어지고, 곧바로 증발된다. 식물은 종마다 들어 있는 기름 성분들이 다 다르며, 이 기름 성분들의 조합으로 그 식물 특유의 향이 만들어진다. 가장 흔하게 포함되어 있는 휘발성 화합물 중 하나는 벤조산메틸methyl benzoate이다.

겨울에 꽃이 피는 식물 중에는 향이 진한 식물이 많다. 정원 식물로 인기가 좋은 향괴불나무, 네팔서향(*Daphne bholua*), 사르코코카 콘푸사*Sarcococca confusa*는 향이 진하기로 유명하다. 이 식물들의 꽃 향이 이렇게 진한 까닭은 겨울에는 꽃가루받이 동물이 아주 드물기 때문이다. 어디에 있을지 모를 꽃가루받이 동물을 유인하려면 가능한 한 멀리까지 자신을 광고해야 한다.

로니케라 프라그란티시마
Lonicera fragrantissima,
향괴불나무

식물이 향기 나는 잎을 만드는 것은 주로 초식동물에게 먹히는 것을 막기 위해서다(210~211쪽을 보라). 향기 나는 잎은 덥고 건조한 기후에 사는 식물에서 많이 볼 수 있는데, 로즈마리, 바질, 월계수, 타임처럼 요리에 이용되는 허브도 이런 종류의 잎이다. 이렇게 잎에서 만드는 '방향유'는 식물의 방어 수단일 뿐 아니라, 가뭄과 그로 인한 탈수로부터 잎을 보호하는 중요한 역할도 한다. 잎 표면이나 주변의 기름층과 유증기는 수분 손실을 줄이는 데 도움이 되기 때문이다.

딕탐누스 알부스*Dictamnus albus*(백선)는 향기 나는 잎을 만드는 식물의 좋은 본보기이다. 유럽 남부와 아프리카 북부의 탁 트인 곳에 자생하는 이 식물은 날씨가 더울 때는 성냥으로 불을 붙일 수 있을 정도로 휘발성 방향유를 많이 만들어 낸다. 그래서 이 식물의 영어 이름이 '불타는 떨기나무'를 뜻하는 burning bush이다.

진동 감지

믿기 힘든 이야기처럼 들리지만, 최근 연구에서는 식물이 특정 소리와 진동에 반응할 수 있다는 것이 밝혀졌다.

식물에서 소리의 역할은 아직 충분히 탐구되지 않았지만, 이런 과학적 연구의 이면에 있는 학설은 식물이 주위 환경에서 일어나고 있는 일을 파악하려면 소리의 활용이 유리할 것이라고 주장한다. 음향 신호는 식물의 자연 환경 어디에나 있기 때문이다.

소리 인식

수많은 식물의 꽃에서 공통적으로 나타나는 음파 인식 사례가 하나 있는데, 꽃밥이 정확한 진동수로 진동할 때만 꽃가루가 방출되는 것이다. 이런 진동은 꽃을 찾아오는 벌에 의해 만들어지며, 벌은 식물에 맞춰 비행근을 진동시키려고 식물과 함께 진화해 왔다.

어린 옥수수의 뿌리에서는 사람이 들을 수 있는 딸깍거리는 소리가 나는 것이 드러났다. 게다가 특정 소리에만 반응하여 그 소리가 나는 쪽으로 뿌리가 구부러지는 선택적 진동수 민감성도 나타냈다. 뿐만 아니라, 어린 옥수수 뿌리를 물속에 매달고 뿌리에서

쓸모 있는 식물학

식물에게 말 걸기

식물에게 말을 걸어 주면 생장에 도움이 된다고 믿는 정원가들이 있다. 음파에 그런 효과가 있다는 것은 증명되지 않았다. 사람이 숨을 내쉴 때 나오는 이산화탄소와 수증기가 식물의 생장을 개선할 수도 있다는 주장도 있지만, 이렇게 일시적으로 증가한 양이 어떤 의미 있는 효과를 일으킬 정도로 식물 근처에 충분히 오래 존재할 것 같지는 않다.

내는 음역대의 진동수인 220헤르츠의 소리를 지속적으로 들려주면, 옥수수 뿌리는 음원이 있는 쪽으로 자란다. 어떤 연구에서는, 소리가 발아와 생장 속도에 변화를 일으킬 수 있다는 것을 보여 주기도 했다.

식물이 내는 소리

공상처럼 들리지만, 식물은 가끔 소리를 만들고 음파를 방출하는 것으로 알려져 있다. 이 음파는 가청 영역에서 가장 낮은 음역대인 10~240헤르츠 범위이며, 이와 함께 20~300킬로헤르츠 범위의 초음파도 방출한다. 식물이 소리를 내는 메커니즘은 거의 밝혀지지 않았다.

식물세포는 세포 내 소기관들의 활발한 운동으로 인해 진동한다. 그다음에는 각 세포의 진동이 음파처럼 이웃한 세포에 전달된다. 이웃한 세포가 그 진동을 받아들이면, 그 세포들도 같은 진동수로 진동하기 시작한다. 만약 이 소리가 식물체 밖까지 확장된다면, 하나의 신호처럼 작동할 수도 있을 것이다.

제아 메이스*Zea mays*, 옥수수

인간의 감각과 식물

그러나 감각은 식물에만 있는 것이 아니다. 정원가에게도 감각이 있다. 어떤 식물이 번성하는 까닭은 정원가들이 찾는 매력적인 속성이 있기 때문이다. 정원에는 우리의 모든 감각을 만족시키는 식물들이 있다.

시각과 청각

우리는 아름답게 꾸며진 정원을 만들려고, 주로 시각적 만족을 위해 식물을 키운다. 우리 눈에 아름답게 보이면, 우리는 그 식물을 기른다. 식물의 꽃과 열매와 잎을 통해 주로 만들어지는 장식적인 형태는 우리의 요구를 만족시켜 준다. 그러나 정원가는 소리와 냄새 같은 다른 차원의 감각을 더해 더 깊이 있는 만족을 얻을 수 있는데, 특히 시각 장애가 있는 사람들에게 이것은 더 매력적인 선택이다.

정원가들은 식물이 만드는 소리를 간과하고는 하지만, 산들바람에 잎사귀들이 스치는 소리를 들으면 마음이 아주 편안해진다. 그중에서도 화본류와 대나무가 만드는 소리는 특별히 더 훌륭하다.

그러나 정원 근처에 큰 도로나 철길, 산업 단지나 다른 소음원이 있을 때는 소리의 느낌이 달라질 수 있다. 이런 경우에는 식물로 방음벽을 만들 수도 있다. 식물 방음벽은 일반 방음벽보다 음파와 진동을 흡수하고 반사하고 회절시키는 효과가 더 좋은 경우가 많다. 또한, 정원의 풍해 방지에도 도움이 되고, 차량 통행으로 인한 피해도 줄여 준다.

한 줄의 나무 벽은 방음벽으로서의 효과가 매우 미약하다. 나무들 사이의 상호 반사는 나무 벽이 두 줄일 경우에 훨씬 더 효과적이어서, 전체적으로 소음이 무려 8데시벨이나 감소하는 효과를 볼 수도 있다. 대부분의 상황에서, 식물 방음벽은 높이 1미터당 1.5데시벨씩 소음을 줄이는 경향이 있다. 이런 감소치는 미미할 수도 있지만, 나무를 심으면 소음이 놀라울 정도로 덜 느껴진다. 소음원이 보이지 않게 된 것만으로도 훨씬 견딜 만해지기 때문이다.

1년 내내 잎이 달려 있는 상록수가 가장 효과 좋은 차단막으로 여겨지지만, 많은 낙엽 교목과 관목도 우리가 정원에 가장 많이 나와 있는 여름에는 잎이 풍성해서 효과적인 차단막이 된다. 때로 버드나무 담장이라고 불리기도 하는 '페지fedge'는 담장fence과 생울타리hedge를 합친 것이다. 페지는 두 줄로 나란히 서 있는 담장에 살아 있는 버드나무가 얼기설기 얽혀 있으며, 높이는 최고 4미터에 이른다. 두 담장 사이의 공간은 흙으로 채워져 있다. 페지는 소음을 30데시벨까지 줄일 수 있으며, 콘크리트 담장이나 흙 제방보다 효과가 더 좋을 수도 있다.

촉각

많은 정원가에게 촉감은 식물의 중요한 속성일 수 있다. 식물은 잎 구조에 따라 아주 연한 것부터 아주 단단한 것까지 다양한 촉감을 갖는다. 잎은 가죽질이거나 털이 많거나 광택이 날 수도 있고, 이런 다양한 질감은 정원에 다양성과 재미를 더하기도 한다.

미각과 후각

정원에서 자라는 허브 중에는 맛이나 향이 좋지 않다면 아마도 재배되지 않을 만한 것도 많다. 예를 들어 바질(*Ocimum basilicum*)은 풍미를 빼고 나면 식물 자체에는 별다른 특징이 없다. 관상 효과를 제공하는 것도 있기는 하지만, 대부분의 텃밭 식물은 싱그러운 향 때문에 사랑을 받고 있으며, 때로는 그 향이 판매되는 것과는 비교할 수 없을 정도로 강하다.

또한, 정원에 향이 없다면 그 아름다움의 요소 중 아주 큰 부분이 사라질 것이다. 향을 수량화하기는 어렵지만, 따스한 봄날에는 정원 내음이 우리를 온통 휘감을 때가 있다. 갓 베어 낸 풀냄새, 여름날 새벽 공기에 어린 자스민 향기, 화창한 가을날 오후의 선선한 공기도 마찬가지이다. 향기는 식물 구입에 중요한 요소가 되기도 한다. 이를테면, 장미를 살 때 최우선 고려 사항이 향기인 경우가 종종 있다. 그리고 안타깝게도, 모든 장미가 향이 강한 것은 아니다.

말루스 플로리분다*Malus floribunda*,
꽃사과나무

제9장

해충, 질병과 이상증상

식물은 모든 초식동물의 먹이이다. 식물이 생산하는 막대한 에너지원은 모든 초식동물, 특히 곤충에 의해 곧바로 활용된다. 그러므로 초식이 식물에 끼치는 영향은 결코 간과할 수 없다.

그러나 엄청나게 파괴적인 초식의 잠재력도 식물이 지구를 차지하는 것을 막지는 못했고, 해충에 의해 식물의 잎이 완전히 말라 죽는 일은 적어도 야생에서는 흔치 않다. 식물의 방어 전략은 초식동물의 공격 전략에 대응하여 진화해 왔고, 식물의 생존에 중요한 역할을 하고 있다.

마찬가지로, 전염병의 전파도 흔치 않다. 이미 약해져 있거나 스트레스를 받고 있던 나무가 세균이나 곰팡이에 감염되어 굴복하는 일이 별개의 사건으로 간혹 일어나는 것이 보통이었다. 그러나 현대에는 이국의 식물과 함께 들어온 낯선 해충과 질병들이 자연과 정원의 식물상을 거의 다 파괴할 수도 있다. 현재 영국에서는 물푸레나무 줄기마름병(*Chalara fraxinea*)이라는 균류 질병 때문에 물푸레나무가 매우 심각한 멸종 위기에 처해 있다. 또, 일본잎갈나무(*Larix kaempferi*)와 참나무과*Fagaceae* 나무들, 그 외 수많은 관상용 관목의 생존을 위협하고 있는 피토프토라 라모룸*Phytophthora ramorum*이라는 곰팡이성 질병도 매우 우려스럽다.

유해 곤충

농경과 원예에 곤충이 끼치는 영향은 수천 년 전부터 기록되어 왔다. 모든 식물을 남김없이 먹어치우며 지나가는 끔찍한 메뚜기 떼는 성경의 출애굽기에도 언급되고, 북아메리카의 개척민들을 1800년대 내내 괴롭혔다. 그러나 과학자들이 초식동물과 식물 사이의 상호 작용을 이해하기 시작한 지는 이제 겨우 100년이 되었을 뿐이다.

진화 역사의 관점에서 볼 때, 초식 곤충의 진화와 적응에는 숙주 식물과 천적이 함께했다. 당연히 다양한 곤충 종은 저마다 각기 다른 숙주 식물과 연합을 이루었고, 숙주 식물을 이용하기 위해 곤충이 할 일은 생활 주기와 먹이 메커니즘을 숙주 식물에 맞추는 것뿐이었다.

모든 식물 종은 진화 기간 내내 그들만의 특별한 곤충을 '끌어들일' 것이며, 그 곤충들 중 다수는 특정 식물과 밀접한 관계를 맺는다. 정원에서는 사과와 배의 코들링나방(Cydia pomonella)과 빨간백합긴가슴잎벌레(Lilioceris lilii)가 좋은 예이다. 보기로 든 두 곤충 모두 학명에 숙주의 종류가 드러나 있다. 일부 진딧물 종류

같은 다른 해충은 더 보편적으로 식물에 피해를 준다. 특정 식물을 숙주로 삼는 종들은 저마다 갖가지 독특한 방법으로 식물을 착취한다(다음 쪽을 보라).

곤충의 먹이로서 식물

구성 성분을 보면, 식물은 주로 물로 이루어져 있으며 셀룰로스와 리그닌처럼 소화가 안 되는 성분도 많이 들어 있다. 식물 조직의 대부분은 먹이로서는 질이 꽤 좋지 않은 편이다. 따라서 초식을 하는 곤충이 필요한 영양소를 획득하려면 각 생장 단계마다 다량의 식물을 소비해야 한다. 과학 용어를 빌리면 '고소비 전략'을 채택한다는 것이고, 쉽게 말해 아주 많이 먹어야 한다는 뜻이다.

씨앗, 꽃가루, 꽃꿀 같은 일부 식물 조직은 다른 조직에 비해 더 좋은 먹이이다. 활발하게 분열하고 있는 조직이 가득하고 빠른 속도로 자라는 어린 조직도 좋은 먹이 급원이지만, 이런 조직을 먹이로 이용하는 곤충은 드물다. 숙주 식물을 죽일 수도 있는 나쁜 먹이 전략이기 때문이다. 진딧물 같은 곤충은 체관을 통해 수액을 먹고 산다. 그러면 (바이러스에 감염되거나 잎이 심각하게 오그라들거나 하지 않는 한) 식물의 생산 기관에 직접적인 손상을 일으키지 않고, 광합성 산물만 조금 가져갈 수 있다.

식물은 곤충에게 먹히지 않으려고 맛이 없어 보이게 하거나, 독을 만들거나, 물리적으로 접근을 어렵게 하는 것으로 알려져 있다(209쪽을 보라). 어떤 식물은 초식 곤충과 상리 공생 관계를 이루기도 하는데, 그런 예로는 중앙아메리카에 사는 프세우도미르멕스 페루기네아Pseudomyrmex ferruginea라는 개미와 쇠뿔아카시아나무(Acacia cornigera)의 관계를 들 수 있다. 이

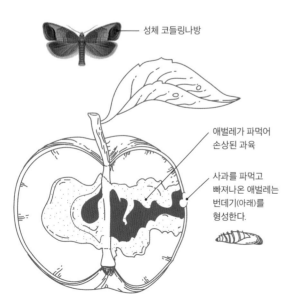

성체 코들링나방

애벌레가 파먹어 손상된 과육

사과를 파먹고 빠져나온 애벌레는 번데기(아래)를 형성한다.

암컷 코들링나방은 어린 열매의 표면이나 주변에 알을 낳는다. 알을 깨고 나온 애벌레는 열매에 구멍을 내고 안으로 들어가면서 열매를 파먹는데, 이 과정에서 큰 피해를 일으킨다.

개미들은 쇠뿔아카시아나무가 분비하는 특별한 단백질을 먹고 살아가는 것에 대한 보답으로, 이 나무를 다른 초식동물로부터 보호해 주고 주변의 다른 식물들도 없애 준다. 진화 생태학자인 대니얼 잰슨Daniel Janzen이 1979년에 처음 설명한 이 특별한 관계는, 경쟁 관계에 있는 다른 식물들에 비해 쇠뿔아카시아나무에 엄청난 이득을 준다.

곤충이 먹이를 얻는 방법

식물을 먹는 곤충에서는 식물 조직을 이용하기 위한 각양각색의 메커니즘이 진화해 왔고, 이 과정은 곤충의 다양한 입(입틀) 구조를 통해 가늠해 볼 수 있다. 곤충의 입은 크게 두 종류로 나뉘는데, 깨물고 씹는 입과 식물에 구멍을 뚫고 수액을 빨아 먹는 입이 있다.

씹는 입을 가진 곤충의 입틀은 큰턱과 작은턱, 아랫입술로 구성된다. 빠는 입을 가진 곤충에서는 이런 기본 구조의 큰 변형이 일어나는데, 큰턱이 길고 가느다랗게 늘어나 구침이라고 불리는 바늘 같은 구조로 바뀌었다.

앞서 언급했듯이, 저마다 특유의 방식으로 먹고 살아가는 여러 곤충이 하나의 식물 종을 착취할 수도 있다. 이를테면, 분홍바늘꽃(*Chamaenerion angustifolium*)은 놀라울 정도로 많은 초식 곤충의 숙주 노릇을 한다. 이 식물의 잎을 먹는 곤충으로는 주홍박각시(*Deilephila elpenor*) 애벌레, 몸파속*Mompha* 나방의 애벌레, 알티카속*Altica*의 벼룩잎벌레가 있다. 이 식물의 수액을 빨아 먹는 곤충으로는 진딧물(잎과 줄기의 체관을 통해 먹는다), 나무이의 일종인 크라스페돌렙타 네불로사*Craspedolepta nebulosa*(뿌리의 체관을 통해 먹는다), 장님노린재의 일종인 리고코리스 파불리누스*Lygocoris pabulinus*(잎을 통해 먹는다), 거품벌레의 일종인 필라이누스 스푸마리우스*Philaenus spumarius*(줄기의 물관을 통해 먹는다)가 있다. 씹는 입을 가진 곤충은 주로 식물의 잎을 먹지만, 꽃이나 줄기나 눈이나 뿌리를 먹는 종류도 있다. 곤충의 머리 양 옆에 하나씩 달려 있는 한 쌍의 큰턱은 먹이를 자르거나 찢거나 부수거나 씹

는 데 쓰인다. 씹는 입을 가진 해충 중에서 가장 흔한 것은 여러 종류의 딱정벌레, 잎벌, 나비, 나방의 애벌레이고, 딱정벌레 중에는 성충이 잎을 갉아 먹는 것도 있다.

잎굴파리라는 곤충의 애벌레는 잎의 윗면과 아랫면 사이의 내부에 살 수 있을 정도로 작다. 이 곤충은 잎의 내부 조직을 먹고 지나간 자리에 굴이 남는다고 해서 잎굴파리라고 불린다. 잎에 굴을 파는 곤충은 대부분 나방이나 잎벌이나 파리 종류지만, 일부 딱정벌레나 말벌의 애벌레 중에도 잎에 굴을 만드는 것이 있다. 호랑가시나무잎굴파리(*Phytomyza ilicis*)나 국화잎굴파리(*P. sygenesiae*)처럼, 종종 특정 종류의 식물에만 굴을 파는 종도 있다.

수액을 빨아 먹는 곤충은 바늘처럼 생긴 입을 가지고 있다. 구침이라고 불리는 이런 입은 식물의 표피에 구멍을 뚫고 물관이나 체관의 수액을 빼낸다. 구침이 넓은 매미충이 만든 구멍 외에는, 이 과정에서 식물 조직에 눈에 보이는 구멍이 뚫리지는 않는다. 다만, 수액을 빨아 먹는 곤충 중에는 잎의 변색이나 오갈병

주홍박각시 애벌레는 주로 분홍바늘꽃의 잎을 먹지만, 갈퀴덩굴 같은 다른 식물의 잎도 먹는다.

처럼 잎의 형태 변화를 일으키는 독성 타액을 만드는 종류가 많다. 오갈병으로 오그라든 잎은 곤충을 그들의 천적으로부터 어느 정도 보호해 준다. 수액을 빨아 먹는 일부 곤충들, 특히 진딧물, 매미충, 총채벌레, 가루이는 타액을 통해 바이러스성 질병을 전염시킬 수 있다.

수액을 빨아 먹는 곤충은 대부분 식물의 지상부, 주로 잎에 살지만, 진딧물과 깍지벌레와 일부 멸구 종류는 뿌리에 산다. 수액을 빨아 먹어 흔히 해충에 포함되는 곤충으로는 진딧물, 매미충, 깍지벌레, 총채벌레, 나무이, 가루이가 있다.

수액을 빨아 먹는 곤충은 당분이 풍부한 액체를 노폐물로 배출하는데, 이것을 단물(감로)이라고 한다. 말벌과 꿀벌 중에는 이 단물을 모으는 종류가 있다. 일부 개미는 단물을 얻으려고 진딧물을 '사육'하고, 식물에서 수액이 가장 많이 만들어지는 곳으로 진딧물을 이동시키기도 한다. 단물은 그을음곰팡이를 끌어들여, 식물체 곳곳이 푸슬푸슬한 검은 곰팡이로 뒤덮이게 할 수도 있다. 그을음곰팡이는 잎에 닿는 태양빛의 양을 감소시킬 수는 있지만, 식물에 별로 해를 입히지는 않으며 외관상의 문제만 일으킨다. 단물을 분비하는 곤충으로 뒤덮인 나무 아래에 차를 주차하면, 그을음곰팡이로 인해 차가 금세 지저분해질 수도 있다.

진딧물

진딧물은 정원에 피해를 주는 곤충 중에서 가장 큰 무리이다. 영어로는 greenfly(녹색 날벌레)나 blackfly(검은 날벌레)라고 불리기도 하지만, 진딧물의 색은 노란색, 분홍색, 흰색, 얼룩덜룩한 것까지, 종에 따라 다양하다. 진딧물의 크기는 2~6밀리미터 범위이다.

진딧물의 침입은 육안으로 쉽게 확인할 수 있다. 진딧물은 가지 끝이나 잎의 뒷면, 심지어 꽃눈에도 모여 사는 경향이 있는데, 종종 그 수가 엄청나게 많다. 사과면충(*Eriosoma lanigerum*), 너도밤나무면충(*Phyllaphis fagi*) 같은 일부 종은 솜털 같은 밀랍질 분비물로 몸이

아피스 포미*Aphis pomi*, 사과나무진딧물

성체 수컷

성체 암컷

알. 낳은 직후에는 초록색이었다가 검은색으로 변한다.

덮여 있는데, 이런 분비물은 탈수를 막고 포식자로부터 보호해 주는 역할을 한다.

진딧물은 엄청나게 빠른 속도로 번식할 수 있다. 봄에는 겨우 몇 마리이던 것이 금방 수천 마리로 이루어진 거대한 군집이 되기도 한다. 그러나 이들 중 다수는 새나 육식 곤충의 먹이가 된다. 진딧물 군집은 연중 대부분 날개가 없는 암컷 약충[불완전변태를 하는 곤충의 유충]들로만 이루어져 있으며, 이 약충들이 숙주 식물을 먹고 살아간다. 몇 번의 탈피를 거쳐 성충이 된 진딧물은 수컷 없이 단위생식을 통해 딸 진딧물을 낳는다. 딸 진딧물은 빠르게 성장하여, 겨우 8~10일 만에 생식을 시작할 수도 있다. 봄에 알에서 나온 암컷 한 마리는 보통 여름 한 철 동안 암컷으로만 이루어진 자손을 40~50대까지 얻을 수 있다.

일부 암컷 약충은 날개 달린 성충으로 자라 새로운 식물을 찾아 날아갈 수도 있다. 그러나 비행 능력이 그렇게 좋지는 않아, 주로 이 식물에서 저 식물로 우연히 옮겨진다. 늦여름과 초가을에는 날개 달린 수컷 진딧물이 나타나기 시작한다. 이 수컷들은 암컷과 짝짓기를 해서 알을 낳는다. 대부분의 진딧물 군집은 겨울을 지나는 동안 죽어 사라지고, 짝짓기를 통해 낳은 알들이 다음 해의 생존을 책임진다. 봄에 암컷 약충이 알에서 나오기 시작하면, 이 생활사가 다시 시작된다.

2차 숙주

어떤 초식 곤충은 자신들의 생활 주기를 완성하려면 두 종의 식물이 필요하다. 이런 식물에는 정원에서 재배되는 식물뿐 아니라 잡초 종류가 포함될 수도 있다. 따라서 때로는 잡초를 제거하는 것이 해충 피해를 줄이는 데 도움이 된다. 어떤 진딧물 종류는 1년 내내 한 종류의 식물에서만 살지만, 연중 한 시기에만 활발한 활동을 한다.

검은콩진딧물(*Aphis fabae*)을 예로 들어보자. 이들은 유럽회나무(*Euonymus europaeus*), 고광나무속*Philadelphus*, 산분꽃나무속*Viburnum*의 관목에 알을 낳고, 겨울을 난다. 이들이 여름을 보내는 2차 숙주에는 검은콩, 당근, 감자, 토마토와 같은 작물뿐 아니라 200종이 넘는 재배종과 야생종 식물이 포함된다.

자두동글밑진딧물(*Brachycaudus helichrysi*)의 알은 벚나무속 나무(자두나무, 벚나무, 복숭아나무, 댐슨자두나무, 게이지자두나무 따위)의 눈과 수피 속에서 월동을 한다. 이 식물들의 잎을 자두동글밑진딧물이 먹으면, 특유의 잎 말림 현상이 나타난다. 자두동글밑진딧물은 늦봄이나 초여름이 되면 날개 달린 성충이 나타나 여러 풀 식물로 날아가는데, 특히 국화과에 속하는 풀에서 여름을 보낸다. 가을이 되면, 날개 달린 성충은 다시 벚나무속 나무로 날아와 월동할 알을 낳는다.

비부르눔 오풀루스*Viburnum opulus*, 백당나무는 검은콩진딧물과 다른 진딧물들의 겨울 숙주 중 하나이다. 이 진딧물들은 봄에 돋아난 눈과 새 잎을 먹는다.

해충 발생 이후

어떤 곤충은 식물에 엄청난 피해를 일으킬 수도 있다. 생태학적으로 볼 때, 이런 해충은 종종 포식자-먹이 관계의 단순 불균형 때문에 발생하기도 한다. 이를테면, 한 지역에 특정 식물 종이 과도하게 많은 경우를 들 수 있다. 이는 과일이나 채소 농사를 짓거나 텃밭을 일궈 본 사람의 경험과도 일치할 것이다. 특정 식물이 상대적으로 밀집되어 자랄 때는 드문드문 떨어져 자랄 때에 비해 일반적으로 해충의 공격에 더 취약하다. 반대로, 해충에 취약한 작물이 고도로 밀집된 지역에서 자라고 있다면, 정원가나 농민은 이런 해충의 발생을 관리하기가 대체로 더 쉽다.

해충의 발생은 증감적 발생, 주기적 발생, 폭발적 발생이라는 세 가지 유형으로 나눌 수 있다. 해충의 밀도가 갑자기 증가하는 증감적 발생은 종종 좁은 지역에 먹잇감이 풍부해지면서 촉발된다. 이런 해충 개체군은 먹잇감이 고갈되면 이동하거나 개체수가 크게 감소한다.

주기적 발생은 해충의 먹이가 되는 숙주 식물의 계절별 변화에 따라 주기적으로 개체수가 변화하는 것이다. 해마다 위치를 옮겨 가면서 특정 작물을 재배하는 윤작은 토양 전염성 해충의 주기를 차단해, 그로 인한 질병도 차단해 준다. 큰솔곰보바구미(*Hylobius abietis*)는 구과식물 조림지에서 나무를 모두 베어 내는 개벌을 할 때마다 주기적으로 발생한다. 개벌이 흔해지기 전에는 큰솔곰보바구미가 주기적 발생 경향을 나타낸 적이 없었다. 개벌하지 않고 자연스럽게 재생이 이루어지는 숲에서는 해충의 대발생이 일어나는 일이 드물다.

어쩌면 가장 큰 피해를 초래하는 것은 폭발적 발생일 수도 있다. 폭발적 발생은 해충이 오랫동안 휴면하다가 갑자기 수가 불어나 주변 지역으로 퍼져 나가는 것이다. 폭발적 발생 이후 개체수가 정상 수준으로 회복되기 전까지, 한동안은 개체수가 많은 상태를 유지할 수도 있다.

그 밖의 일반적인 해충

'정원'이라는 단어를 말하면 아마 사람들은 이내 달팽이와 민달팽이, 그 외 정원과 밀접한 해충을 떠올릴 것이다.

달팽이와 민달팽이

정원가의 오랜 적인 이 연체동물들은 기회만 있으면 식물체의 대부분을 먹는데, 특히 잎과 줄기를 좋아한다. 달팽이와 민달팽이는 연중 어느 때라도 큰 피해를 일으킬 수 있지만, 어린 나무와 풀 식물의 새순이 가장 위험하다.

대부분의 달팽이와 민달팽이는 밤에 먹이를 먹고, 종종 그들의 존재를 알리는 점액질 흔적을 남긴다. 피해는 따뜻하고 조금 습한 시기에 가장 심하다. 달팽이는 껍데기의 보호를 받아서, 민달팽이보다 더 자유롭게 건조한 곳을 돌아다닐 수 있다. 민달팽이는 1년 내내 활동할 수 있는 반면, 달팽이는 가을과 겨울에 휴면한다.

대부분의 달팽이와 민달팽이 종은 토양 표면 근처에서 살아가지만, 뾰족민달팽이(밀락스속*Milax*의 종)는 땅속에서 뿌리를 주로 먹고 살아가면서 뿌리와 땅속 줄기 같은 식물의 지하부에 심각한 피해를 일으키기도 한다. 번식이 일어나는 가을과 봄에는 통나무나 돌이나 화분 아래, 또는 흙 속에서 둥그스름한 유백색의 알 덩어리를 발견할 수도 있다.

잎응애

잎응애는 곤충이 아니다. 진드기 아강에 속하는 잎응애는, 다리가 6개인 곤충과 달리 다리가 8개이다. 길이는 1밀리미터 이하이고, 색깔은 다양하다. 거미줄과 비슷한 실을 만드는 종이 많아 영어 이름이 spider mite이 있다.

잎응애는 일반적으로 잎의 뒷면에 살면서 식물세포에 구멍을 뚫어 양분을 얻는다. 그로 인해 잎에 반점이 생기고, 심한 경우에는 잎이 떨어지기도 하는 등 식물에 손상을 입힌다. 잎응애로 뒤덮인 식물은 쇠약해지고, 심하면 죽을 수도 있다.

잎응애는 약 1,200종에 이르지만, 점박이응애(*Tetranychus urticae*)가 가장 널리 알려져 있다. 온실붉은잎응애라고도 불리는 점박이응애는 광범위한 식물 종을 공격한다. 점박이응애는 따뜻하고 건조한 환경을 좋아해, 더운 여름이나 실내나 온실에서 기르는 식물은 더 취약하다. 최적 조건(섭씨 24~27도)에서는 개체수가 엄청나게 불어나, 잠깐 사이에 식물의 외관을 보기 흉하게 망쳐 놓는다. 알은 3일 만에 부화하며, 응애는 5일이면 성체로 자란다. 암컷 한 마리당 하루에 20개까지 알을 낳을 수 있고, 수명은 2~4주이다.

선충

지렁이처럼 생긴, 현미경으로 볼 수 있는 크기의 동물인 선충은 선형동물이라고도 불리며, 토양 속에서 살아간다. 선충은 세균, 곰팡이, 다른 미생물을 먹고 살아가는 종이 많다. 곤충의 기생 포식자인 일부 선충은 생물학적 방제에 이용되기도 한다(213쪽을 보라).

식물에 병을 일으키는 주요 선충으로는 국화잎선충(*Aphelenchoides ritzemabosi*), 마늘줄기선충(*Ditylenchus dipsaci*), 감자시스트선충(*Heterodera rostochiensis*와 *H. pallida*), 뿌리혹선충(멜로이도기네속*Meloidogyne*의 종)이 있다. 이 선충들은 식물 내부에서 살지만, 토양 속에

일반적인 정원에는 많은 종의 민달팽이가 산다. 대부분의 종은 다양한 식물을 먹이로 삼는다. 어떤 종들은 포식자로, 다른 민달팽이와 벌레를 먹는다.

타나케툼 코키네움*Tanacetum coccineum*,
홍화쑥국

살면서 식물의 뿌리털을 공격하는 또 다른 종류의 선충도 있다. 어떤 선충은 식물을 먹는 동안 식물에 바이러스를 옮기기도 한다. 선충의 공격을 받으면 성장이 저해되고, 잎이 오그라들면서 갈색으로 변하여 죽거나 줄기가 부풀어 오른다. 선충에 감염된 식물은 시들시들해지거나 죽을 수도 있다.

포유류와 조류

크기가 큰 동물은 식물을 닥치는 대로 게걸스럽게 먹기도 한다. 야생에서는, 작게는 생쥐에서 크게는 아프리카 코끼리에 이르는 동물들이 식물을 먹어치운다. 정원가들이 코끼리만큼 큰 뭔가를 만날 가능성은 극히 희박하며, 이는 축복일 수밖에 없다. 먹이를 찾는 과정에서는 극도로 파괴적이 되는 코끼리는 영양가 있는 부분을 얻으려고 나무를 뿌리째 뽑기도 하기 때문이다.

관상용 식물과 열매와 채소를 매우 광범위하게 먹는 토끼는 풀 식물과 관목과 어린 나무가 죽을 수 있을 정도의 피해를 쉽게 일으킬 수도 있다. 뿐만 아니라, 성숙한 나무의 수피를 완전히 둥글게 벗겨 낼 수도 있다. 봄에 갓 심은 식물과 연한 새 가지는 가장

취약하며, 일반적으로 다른 철에는 먹지 않는 식물이라도 조심해야 한다.

정원가는 토끼를 특히 조심해야 한다. 토끼는 풀 식물을 뿌리만 남기고 다 먹을 수 있고, 나무 식물의 연한 순과 잎도 지면에서 50센티미터 높이까지 피해를 줄 수 있다. 토끼가 문제가 되는 곳에서는 1.4미터 높이의 철망으로 담장을 세우고, 피해를 입을 만한 나무는 나무 보호대로 수간을 감싸 주어야 한다. 바닥 부분의 철망은 바깥쪽으로 30센티미터 정도를 직각으로 구부려서 설치해야 토끼가 담장 밑으로 굴을 파고 들어오는 것을 방지할 수 있다.

사슴, 특히 아기사슴(*Muntiacus reevesi*)과 유럽노루(*Capreolus capreolus*)는 광범위한 식물에 심각한 피해를 일으킬 수 있다. 그 피해는 토끼가 일으키는 것과 비슷하지만, 더 큰 동물이어서 대체로 피해가 더 크다. 사슴은 대부분의 식물을 먹지만 최근에 심은 것을 특히 더 좋아하고, 모란 같은 식물만 남겨 둔다.

다람쥐 종류, 특히 동부회색청설모(*Sciurus carolinensis*)는 관상용 식물, 열매, 채소를 광범위하게 공격한다. 청설모는 잎보다는 열매, 견과류, 씨앗, 꽃눈(특히 동백나무와 목련), 단옥수수 같은 텃밭 식물을 주로 먹는 경향이 있고, 알뿌리와 알줄기를 파내어 먹는다. 이들의 가장 심각한 문제는 수피를 벗긴다는 것이다.

새들은 정원에 심각한 피해를 줄 수도 있다. 그러나 정원 식물에 피해를 주는 곤충을 잡아먹는 박새 종류(키아니스테스속*Cyanistes*과 박새속*Parus*의 종들)는 유용한 해충 방제 동물이 될 수도 있다. 숲비둘기(*Columba palumbus*)는 식물에는 최악의 유해 조수이다. 이들은 광범위한 식물의 잎을 먹는데, 양배추와 콩과 식물과 벚나무와 라일락을 특히 좋아한다. 숲비둘기가 쪼아 큰 부분이 뜯겨 나간 잎은 잎자루와 큰 잎맥만 남는 경우가 다반사이다. 숲비둘기는 블랙커런트와 다른 과일 덩굴에서 눈과 잎과 열매를 뜯어 먹기도 한다. 멋쟁이새(*Pyrrhula pyrrhula*)는 연중 대부분 야생화 씨앗을 먹고 살지만, 먹이를 찾기 어려운 늦겨울이 되면 과일나무에 달린 눈을 먹기 시작한다.

제임스 소어비
1757~1822

영국의 자연학자인 제임스 소어비James Sowerby는 판화가이자 삽화가이자 미술사학자이기도 했다. 그는 평생에 걸쳐 영국과 오스트레일리아의 식물, 동물, 균류, 광물 수천 종을 혼자서 분류하고 그림으로 남겼다.

뛰어난 예술가이자 예리한 과학자인 소어비는 두 분야 모두에서 탁월한 성과를 올렸다. 그는 미술과 과학을 잇는 가교 역할을 했으며, 가능한 한 자신의 그림을 정확하게 그리려고 식물학자들과 긴밀한 작업을 했다. 그의 주된 목표는 언제나 정원가와 자연 애호가들에게 자연 세계를 더 널리 소개하는 것이었다.

그는 런던에서 태어났으며, 꽃 화가가 되기로 결심하고 왕립학원에서 미술을 공부했다. 그의 세 아들인 제임스 드 칼 소어비James De Carle Sowerby, 조지 브레팅엄 소어비 1세George Brettingham Sowerby I, 찰스 에드워드 소어비Charles Edward Sowerby가 모두 아버지의 뒤를 이어 연구를 계속하면서, 소어비 가는 자연학자

가문으로 알려지게 되었다. 그의 아들과 손자들은 그가 시작한 방대한 연구를 계속 이어 갔고, 소어비라는 이름은 '자연사 삽화' 하면 바로 떠오르는 이름이 되었다.

소어비는 첫 식물화 작업을 첼시 약용식물원의 원장 윌리엄 커티스William Curtis와 함께했고, 『런던 식물상Flora Londinensis』과 잉글랜드 최초의 식물학 잡지 『커티스 식물학 매거진』의 삽화를 그리기도 했다. 소어비는 그의 삽화들을 판화로도 제작했고, 그 판화들 중 70점은 처음 네 권의 책에 실렸다. 이와 함께, 식물학자 레리티에 드 브루텔의 요청으로 제라늄을 포함한 쥐손이풀과에 관한 방대한 연구를 담은 『제라놀로지아Geranologia』와 다른 두 작품의 삽화를 그리면서, 소어비는 식물 삽화 분야에서 명성을 얻었다.

소어비는 제임스 에드워드 스미스James Edward Smith가 쓴 『뉴홀랜드의 식물 표본A Specimen of the Botany of New Holland』의 삽화를 그리고 이 책을 출판했으며, 오스트레일리아에 대한 최초의 논문도 그의 손을 거쳤다. 이 논문은 지구 반대편에 있는 새로운 식민지에 서식하는 꽃식물에 대한 대중의 관심을 충족시키고 그 꽃식물들을 널리 알리려는 의도로 쓰였지만, 식물 표본에 대한 라틴어 설명도 담겨 있다. 직접 그린 밑그림과 잉글랜드로 가져온 표본을 바탕으로 만들어진 소어비의 채색 판화는 놀라울 정도로 아름답고 사실을 정확하게 묘사했다. 선명한 색채와 쉽게 다가갈 수 있는 내용으로 쓰인 이 책은 가능한 한 많은 대중이 자연사에 관한 연구를 접할 수 있게 한다는

제임스 소어비는 수천 종의 식물과 균류 그림을 그렸다.
그는 꼼꼼하고 세밀한 그림을 그리려고 과학자들과 함께 작업했다.

아가리쿠스 로바투스*Agaricus lobatus,*
황갈색깔때기버섯
버섯류와 곰팡이류의 세밀화는 소어비의 전문 분야 중 하나였다.

텔로페아 스페키오시시마*Telopea speciosissima,*
와라타
제임스 소어비가 그린 이 삽화는 오스트레일리아의 식물상을 다룬 최초의
책인 『뉴홀랜드의 식물 표본』에 쓰였다.

소어비의 원대한 의도의 출발점이었다.

33세가 된 소어비는 그의 첫 번째 대규모 기획인
『영국 식물학, 채색화와 함께 보는 영국 식물의 중
요한 특징과 이명과 서식지English Botany or Coloured
Figures of British Plants, with their Essential Characters,
Synonyms and Places of Growth』를 발표하기 시작했다. 이
후 24년에 걸쳐 총 36권 시리즈로 출간된 이 책에
는 공식적으로 처음 소개되는 수많은 식물을 비롯해
2,592점의 채색 판화가 실려 있다. 이 책은 『소어비
식물학Sowerby's Botany』이라고 알려지게 되었다.

부유한 후원자들에게 만족을 주려고 그림을 그렸
던 당시의 다른 꽃 그림 화가들과 달리, 소어비는 과
학자들과 직접 작업을 했다. 그는 표본을 관찰하고
연구해 대상을 세심하고 꼼꼼하게 묘사했는데, 이는
로코코 시대의 책을 화사하게 장식하는 꽃 그림과는
완전히 대조적인 묘사였다. 매력적인 채색 판화는 보

통 연필로 빠르게 스케치되었고, 새로운 과학 분야에
입문하는 연구자들에게 높은 평가를 받았다.

그의 다음 기획도 규모가 비슷했다. 『영국의 광물
패류학The Mineral Conchology of Great Britain』은 잉글랜
드의 무척추동물 화석을 총망라한 목록이었다. 34년
에 걸쳐 출판된 이 기획은 훗날 그의 아들인 제임스
와 조지가 이어받았다. 그는 색채 이론을 발전시키기
도 했고, 『영국 광물학British Mineralogy』과 그 부록인
『이국 광물학Exotic Mineralogy』이라는 두 권의 역사적
인 광물학 도감도 출간했다.

과학적 성향을 타고난 소어비는 그의 작품에 사
용된 표본을 가능한 한 많이 간직하고 있었다. 『영
국 식물학』을 위한 그림과 표본 모음, 그가 수집한 약
5,000점의 화석, 사적인 서신들을 포함한 그의 소장
품들은 모두 런던 자연사 박물관에 보관되어 있다.
그의 연구는 런던 린넨 학회를 통해 이어지고 있다.

균류와 곰팡이병

균류는 때로 식물로 분류되기도 하지만, 모든 버섯과 곰팡이를 포함하는 엄연한 하나의 계이다. 유전학적 연구를 통해 밝혀진 바에 따르면, 사실 균류는 식물보다는 동물에 더 가깝다. 균류는 식물과 두 가지 면에서 크게 다른데, 엽록체가 없다는 것과 세포벽에 셀룰로스가 아니라 키틴이 들어 있다는 점이다. 균류를 연구하는 학문은 균류학이라고 한다. 식물에 병을 일으키는 피토프토라속 *Phytophthora*과 피티움속*Pythium*(물곰팡이류)은 한때 균류라고 여겨졌지만, 이제는 유색조식물계(또는 크로미스타계*Chromista*)로 분류한다.

균계는 엄청나게 다양한 유기체로 이루어져 있다. 식물과 마찬가지로, 균류도 해양 단세포 균류에서 거대한 버섯에 이르기까지, 생활 방식과 생활 주기, 형태가 엄청나게 다양하다. 균류가 정원가의 눈에 띌 때는 버섯 특유의 모양인 자실체가 만들어질 때뿐일 것이다. 그 외 다른 시기의 균류는 대개 토양 속에 있거나 식물의 조직 속에 숨어 있다. 균류는 크기가 더 커지면 이리저리 갈라져 있는 미세한 실 같은 '뿌리'의 덩어리로 이루어진 균사체를 만든다. 유기물을 많이 함유한 토양에서는 종종 큰 균사체 덩어리가 발견된다.

균류는 동물과 식물과 다른 균류에서 폐기되는 유기물에서 양분을 얻는다. 사체나 썩고 있는 유기물에서 양분을 얻는 이런 생물을 부생 생물이라고 한다. 부생 생물은 양분을 재활용하는 데 중요한 역할을 하며, 특히 토양에서 그 역할이 크다. 식물(또는 동물)에 기생하는 균류도 있다. 이런 균류 중에는 곡식에 심각한 질병을 일으키는 종류도 많지만, 균근 연합처럼 덜 해로운 공생 관계를 형성하는 종류도 있다. 흔히 송로버섯이라고 알려져 있는 균류 군은 너도밤나무, 개암나무, 자작나무, 유럽서어나무의 뿌리와 연합을 이룬 균근이다.

병원성 균류

질병을 일으키는 균류를 병원성 균류라고 부른다. 병원성 균류 중 어떤 것은 회색곰팡이(*Botrytis cinerea*)처럼 아주 흔하고, 광범위한 식물을 공격한다. 어떤 것은 흰가루병균이나 녹병균처럼 숙주의 범위가 좁고 명확하며, 종종 하나 또는 소수의 근연종으로 이루어져 있다. 균류로 인한 병은 수없이 많지만, 저마다 특정 종이나 특정 분류군에만 병을 일으킨다. 금어초를 공격하는 녹병균과 장미를 공격하는 녹병균은 서로 다른 종이며, 포도를 공격하는 흰가루병균과 완두를 공격하는 흰가루병균도 서로 다른 종이다. 그래도 정원가는 균류로 인한 병이 정원 곳곳에 퍼지지 않도록 세심하게 살피며 관리해야 한다.

병원성 균류는 살아 있는 식물 조직에 자리를 잡고, 살아 있는 숙주 세포로부터 영양분을 얻는다. 사물死物 기생을 하는 병원성 균류는 숙주 식물의 조직을 감염시켜 죽이고, 죽은 숙주 세포에서 영양분을 추출한다. 병원성 균류는 흔히 숙주 식물에 일으키는 증상에 따라, 시듦병균 같은 식으로 분류되고는 한다. 그러나 식물에서 시듦병을 일으키는 균류의 종과 속은 매우 다양하다.

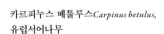

카르피누스 베툴루스*Carpinus betulus*, 유럽서어나무

흔히 발생하는, 균류로 인한 병

균류가 일으키는 병은 수없이 많으며, 어떤 것은 다른 것에 비해 훨씬 심각한 문제를 일으킨다. 이를테면, 선녀낙엽버섯(*Marasmius oreades*)은 미관을 해치는 작은 홈 정도로 넘어갈 수 있지만, 큰 나무에 생긴 구멍장이버섯 하나는 그 내부 구조가 심각하게 손상되었다는 것을 나타낼 수도 있다. 균류가 식물체 표면에 바로 드러나는 경우는 극소수에 불과하고, 대부분은 식물의 일부 조직에서만 제한적으로 자란다. 다음은 정원에서 가장 흔하게 볼 수 있는 균류 중 일부이다.

회색곰팡이

회색곰팡이(*Botrytis cinerea*)라는 이름은 회색 솜털처럼 자란다고 해서 붙여진 것이다. 회색곰팡이는 아주 흔하고, 살아 있거나 죽은 대부분의 식물질에 살 수 있다. 식물의 지상부를 공격하며, 일반적으로 상처나 손상된 부분을 통해 식물체 내로 침입한다. 주로 스트레스를 받고 있는 식물이 회색곰팡이에 감염되지만, 건강한 식물도 감염될 수 있다. 특히 환경이 습할 때는 감염이 더 잘 일어난다. 정원에서 발견되는 회색곰팡이 종류로는 설강화에 생기는 B. 갈란티나*B. galanthina*, 작약에서 시듦병이나 꽃눈의 고사를 일으키는 B. 파이오니아이*B. paeoniae*, 잠두에 고동색 반점을 만드는 B. 파바이*B. fabae*, 튤립에 병을 일으키는 B. 툴리파이*B. tulipae*가 있다.

회색곰팡이를 막으려면 위생 상태를 잘 유지하는 것이 매우 중요하며, 온실에서 식물을 기를 때는 특히 더 신경을 써야 한다. 죽었거나 죽어 가는 부분은 지체 없이 제거해야 하며, 온실은 환기를 잘하고 너무 과밀하지 않도록 주의를 기울여야 한다.

녹병

녹병(푸키니아속*Puccinia*과 다른 속의 종들이 일으키는 병)은 녹이 슨 것 같은 갈색 포자와 작은 혹이 생긴다고 해서 붙여진 이름이며, 광범위한 정원 식물을 공

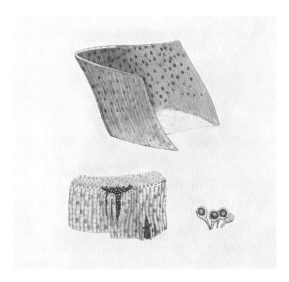

리크녹병(병원균은 푸키니아 알리*Puccinia allii*)은 양파와 마늘을 비롯하여 다른 부추속 식물의 잎에 자주 일어난다. 수확량을 감소시키고, 저장된 작물에 피해를 줄 수 있다.

격한다. 녹병균의 포자는 종과 만드는 포자의 유형에 따라 다양한 색을 나타낸다. 이를테면, 장미의 녹병균은 여름에는 주황색 혹을 만들지만, 늦여름과 가을에는 월동형 포자가 들어 있는 검은색 혹으로 바뀐다.

녹병에 잘 걸리는 식물로는 접시꽃(알케아속*Alcea*), 알륨, 금어초, 국화, 푸크시아, 뿔남천, 민트(박하속), 제라늄, 배나무(배나무속), 장미, 빈카(빈카속*Vinca*)가 있다. 일반적으로 녹병균은 두 종류의 숙주를 거치면서 생활 주기를 완성한다. 예를 들어, 유럽배나무의 녹병균은 노간주나무에서 일정 기간을 보낸다.

녹병은 보기 흉하고, 항상 그렇지는 않지만 종종 식물을 시들게 하고, 극단적인 경우에는 식물을 죽일 수도 있다. 잎이 주로 감염되지만, 줄기와 꽃과 열매에서도 발견될 수 있다. 심하게 감염된 잎은 노랗게 변해 완전히 떨어져 버린다. 녹병균은 오랫동안 젖어 있는 잎을 좋아해, 녹병은 대체로 습한 여름에 악화된다.

녹병을 억제하려면 식물이 튼튼하게 자랄 수 있는 환경을 만들어 주어야 한다. 그렇다고 비료를 과도하게 주어서는 안 되는데, 녹병균이 자리 잡기 쉬운 연한 새 가지가 많이 생길 수 있기 때문이다. 생장철이 끝나면 죽은 부분과 병에 걸린 부분을 모두 제거하

여 포자가 월동할 기회를 줄여야 한다. 생장철 초기에는 녹병에 걸린 잎이 보일 때마다 곧바로 따 주면 녹병의 진행을 늦출 수 있다. 그러나 다량의 잎을 제거하는 것은 득보다 실이 더 많을 수도 있다.

흰가루병과 노균병

가까운 종류인 한 무리의 균류(포도스파이라속 *Podosphaera*과 다른 속의 종들)가 일으키는 흰가루병은 광범위한 종류의 식물을 공격하며, 잎과 줄기와 꽃을 하얀 가루 같은 것으로 뒤덮는다. 흰가루병에 잘 걸리는 식물로는 사과, 블랙커런트, 포도, 서양까치밥나무, 완두가 있으며, 쑥부쟁이, 제비고깔, 인동(인동속), 참나무(참나무속), 로도덴드론, 장미 같은 관상용 식물도 흰가루병에 걸린다. 장미흰가루병균에 감염된 잎처럼, 때로는 식물 조직이 위축되거나 뒤틀리기도 한다.

효과적인 방제법은 멀칭과 물주기인데, 물에 대한 스트레스를 줄여 감염이 훨씬 덜 되게 해 주기 때문이다. 감염된 부분을 즉시 제거하는 것도 재감염을 막는 방법이다.

노균병은 관상용 식물의 외관을 망치고, 식용 작물의 생산량과 품질에 영향을 준다. 흰가루병과 달리, 노균병은 알아보기가 쉽지 않다. 대표적인 증상으로는 잎의 윗면에 변색된 반점이 생기고 잎의 뒷면에 곰팡이와 비슷한 것이 자라는 증상, 잎이 쪼글쪼글

제비고깔속*Delphinium*, 델피늄

해지면서 갈색으로 변하는 증상, 성장이 위축되고 시들시들해지는 증상이 있다. 노균병에 감염되려면 잎이 오랫동안 젖어 있어야 하므로, 노균병은 날씨가 습할 때 잘 생긴다. 이 병에 감염될 수 있는 식물은 양배추, 당근, 포도, 양상추, 양파, 파스닙, 완두, 디기탈리스, 뱀무, 헤베, 아프리카봉선화(물봉선속), 담배(담배속*Nicotiana*), 양귀비(양귀비속)를 포함한 일반적인 식용 작물과 관상용 식물이다.

노균병을 억제하려면 감염된 부분을 즉시 제거하여 처리하고(묻거나 태우거나 지방 자치 단체의 식물 폐기물 수거함에 넣는다), 적당한 간격을 두고 심어 공기의 순환이 잘 되도록 해 주어야 한다. 온실에서는 창문을 자주 열어 환기를 해 준다. 저녁에 식물에 물을 주면 식물과 그 주변의 습도가 높아져 노균병에 감염될 위험도 증가해, 되도록 저녁에 물을 주는 것은 피한다.

검은무늬병

검은무늬병은 장미에 생기는 심각한 병으로, 디플로카르폰 로사이*Diplocarpon rosae*라는 균류로 인해 발생한다. 이 균류에 잎이 감염된 장미는 활력이 크게 줄어든다. 대표적인 증상은 잎의 윗면에 보라색이나 검은색 반점이 나타나는 것이다. 이 반점 주위로 잎이 노랗게 변하거나 종종 잎이 떨어지기도 하는데, 증세가 심하면 잎이 거의 다 떨어질 수도 있다. 이 균류는 유전적으로 매우 다양하며, 새로운 계통이 대단히 빨리 나타난다. 이는 이 병에 대한 저항성을 지닌 신품종의 효과가 대체로 잘 지속되지 못한다는 의미이다.

가을에 떨어진 잎을 모아 없애거나 파묻는 것은 이듬해에 이 병의 발병을 늦추는 데 도움이 된다. 더 효과적인 방법은 살진균제를 사용하는 것이고, 살진균제의 효과를 극대화하려면 몇 가지 상품을 돌아가면서 쓰는 것이 좋다.

줄기마름병과 시듦병

줄기마름으로 인해 조직이 죽어 원형이나 타원형으로 우묵하게 파이는 것은 종종 상처나 눈에서 시

작된다. 줄기마름병 중에는 세균에 의해 발생하는 것도 있다(205~206쪽을 보라). 사과나무 줄기마름병을 일으키는 네오넥트리아 갈리게나*Neonectria galligena*는 사과나무와 일부 다른 나무의 수피를 공격한다. 버드나무 흑색 줄기마름병은 글로메렐라 미야베아나*Glomerella miyabeana*에 의해 발생하고, 파스닙 줄기마름병은 주로 이테르소닐리아 페르플렉산스*Itersonilia perplexans*에 의해 발생한다.

줄기마름병을 예방하려면 배수가 잘되는지, 토양의 pH가 맞는지를 확인하면서 재배 요건에 주의를 기울여야 한다. 식물체의 어느 부분이든지, 감염 부위는 훨씬 아래까지 완전히 도려내어 파괴해야 한다. 수간과 큰 가지에 생긴 줄기마름병은 방제하기가 훨씬 더 어렵다. 수피를 제거하여 건조한 환경에 노출시키면 감염 부위가 마르면서 치유될 수도 있다. 심하게 감염된 식물은 제거를 고려해야 한다.

식물이 시드는 것은 가뭄으로 인한 것이 아니라면 균류 감염이 원인인 경우가 많다. 시듦병을 일으키는 균류는 매우 다양해, 공격을 당하는 식물의 종류도 광범위하다. 베르티킬륨속*Verticillium*과 푸사륨속*Fusarium*에 속하는 종들은 풀과 나무 식물을 공격한다. 특정 숙주 식물만 공격하는 균류로는 클레마티스 시듦병을 일으키는 포마 클레마티디나*Phoma clematidina*가 있다. 베리티킬륨 시듦병에 걸리면 아래쪽 잎들이 노랗게 되고 쪼글쪼글해지며, 특히 날씨가 더울 때는 식물의 일부 또는 전체가 갑자기 시들어 버릴 수도 있다. 수피 아래에 있는 조직에서는 갈색이나 검은색 줄무늬가 보인다. 잡초 중에는 시듦병을 일으키는 숙주 식물이 있어 잡초 방제에 특히 신경을 써야 하며, 오염된 흙 속에 들어 있는 균류를 정원에 퍼뜨리지 않도록 조심해야 한다. 푸사륨 시듦병은 여러 관상용 식물의 잎을 누렇게 시들게 하며 성장을 저해한다. 물관의 불그스름한 변색은 감염을 나타내는 지표이며, 흰색이나 분홍색이나 주황색 균류가 자라거나 뿌리와 줄기가 썩는 것도 마찬가지이다. 감염된 식물은 지체 없이 제거하고 깨끗이 처리해야 한다.

클레마티스 시듦병은 클레마티스를 급격히 시들게 하고, 심한 경우에는 식물체 전체를 죽일 수도 있다. 이 병에 저항성이 있는 재배품종을 구할 수도 있지만, 식물을 심을 구멍을 깊게 파고 멀칭을 해서 뿌리가 받는 스트레스를 줄여 주면 감염을 예방할 수 있다. 건강한 줄기로 되돌리려면 시든 부분을 모두 제거하고 없애야 한다. 그래야만 나중에 지면 위로 건강한 새순이 돋아날 수도 있다.

잎의 점무늬병

점무늬병도 일반적으로 여러 생리적 장애와 연관이 있다(217쪽을 보라). 따라서 그 증상이 균류로 인한 것인지, 아니면 어떤 다른 환경 요인에 의한 것인지 확인하기가 매우 어려울 수도 있다. 흔히 발생하는 균류로 인한 점무늬병으로는 미크로스파이롭시스 헬레보리*Microsphaeropsis hellebori*로 인한 헬레보루스 점무늬병, 몇 가지 라물라리아속*Ramularia* 균류로 인한 프리물라 점무늬병, 라물라리아 락테아*Ramularia lactea*, R. 아그레스티스*R. agrestis*, 미코켄트로스포라 아케리

딸기에는 미코스파이렐라 프라가리아이*Mycosphaerella fragariae*(일반적인 점무늬병), 디플로카르폰 에알리아나*Diplocarpon earliana*(잎그슬림병), 포몹시스 옵스쿠란스*Phomopsis obscurans*(잎마름병), 그노모니아 프루티콜라*Gnomonia fruticola* 등 균류로 인한 병이 다양하다.

나*Mycocentrospora acerina*로 인한 제비꽃 점무늬병, 드레파노페지자 리비스 *Drepanopeziza ribis*로 인한 까치밥나무 점무늬병이 있다. 병에 걸린 잎은 제거하고 파괴해야 한다. 식물이 튼튼하게 자랄 수 있도록 재배 조건을 맞추면 감염을 억제할 수 있다. 병에 걸린 까치밥나무 덤불은 양분을 충분히 공급하고, 물에 대한 스트레스를 줄이려 멀칭을 해 준다. 일부 재배품종은 이 병에 어느 정도 저항성을 나타낸다.

피토프토라 인페스탄스로 인한 병(감자 잎마름병)은 잎에서 시작되지만, 토양을 통해 덩이줄기까지 전달되고, 그로 인해 덩이줄기인 감자가 심하게 썩어 먹을 수 없게 된다.

에 계속 양분을 공급하게 되므로, 반드시 뿌리까지 파내야만 한다.

피토프토라

피토프토라속*Phytophthora*에는 토마토와 감자의 잎마름병을 일으키는 피토프토라 인페스탄스 *Phytophthora infestans*를 포함하여, 가장 파괴적인 식물 질병을 일으키는 몇 가지 종이 있다. 피토프토라속에 속하는 다른 종으로는 100종이 넘는 식물에 기생할 수 있는 P. 라모룸*P. ramorum*, 로도덴드론의 뿌리를 썩게 하고 단단한 나무에 진물이 나오는 병을 일으키는 P. 칵토룸*P. cactorum*이 있다.

피토프토라속 중에는 뿌리 썩음을 일으키는 종이 몇 가지 있는데, 이들은 뽕나무버섯병 다음으로 정원에서 큰키나무와 떨기나무의 뿌리와 줄기를 썩게 하는 가장 흔한 원인이다. 다년생 풀과 화단 식물과 구근도 이 균류에 감염될 수 있다. 피토프토라로 인한 뿌리 썩음은 기본적으로 점토가 많아 토양이 무겁거나 배수가 잘 안 될 때 발생하며, 그 증상은 단순히 배수가 안 될 때 나타나는 현상과 구별이 매우 어렵다. 둘 다 잎이 시들고 누렇게 변하거나 줄어들고, 줄기가 마른다. 피티움속*Pythium*의 종들은 수많은 식물에서 뿌리 썩음을 일으키며, 이 균류로 인해 어린 식물이 죽을 때는 '모 잘록병'이라고 불린다. 리족토니아 솔라니*Rhizoctonia solani*라는 균류도 모 잘록병을 일으킨다.

뽕나무버섯병

뽕나무버섯속*Armillaria*에 속하는 몇 종의 균류를 일반적으로 뽕나무버섯이라고 부르는데, 이들은 여러 나무와 다년생 풀의 뿌리를 공격하고 죽인다. 뽕나무버섯병의 가장 특징적인 증상은 지면이나 지면 바로 아래의 수피와 목질부 사이에 주로 생기는 하얀 균덩어리(균사체)이며, 이 균사체에서는 버섯 냄새가 강하게 풍긴다. 감염된 나무의 그루터기 위에서 가을에 담황색 버섯이 무리지어 자랄 때도 있고, 검은 '신발 끈' 같은 것(균사다발)이 흙 속에서 발견될 수도 있다. 뽕나무버섯은 땅속으로 퍼져 나가면서 여러해살이 식물의 뿌리를 공격하여 죽인 다음, 죽은 식물의 목질부를 썩게 만든다. 뽕나무버섯병은 정원에서 가장 파괴적인 균류 질병 중 하나이다.

다른 나무에 뽕나무버섯병이 퍼지는 것을 방지하려면, 연못용 비닐 방수포를 이용하여 물리적 장벽을 설치해야 한다. 방수포를 땅속으로 45센티미터 깊이까지 파묻고, 지면 위로 3센티미터 정도 더 올라오도록 깔아 준다. 이와 함께, 정기적으로 땅을 깊이 갈아 엎으면 균사다발이 파괴되어 퍼지지 못한다. 뽕나무버섯이 확인되면, 감염된 식물을 없애거나 쓰레기매립장으로 보내야 한다. 만약 뿌리가 남아 있으면 버섯

이 병은 방제가 매우 어렵지만, 토양의 물 빠짐을 개선하면 피토프토라에 굴복할 위험을 크게 줄일 수 있다. 이 병이 새로 발생하거나 고질병이 된 정원에서는 감염된 식물을 없애고, 토양을 신선한 상토로 바꿔 주어야 한다. 영국에서는 P. 라모룸 감염이 의심되면 식물 보건 및 종자 조사국에 보고해야 한다.

바이러스성 질병

바이러스의 존재는 러시아의 생물학자 드미트리 이바노프스키Dmitri Ivanovsky에 의해 1892년에 발견되었다. 당시 그는 담배 작물의 큰 골칫거리였던 담배모자이크병의 원인균을 찾고 있었다. 마침내 병원체가 일반적인 세균보다 훨씬 더 작다는 것을 발견한 이바노프스키는 그것을 '보이지 않는 병원체'라고 불렀다. 이것에 훗날 바이러스라는 이름이 붙여졌고, 바이러스는 전자현미경이 발명된 1930년대가 되어서야 실제로 관찰할 수 있었다. 바이러스는 지름이 20~300나노미터이다.

바이러스는 살아 있는 유기체로 분류되지 않는다. 성장을 하지 않고(오로지 증식만 한다), 호흡을 하지 않고, 세포를 이루지 않기 때문이다. 어떤 과학자는 바이러스가 단백질로 둘러싸인 핵산에 불과하다고 해서, 바이러스를 '이동성 유전 인자'라고 부르기도 한다. 바이러스는 감염된 숙주세포의 DNA를 비활성 상태로 만들고, 자신의 핵산을 이용하여 새로운 바이러스를 더 만들도록 숙주세포의 기관에 명령을 내린다. 따라서 바이러스는 숙주 세포가 없으면 복제를 할 수 없고, 그래서 기생을 한다.

정원에서 어느 정도 자주 보이는 바이러스는 소수에 불과하지만, 식물에 기생하는 바이러스는 약 50과가 있으며 70개 이상의 속으로 분류된다. 바이러스의 이름은 그 바이러스가 처음 발견된 숙주에 나타난 증상에 따라 지어진다. 이를테면, 최초로 발견된 바이러스는 감자, 토마토, 고추, 오이뿐 아니라 그 외 다양한 관상용 식물에서도 발견되지만 여전히 담배모자이크바이러스TMV라고 불린다.

쿠쿠미스 사티부스 Cucumis sativus, 오이

바이러스는 식물체 전체에 침투하지만, 다시 말해 감염된 식물의 모든 곳에서 발견되지만, 증상은 특정 부분에서만 나타나거나 식물체의 각 부분에서 다르게 나타날 수 있다. 식물 바이러스는 많은 식물에 영향을 끼친다. 바이러스는 잎, 가지, 줄기, 꽃의 변색이나 기형적 성장의 원인이 되거나 식물의 활력과 수확량을 감소시키지만, 식물을 죽이는 일은 드물다.

바이러스의 전파

바이러스가 성공을 거두려면 숙주에서 숙주로 전파될 수 있어야 한다. 식물은 움직일 수 없으므로, 식물 대 식물의 전파에는 대체로 매개체가 관여한다. 담배모자이크바이러스의 경우, 중요한 매개체는 사람이다. 담배모자이크바이러스는 대단히 안정적이고 열에 대한 저항성이 있어, 담배 속에 그대로 남아 흡연자의 손을 통해 전파될 수 있다.

비슷한 방식의 전파는 상업적인 토마토 온실이나 번식 환경에서도 일어난다. 가지치기를 하거나 영양 생식을 통해 번식을 시키는 동안, 칼이나 사람의 손을 통해 감염된 식물의 수액이 건강한 식물로 곧바로 전달되는 것이다. 바이러스가 감염된 씨앗을 통해 전파되는 사례는 비교적 적다.

바이러스의 매개체는 주로 곤충이며, 그중에서도 매미충, 총채벌레, 가루이처럼 수액을 빨아 먹는 곤충이 가장 흔한 매개체이다. 담배모자이크바이러스는 잎을 먹는 곤충의 턱을 통해 이동하는 것으로 관찰되었다. 이 바이러스는 대단히 전염성이 강해, 잎의 솜털 하나만 망가져도 식물체 전체를 감염시킬 수 있다. 토양에 사는 선형동물(선충)은 감염된 뿌리를 먹는 과정에서 바이러스를 전파시킬 수 있고, 병원성 균류도 바이러스를 전파시킬 수 있다.

바이러스가 숙주를 벗어나 살아갈 수

일반적인 바이러스성 질병

바이러스 이름	숙주	매개체
콜리플라워모자이크바이러스CaMV	십자화과 식물들. 일부 계통은 가짓과 식물도 감염시킨다.	진딧물
오이모자이크바이러스CMV	오이와 다른 박과 식물, 그 외 셀러리, 양상추, 시금치, 서향나무, 델피늄, 백합, 수선화, 프리물라	진딧물과 감염된 씨앗
양상추모자이크바이러스LMV	시금치, 콩류, 그 외 관상용 식물 중에서도 특히 오스테오스페르뭄	진딧물과 감염된 씨앗
담배모자이크바이러스TMV	감자, 토마토, 고추, 오이, 그 외 광범위한 관상용 식물	총채벌레, 또는 기구나 손가락, 감염된 씨앗을 통해서도 전파가 가능하다.
토마토반점시듦바이러스TSWV	토마토 외에도, 베고니아속, 국화속, 키네라리아속Cineraria, 시클라멘속, 달리아속, 글록시니아속Gloxinia, 물봉선속, 펠라르고늄속Pelargonium을 포함하는 광범위한 식물	총채벌레, 특히 꽃노랑총채벌레
페피노모자이크바이러스PepMV	토마토	기구를 통해 전달되지만, 씨앗을 통한 전파도 가능하다.
칸나노란반점바이러스CaYMV	칸나	알려져 있지 않지만, 번식 도구 같은 기구를 통해 전파되는 것으로 추측된다.
콩황색모자이크바이러스BYMV	콩류	몇 종의 진딧물

있는 능력은 저마다 다 다르다. 바이러스는 광범위한 온도를 견딜 수는 있지만, 숙주를 벗어나서는 그리 오래 살지는 못할 것이다. 바이러스는 대개 열과 햇빛에 노출되면 금세 죽어 버리지만, 전지 도구를 통해 전파될 수 있을 정도로 생존력이 강한 바이러스도 있다. 몇몇 바이러스는 퇴비 속에서도 살 수 있다.

식물 바이러스를 화학적으로 방제할 방법은 살충제를 이용해 곤충 매개체를 없애는 것 외에는 없다. 비화학적 방제법으로는 감염된 식물을 즉시 파괴하여 추후에 감염원이 되는 것을 막는 방법이 있다. 일부 관상용 식물은 잡초와 같은 바이러스에 감염될 수 있어, 잡초가 생기지 않도록 해야 한다. 감염된 식물에 닿은 손과 도구는 깨끗이 씻고 소독해야 한다. 바이러스에 감염된 적이 있는 식물은 절대 번식시켜서는 안 된다.

쓸모 있는 식물학

바이러스는 식물의 생장을 저해하는 중요한 원인이지만, 때로는 식물의 건강에는 해로운 바이러스의 효과가 관상적인 면에서는 좋은 결과를 가져올 수도 있다. 여러 어저귀속 재배품종의 잎에서 볼 수 있는 다양한 색은 바이러스로 인한 것이다. 튤립에서 꽃에 나타나는 줄무늬는 진딧물에 의해 전파되는 튤립줄무늬바이러스로 인한 병 때문인 경우도 있다. 이 바이러스는 계통에 따라 정도가 다르기는 하지만, 모든 종류가 구근에 좋지 않은 영향을 끼친다.

오늘날 구할 수 있는 수많은 다양한 색의 줄무늬 튤립은 병으로 인한 것이 아니라, 선택 교배를 통해 유전적으로 만들어진 것이다. 그러나 바이러스로 인한 몇몇 초기 재배품종도 아직까지 존재한다.

바이러스로 인해 줄무늬가 생긴 튤립

세균성 질병

현미경으로 볼 수 있는 단세포 유기체인 세균은 하나의 세포가 둘로 쪼개지는 이분법을 통해 무성생식을 한다. 이런 분열은 20분마다 한 번씩 일어날 수 있어, 세균은 순식간에 큰 집단으로 불어날 수 있다. 대부분의 세균은 운동 능력이 있고, 채찍처럼 생긴 편모를 이용해 막처럼 얇은 물속을 이동한다. 균류와 함께, 세균도 토양 속 유기물을 분해하는 중요한 분해자이다.

식물에서 질병을 일으킬 수 있는 세균은 170종에 이른다. 세균은 식물 조직을 바로 뚫고 들어오지 못하며, 상처나 잎의 기공처럼 자연적으로 벌어진 곳을 통해 식물체 내로 들어온다. 세균은 단단하며, 숙주를 찾지 못하면 기회가 올 때까지 휴면 상태를 유지할 수 있다.

식물세포 내에 '사는' 바이러스와 대조적으로, 세균은 세포와 세포 사이의 공간에서 증식하면서 식물세포를 손상하거나 죽이는 독소나 단백질이나 효소를

랄스토니아 솔라나케아룸*Ralstonia solanacearum*은 감자에 갈색썩음병 또는 세균성 시듦병이라고 불리는 병을 일으키는 세균이다. 이것은 병원성 세균으로 인해 일어난다는 사실이 밝혀진 최초의 병 중 하나였다.

생산한다. 아그로박테리움속*Agrobacterium* 세균은 식물세포의 유전적 변형을 일으킨다. 그 결과 옥신 생산량에 변화가 생기면서 암과 같은 것이 자라게 되는데, 이것을 혹병이라고 한다. 어떤 세균은 물관을 막는 큰 다당류 분자를 만들어 시듦병을 일으킨다.

세균의 확산

세균은 보통 식물의 표면에 존재하며, 환경 조건이 세균의 성장과 증식에 유리해지면 문제를 일으킬 것이다. 이런 환경 조건으로는 높은 습도, 과밀, 식물 주변의 공기 순환 불량을 꼽을 수 있다.

세균으로 인한 식물의 병은, 빛이 약해지고 해가 짧아지는 겨울철에 심해지는 경향이 있다. 겨울에는 식물의 성장이 둔화되고, 식물이 스트레스를 받기 쉽다. 심한 온도 변화, 토양의 배수 불량, 영양 부족이나 과다, 잘못된 물주기를 비롯해, 식물에 스트레스를 주는 조건은 무엇이든지 감염에 취약해지게 만들 수 있다. 분무기로 물을 주면, 잎에 얇은 수막이 생겨 세균이 증식할 수도 있다.

세균성 질병은 대체로 빗방울이나 바람이나 동물을 통해 퍼진다. 사람을 통해서도 퍼질 수 있는데, 감염된 도구를 사용하거나, 감염된 식물질을 잘못된 방법으로 폐기하거나, 겨울 동안 식물을 제대로 관리하지 못할 때 그런 일이 발생한다. 감염의 증상은 대개 국소적으로 나타나지만, 식물 조직을 빠르게 손상시켜 꽤 갑작스럽게 증상이 나타나는 경우도 많다. 그런 증상으로는 끝마름, 잎의 반점, 잎마름, 줄기마름, 썩음, 시듦, 식물 조직의 전체적인 붕괴가 있다.

세균성 줄기마름병, 클레마티스 점액 유출, 화상병 같은 일부 경우에는 누출액을 통해 세균 감염이 분명하게 드러난다. 이런 병들 중에는 식물 조직이 물러지는 결과를 초래하는 것이 많고, 종종 특유의 역겨운 냄새를 동반하기도 한다. 그리고 연상하기 쉬운 이름을 갖고 있다.

세균성 줄기마름병

벚나무속 식물의 줄기와 잎에 생기는 병인 세균성 줄기마름병은 프세우도모나스 시링가이*Pseudomonas syringae*에 의해 일어난다. 죽은 수피가 우묵하게 파이는 줄기마름병이 일어나고, 종종 진득한 세균 누출액이 나오기도 한다. 잎에는 '총알구멍'이라 불리는 작은 구멍이 생긴다. 감염이 가지 전체에 퍼지면 식물이 죽는다.

뿌리혹병

뿌리혹병은 많은 나무와 풀 식물의 줄기와 뿌리에 생기는 병이다. 줄기와 가지와 뿌리에 울퉁불퉁한 돌출부(혹)가 생기는 이 병은 아그로박테리움 투메파키엔스*Agrobacterium tumefaciens*라는 세균에 의해 발생한다.

검은줄기병과 세균성 무름병

감자의 덩이줄기에 감염을 일으키는 이 병은 펙토박테리움 아트로셉티쿰*Pectobacterium atrosepticum*과 P. 카로토보룸*P. carotovorum*에 의해 발생한다. 이 병에 걸린 덩이줄기는 물러지고 악취가 나면서 썩기도 한다. 검은줄기병을 일으키는 세균은 줄기가 시작하는 부분에 무름병도 일으켜, 잎이 노랗게 변색되고 시들게 한다.

클레마티스 점액유출병

클레마티스 점액유출병은 다양한 세균 종에 의해 일어나며, 대부분의 으아리속 식물에 영향을 끼친다. 그로 인해 식물이 시들어 말라 죽고, 고약한 냄새를 풍기는 흰색이나 분홍색이나 주황색의 삼출물이 줄기에서 흘러나온다. 이 병은 치명적일 수도 있지만, 감염된 부분을 잘라 내면 가끔은 식물을 살릴 수도 있다. 점액유출병은 코르딜리네속을 포함하여 광범위한 큰키나무와 떨기나무의 줄기에 생길 수 있다.

클라비박테르 미키가넨시스*Clavibacter michiganensis*(다른 이름은 코리네박테리움 미키가넨세*Corynebacterium michiganense*)는 토마토에서 세균성 줄기마름병을 일으킨다. 먼저 식물이 시드는 증상이 나타나고, 그다음에는 잎과 열매에 반점이 생긴다

화상병

화상병의 원인균은 에르위니아 아밀로보라*Erwinia amylovora*이다. 이 세균은 장미과에서도 배나무아과*Maloideae*에 속하는 사과나무, 배나무, 개야광나무, 산사나무(산사나무속), 홍가시나무, 피라칸타속*Pyracantha*, 마가목속*Sorbus* 식물만 감염시킨다.

개화기에 꽃이 시들고 죽는 증세가 나타나며, 감염이 확산되면 새 잎이 쪼글쪼글해지면서 죽는다. 가지에서는 줄기마름병도 나타나고, 습한 날씨에는 감염부에서 끈끈한 흰색 액체가 흘러나오기도 한다. 감염이 심한 나무는 불에 그을린 것처럼 보일 수도 있다. 이 병은 1957년에 북아메리카에서 영국으로 우연히 들어왔다. 이제는 영국 전역에 퍼져 있고, 맨 섬, 채널 제도, 아일랜드 같은 섬 지역에만 아직 나타나지 않고 있다. 의심 증상이 발생하면 식물 보건 및 종자 조사국에 반드시 보고해야 한다.

세균성 질병은 통제하기가 어렵다. 그래서 먼저 예방에 중점을 두어야 한다. 식물을 재배할 때는 살균된 종자와 모종을 사용하고, 가지치기 도구를 잘 소독하고, 감염의 통로가 될 수 있는 식물 표면의 상처가 생기지 않도록 조심해야 한다.

기생식물

어떤 식물은 필요한 양분의 전부 또는 일부를 스스로 만들지 못해, 다른 식물에 완전히 또는 부분적으로 기생한다. 현존하는 기생 꽃식물은 4,000종이 넘는 것으로 알려져 있다. 기생식물은 절대 기생체와 임의 기생체로 분류할 수 있다. 숙주가 있어야만 생활 주기를 완수할 수 있는 기생식물인 절대 기생체 중에는 엽록소가 전혀 없어 식물의 전형적인 특징인 녹색이 나타나지 않는 경우가 종종 있다. 임의 기생체에는 엽록소가 있으며, 숙주가 없어도 생활 주기를 완수할 수 있다.

어떤 기생식물은 새삼(새삼속)이나 붉은바트시아 (*Odontites vernus*)처럼 다양한 식물 종에 두루 기생할

에피파구스 비르기니아나*Epifagus virginiana*, **너도밤나무방울**

수 있고, 또 다른 기생식물은 미국너도밤나무(*Fagus grandifolia*)에만 기생하는 너도밤나무방울(*Epifagus virginiana*)처럼 특정 식물에만 기생한다.

기생식물은 숙주 식물의 줄기나 뿌리에 들러붙는다. 기생식물은 흡근이라 불리는 변형된 뿌리를 갖고 있는데, 흡근은 숙주 식물의 체내로 들어가 물관이나 체관을 통하여 양분을 추출한다. 초종용(초종용속*Orobanche*), 새삼, 스트리가(스트리가속)는 다양한 작물에서 막대한 경제적 손실을 초래한다. 겨우살이(겨우살이속)는 숲과 관상용 나무의 경제적 피해를 일으킨다.

초종용

200종이 넘는 식물로 이루어진 초종용속 식물은 엽록소가 전혀 없고, 숙주의 뿌리에 부착되어 살아가는 절대 기생체이다. 이 식물들은 노란색 혹은 마른 짚 색깔의 줄기와, 삼각형의 비늘 모양으로 퇴화한 잎을 갖고 있으며, 금어초와 비슷하게 생긴 노란색이나 흰색, 파란색의 꽃이 핀다. 이 식물에서 지표면 위로 보이는 것은 꽃이삭뿐이다. 어린 줄기는 뿌리와 비슷한 모양으로 자라 근처에 있는 숙주 식물의 뿌리에 달라붙는다.

스트리가 코키네아*Striga coccinea*, **스트리가**

새삼

새삼속은 약 150종의 절대 기생체로 이루어진 무리이며, 노란색이나 주황색이나 붉은색의 줄기에 아주 작은 비늘 모양으로 퇴화한 잎이 달려 있다. 새삼에는 엽록소가 매우 적지만, 쿠스쿠타 레플렉사 *Cuscuta reflexa* 같은 일부 종은 약간의 광합성을 할 수 있다. 새삼의 씨앗은 토양의 표면이나 그 근처에서 발아하며, 어린 싹은 숙주 식물을 빨리 찾아야 한다. 새삼의 어린 싹은 화학적 감지 방법을 써서 숙주 식물을 찾아내어 그 방향으로 자란다(제8장을 보라). 어린 새삼은 10일 내에 숙주 식물에 도달하지 못하면 죽게 될 것이다.

스트리가

씨앗으로 겨울을 나는 스트리가속 식물은 바람이나 물이나 흙이나 매개동물을 통해 쉽게 전파된다. 일부 종은 곡물과 콩과 식물에 심각한 피해를 주는데, 특히 사하라 사막 이남의 아프리카에서 피해가 크다. 미국에서는 이 식물이 심각한 병해로 여겨졌고, 1950년대에 미국 의회에서는 이 식물을 퇴치하기 위한 예산을 할당하기도 했다. 그렇게 연구가 진행된 덕분에 미국 농민들은 그들의 농토에서 이 식물을 거의 몰아낼 수 있었다. 스트리가의 종자는 숙주의 뿌리에서 만들어진 삼출물이 있어야만 발아할 수 있다. 발아 후에는 숙주의 뿌리세포를 뚫고 들어갈 수 있는 흡근

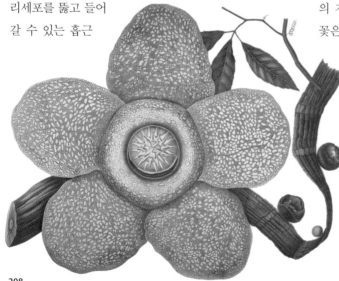

이 발달하면서 종 모양의 돌출부가 만들어진다. 스트리가는 꽃이 생기고 종자가 만들어지기 전까지 땅속에서 군집을 이루며 몇 주를 보낼 수도 있다.

카스틸레야

카스틸레야속*Castilleja*은 약 200종의 1년초와 다년초로 구성되며, 밝은 색의 꽃이 핀다. 대부분 북아메리카 원산이며, 일반적으로 불리는 영어 이름은 인디언페인트브러시Indian paintbrush 또는 프레리파이어prairie-fire이다. 이 식물은 임의 기생체로, 화본류와 그 외 다른 식물의 뿌리에 기생한다. 꽃이 대단히 매력적이어서, 카스틸레야를 숙주 식물 없이 정원이나 온실에서 기르려는 연구가 많이 시도되었다. 이런 시도를 하기에 가장 좋은 종은 C. 아플레가테이 C. applegatei, C. 크로모사C. chromosa, C. 미니아타C. miniata, C. 프루이노사C. pruinosa이다.

라플레시아

라플레시아속은 약 28종의 대단히 특이한 식물로 이루어진 속이며, 동남아시아에서 발견된다. 절대 기생체인 라플레시아는 테트라스티그마속*Tetrastigma* 덩굴에 기생한다. 숙주 식물의 외부로 드러나는 라플레시아의 유일한 부분은 거대한 꽃인데, 어떤 종의 꽃은 지름이 1미터가 넘고 무게가 10킬로그램이 넘는다. 가장 작은 종인 R. 발레테이*R. baletei*조차도 꽃의 지름이 12.5센티미터에 이른다. 라플레시아의 꽃은 냄새뿐 아니라 모양까지도, 썩고 있는 동물의 사체와 비슷해 일반적으로 송장꽃이라고 불린다. 썩은 냄새는 곤충, 특히 파리를 끌어들이고, 이 곤충들에 의해 꽃가루받이가 일어난다.

라플레시아 아르놀디*Rafflesia arnoldii*, 송장꽃

송장꽃이라는 이름은 꽃가루받이 곤충을 끌어들이려고 썩은 고기 냄새를 풍겨서 붙여진 것이다. 이 종의 꽃은 한 송이의 크기가 꽃식물 중에서 가장 크다.

식물의 자기방어법

식물의 방어에는 수동적 방어와 능동적 방어가 있다. 수동적 방어는 쐐기풀의 가시털처럼 항시적으로 존재하는 것인 반면, 능동적 방어는 식물이 해를 입었을 때만 볼 수 있는 화학 반응 같은 것이다. 능동적 방어의 장점은 필요할 때만 나타난다는 것이다. 따라서 식물의 에너지 소비 면에서 볼 때, 능동적 방어를 하면 비용을 줄일 수도 있다. 식물의 방어 메커니즘은 식물체의 구조 변형에서 독소의 합성에 이르기까지, 그 방법이 엄청나게 다양하다.

우르티카 디오이카_Urtica dioica_,
쐐기풀

기계적 방어

식물의 1차 방어선은 식물의 표층이다.

수피와 큐티클
나무 식물의 최외곽 방어선은 코르크질의 수피와 리그닌으로 된 세포벽일 테고, 풀 식물의 경우에는 잎과 줄기를 덮고 있는 두터운 큐티클이라고 할 수 있다. 이런 부분들은 물리적 공격을 어느 정도 견딜 수 있다.

표층으로 분비되는 물질
어떤 방어 물질은 식물체 내에서 만들어져 표면으로 분비된다. 이런 물질로는 식물의 표피를 덮어 표피 조직의 질감을 바꿔 놓는 송진, 리그닌, 이산화규소(실리카), 왁스wax(밀납질) 같은 것들이 있다. 감탕나무속(호랑가시나무)의 잎을 예로 들면, 매우 매끈하고 두꺼우며 단단해 먹기가 어렵다. 게다가 잎 가장자리가 뾰족한 톱니 모양인 종도 많다. 화본류는 이산화규소의 함량이 높아, 잎이 매우 날카롭고 질감이 거칠며 소화가 잘되지 않는다. 포유류 중에서 반추동물(소와

양 종류)은 이런 식물을 먹을 수 있는 능력을 진화시켰다.

큐틴
큐티클에는 물에 녹지 않는 중합체인 큐틴(각피질)이 포함되어 있다. 큐틴은 매우 효과적인 미생물 방어막이지만, 일부 균류는 큐틴을 분해하는 효소를 만들기도 한다. 또, 큐티클에도 기공이나 상처로 인해 틈이 벌어질 수 있는데, 이런 틈을 통해서도 미생물이 들어올 수 있다.

털과 가시
식물체 표면의 털이나 가시는 모두 해충의 접근을 방지하려고 존재하는 것이다. 모용毛茸이라고도 불리는 털에는 곤충을 잡기 위한 미늘이 달려 있기도 하고, 육식 식물인 끈끈이주걱(끈끈이귀개속_Drosera_) 같은 경우에는 잎의 털에서 끈끈한 분비물이 나오기도 한다. 또는, 대마초의 카나비노이드처럼, 털에 자극성 물질이나 독을 함유하고 있는 식물도 많다.

속정

어떤 식물세포에는 옥살산칼슘이나 탄산칼슘의 바늘 모양 결정이 들어 있는데, 이를 속정束晶이라고 한다. 그 식물을 섭취하는 초식동물에 고통을 주고 입과 식도를 손상시키는 속정은 식물로서는 대단히 효과적인 화학적 방어법이다. 시금치에는 옥살산칼슘의 속정이 풍부하다. 시금치를 다량으로 섭취한다면 매우 위험할 수도 있겠지만, 다행히도 속정은 조리 과정에서 파괴된다.

화학적 방어

식물은 공격을 막는 데 도움이 되는 다양한 물질을 생산한다. 이런 물질로는 알칼로이드, 시안생성글리코시드, 글루코시놀레이트, 테르페노이드, 페놀이 있다. 이 물질들은 식물의 기본적인 기능인 성장과 발생, 생식과는 연관이 없어, 2차 대사산물이라고 불린다.

알칼로이드

알칼로이드에 속하는 물질로는 카페인, 모르핀, 니코틴, 퀴닌, 스트리크닌, 코카인이 있다. 이 물질들은 모두 그것을 먹은 동물의 물질대사 체계에 부정적인 영향을 끼치고, 쓴맛을 내서 애초에 동물이 그 물질을 먹는 것을 싫어하게 만든다. 주목(*Taxus baccata*)에서는 종자를 둘러싸고 있는 붉은색의 가종피를 제외한 식물체의 모든 부분에서 유독성 알칼로이드인 탁신이 발견된다.

시안생성글리코시드

상당히 많은 수의 시안생성글리코시드가 다양한 정도의 독성을 지니고 있는 것으로 알려져 있다. 시안생성글리코시드의 독성은 초식동물이 그 식물을 먹고 세포막을 파괴하여 시안화수소가 방출될 때 나타난다.

글루코시놀레이트

글루코시놀레이트가 활성화되는 방식은 시안생성글리코시드와 매우 흡사하며, 심한 복통과 구강의 자극을 유발할 수 있다.

테르페노이드

테르페노이드에 속하는 물질로는 시트로넬라, 리모넨, 멘톨, 캄퍼, 피넨 같은 휘발성 방향유와, 동물에게 독이 될 수 있는 송진과 라텍스가 있다. 로도덴드론 잎의 독성 물질과, 디기탈리스에 존재하는 디기탈린 같은 화합물도 테르페노이드에 포함된다.

페놀

페놀에 속하는 물질로는 타닌, 리그닌, 카나비노이드가 있다. 이 물질들은 식물의 소화를 어렵게 만들고, 소화 과정을 방해한다. 제라늄 종류는 꽃잎에서 왜콩풍뎅이를 마비시키는 아미노산을 생산하여, 주된 해충인 왜콩풍뎅이를 막는다. 콩과와 대극과 *Euphorbiaceae* 식물에는 독성 식물 단백질인 독성 알부민이 들어 있다.

그 밖의 2차 대사산물

2차 대사산물이 독소로만 작용하는 것은 아니다. 플라보노이드는 옥신의 전달, 뿌리와 새 가지의 발달, 꽃가루받이에서 중요한 역할을 할 뿐만 아니라, 세균과 균류, 바이러스에 대한 저항성도 있어 감염으로부터 식물을 보호하는 데도 도움이 된다.

식물이 만드는 2차 대사산물 중에는 살충제로 이용되는 것도 있다. 이런 물질로는 담배의 니코틴을 비롯하여, 특정 국화과 식물의 꽃에서 추출되는 피레트린, 님나무(*Azadirachta indica*)에 들어 있는 아자디라크틴, 감귤류 식물에 들어 있는 d-리모넨, 고추에 들어 있는 캅사이신이 있다.

타종 감응 물질은 이웃한 식물의 발달에 영향을 끼치는 2차 대사산물이다. 흑호두나무(*Juglans nigra*)와 가죽나무(*Ailanthus altissima*)는 둘 다 다른 식물의 생장을 방해하는 타종 감응 물질을 분비하는 것으로 알려져 있다. 일부 큰키나무와 떨기나무의 낙엽도 비슷한 효과가 있다고 알려져 있다. 국화과의 일종인 알프스민들레 역시 타종 감응 물질을 분비하는 것으로 알려져 있다.

식물의 맛

많은 2차 대사산물은 독특한 향이나 맛을 지니고 있다. 이는 당연히 동물의 초식 행위에 대한 반응으로 진화해 온 것이지만, 인간에게도 독특한 식용 식물들을 선사하고 있다. 이런 특성과 연관된 화학적 상호작용은 때로 매우 복잡하게 일어난다. 토마토의 경우를 보면, 풋풋한 흙이나 쿰쿰한 곰팡이 향에서부터 달콤하고 톡 쏘는 과일 맛에 이르기까지 그 풍미가 다양하게 묘사되고는 한다. 더 나아가, 이 풍미는 토마토가 익어 가는 동안 여러 휘발성 방향 물질의 혼합물로 인해 변하며, 이 방향 물질들은 과당과 포도당을 포함한 과일의 당분과도 상호작용을 한다. 토마토의 풍미에는 16~40종의 화학물질이 관여한다.

서아프리카의 관목인 신세팔룸 둘키피쿰*Synsepalum dulcificum*의 열매는 음식의 신맛을 단맛으로 만드는 독특한 특성이 있는 기적의 과일로 알려져 있다. 이 열매에는 미라쿨린miraculin이라는 당단백질이 들어 있는데, 이 물질이 혀의 미뢰에 들러붙으면 그 뒤에 먹는 것은 무엇이든 단맛으로 인식된다. 심지어 신 것을 먹어도 달게 느껴진다. 같은 서아프리카 원산인 아프리카세렌디피티베리(*Thaumatococcus daniellii*)도 타우마틴이라고 하는 단맛이 매우 강한 단백질을 만든다. 타우마틴은 보통 설탕보다 3,000배 정도 더 달지만 열량이 거의 없어 당뇨 환자에게 유용한 천연 감미료이다.

많은 배추속 작물, 그중에서도 특히 방울양배추에는 쓴맛이 있다. 최근에는 이런 쓴맛을 줄이거나 제

캅시쿰 아눔*Capsicum annuum*, 고추

거하고 더 단맛을 낸 방울양배추 재배품종이 많이 만들어졌다. 방울양배추에서 쓴맛을 내는 화학물질인 글루코시놀레이트는 초식 곤충과 포유류의 접근을 막아 준다. 그래서 방울양배추는 더 달아질수록 해충에 더 취약해질 수도 있다.

오이도 한때는 꽤 쓴맛이 나는 채소로 유명했고, 일부 사람들에게는 꽤 심각한 소화불량증이나 소화계와 연관된 다른 문제를 일으킬 수도 있다. 이런 오이의 쓴맛은 쿠쿠르비타신이라는 화학물질 때문인 것으로 알려져 있다. 쿠쿠르비타신을 덜 생산하도록 만들어진 '버프리스'라는 오이 품종이 있기는 하지만, 쿠쿠르비타신은 환경적 스트레스를 받으면 더 증가하는 것으로 드러났다. 따라서 '버프리스'나 다른 재배품종 오이도 물을 제때 주지 않거나, 기온이 잘 맞지 않거나, 양분이 부족한 환경에서 키운다면, 오이가 더 써질 수 있다.

대부분의 콩과 식물, 그중에서도 특히 대두, 렌틸콩, 리마콩, 강낭콩은 렉틴이라는 화학물질이 들어 있어,

날것으로 먹으면 독성이 매우 강하다. 그래서 안전하게 먹으려면 익히거나 물에 우리거나 발효를 시키거나 싹을 틔워야 한다. 어떤 콩과 식물은 독성 반응을 일으키려면 비교적 많은 양을 먹어야 하지만, 날 강낭콩은 너덧 알만 먹어도 복통과 설사와 구토를 일으킬 수 있다.

그 외 식물의 방어법

모방과 위장

식물은 포식자의 접근을 막으려고 여러 다양한 속임수를 쓰는데, 이런 속임수는 능동적 방어나 수동적 방어의 범위를 벗어나 있다고 말할 수 있다. 이를테면, 모방과 위장은 큰 역할을 한다. 감촉성 운동은 촉감에 민감하게 반응하는 식물에서 볼 수 있는데, 이런 감촉성 식물(미모사 푸디카)의 잎은 만지거나 진동을 주면 빠르게 닫힌다. 이 반응은 식물체 전체로 퍼지고, 그 결과 식물체에서 공격에 노출되는 범위가 갑자기 줄어든다. 뿐만 아니라, 작은 곤충을 물리적으로 쫓아낼 수도 있다.

어떤 식물은 잎에 나비가 알을 낳아 놓은 것과 같은 모양을 흉내 내어, 진짜 나비가 알을 낳지 못하게 방해하는 효과를 내기도 한다. 시계꽃속의 일부 종은 잎에 헬리코니우스속*Heliconius* 나비의 알과 닮은 노란 구조를 만든다. 쐐기풀의 모양을 흉내 내는 광대수염(광대수염속*Lamium*)은 포식자들이 속아 그냥 지나가기를 바랄 것이다.

식물은 동물만큼 위장을 잘하기가 쉽지 않다. 식물은 '은신'도 필요하지만 꽃가루와 종자를 옮겨 줄 동물도 유인해야 해서, 그 사이에서 균형을 잡아야 한다. 리톱스속*Lithops*은 이런 균형에 아주 잘 도달한 것처럼 보이는데, 이 식물은 아프리카 사막의 살아 있는 돌이라고 불릴 정도로 돌멩이들 속에 있으면 감쪽같이 돌멩이로 보인다.

상리 공생

식물이 동물의 공격으로부터 스스로를 보호하려고 다른 동물을 끌어들이는 상리 공생은 또 다른 방식의 방어법이다. 앞서 쇠뿔아카시아나무에서 확인한 것처럼(190~191쪽을 보라), 식물은 때로 다른 동물의 도움으로 경쟁에서 우위를 차지한다. 그 방법은 의외로 간단할 수도 있다. 꽃꿀이나 다른 단 물질을 만들어 도움을 주는 동물에게 먹이로 제공하는 것이다. 꽃밖꿀샘(꽃을 제외한 식물체의 다른 부분에서 발견되는 꿀샘으로, 꽃가루받이에 이용되지 않는다) 중에는 이런 목적에 활용되는 것도 있다. 어떤 시계꽃(시계꽃속)에서는 이런 꽃밖꿀샘으로 끌어들인 개미가 나비의 산란을 막는 것이 관찰되었다.

어떤 식물은 '조력자' 동물을 보호하고 살 곳을 내주기도 한다. 아카시아속의 어떤 종은 가시의 기부를 부풀려서 개미가 살 수 있는 공간을 만들어 주고, 잎에 있는 꽃밖꿀샘에서 개미에게 먹일 꿀을 만든다. 마카랑가속*Macaranga* 나무들은 줄기의 내부가 비어 있는데, 이것 역시 개미들에게 집이자 독점적인 먹이로 제공된다.

상리 공생은 화학적 수준에서도 일어나는 것으로 보인다. 초식동물에 유해한 독소를 만드는 균류와 공생 관계를 이루는 식물도 있는데, 이런 관계는 김의털속*Festuca*과 쥐보리속*Lolium* 같은 화본류에서 관찰된다. 이런 공생 관계는 식물이 2차 대사산물을 만드는 수고를 덜어 준다. 2차 대사산물은 종

미모사 푸디카*Mimosa pudica*,
미모사

종 곤충의 공격에 대한 반응으로 만들어지기도 한다. 이런 대사물질은 독으로서의 역할과 함께, 다른 식물에게 경고 신호를 보내기도 하고 자신을 공격하는 생물의 천적을 끌어들이기도 한다.

2차 대사산물에 대한 곤충의 반응

오랜 시간에 걸쳐, 식물이 자신을 공격하는 동물에게 독을 먹이려는 시도가 반복된 후에는, 식물을 먹는 동물이 2차 대사산물에 어느 정도 적응하거나 내성을 나타내기 시작할 것이라는 예측이 가능하다. 이런 적응에는 독소에 대한 빠른 물질대사나 즉각적인 배출이 포함된다. 포유류 중에는 먹이가 다양하기만 하면, 약한 중독은 이겨 낼 능력이 있는 동물이 많다. 어떤 곤충은 니코틴을 만드는 식물에서 니코틴이 들어 있지 않은 체관의 수액만 먹으며 살아가기도 한다.

놀랍게도, 식물의 독소를 체내에 축적할 수 있는 곤

충도 많다. 이렇게 모은 독소는 천적에 대한 방어 수단으로 활용된다. 소나무를 먹고 사는 잎벌은 솔잎에 들어 있는 송진을 장 속에 저장한다. 이 송진은 새와 개미, 거미로부터 잎벌을 보호해 줄 뿐만 아니라, 일부 기생충도 막아 준다. 쑥방망이(*Senecio jacobaea*)를 먹고 살아가는 진홍나방 애벌레는 이 애벌레를 잡아먹는 포식자에게 맛이 없는 먹이가 되려고 쑥방망이의 독성 알칼로이드를 흡수한다. 성체 진홍나방의 선명한 붉은색은 경고의 의미를 담고 있다.

생물학적 방제

때로는 천적을 이용하여 식물 해충을 없애는 방법이 화학적 방제의 대안이 되기도 한다. 이런 방법은 생물학적 방제라고 알려져 있다. 야외에 있는 정원에서는 무당벌레, 풀잠자리, 꽃등에 같은 곤충이 진딧물이나 그 외 몸이 연한 곤충을 많이 먹어치울 수 있고, (잘 알려져 있지는 않지만) 해충 집단을 어느 정도 통제하는 중요한 역할을 한다.

정원가들은 포식성 응애, 기생 말벌, 병원성 선형동물 같은 여러 천연 포식자를 해충 방제에 이용하는 데 점차 성공을 거두기 시작하고 있다. 이런 생물학적 방제에는 대부분 꽤 일정한 조건이 필요하고 특정 온도와 습도가 요구돼, 주로 온실과 비닐하우스에서 이용된다. 민달팽이 방제에 활용되는 선형동물 (*Phasmarhabditis hermaphrodita*)과 줄주둥이바구미 애벌레의 방제에 활용되는 선형동물(*Steinernema kraussei*와 *Heterorhabditis megidis*)은 온도가 섭씨 50도 이상인 토양에서 활성화되고, 실외에서도 활용할 수 있다. 각다귀 애벌레, 풍뎅이 애벌레, 검정날개버섯파리, 당근, 양파, 양배추의 뿌리파리와 애벌레의 방제에 이용되는 선형동물은 토양의 온도가 섭씨 12도 이상이어야 한다.

진홍나방인 티리아 야코바이아이*Tyria jacobaeae*의 애벌레는 쑥방망이를 먹고 그 독성 알칼로이드를 흡수한다.

병해충 내성 품종 개발

많은 식물 육종가의 목표는, 공격으로부터 식물이 스스로 보호할 수 있도록 병해충에 대한 저항성이 있는 신품종을 만드는 것이다. 그러면 병충해를 예방하기 위한 살충제의 사용량을 줄이는 데도 도움이 될 것이다. 이런 신품종 개발과 관련된 연구는 시간과 비용이 많이 들어 주로 경제적으로 중요한 식용 작물에 집중되고 있다.

병해충에 저항성을 지닌 식물을 만들려면, 먼저 야생종이나 기존의 재배품종에서 적합한 저항성을 나타내는 유전물질을 찾아낸 다음, 다른 재배품종에 집어넣어야 한다. 사과나무를 예로 들면, 화상병균(*Erwinia amylovora*), 흰가루병균(*Podosphaera leucotricha*), 검은별무늬병균(*Venturia inaequalis*), 사과면충(*Eriosoma lanigerum*)에 대한 저항성을 개발하려는 연구가 수행되었다. 이런 품종 개발 프로그램에 주로 활용되는 저항성 물질은 꽃사과나무, 사과나무(*M. pumila*), 아그배나무(*M. × micromalus*) 같은 야생종 사과나무에서 유래한다.

병해충에 대한 저항성을 지닌 품종의 개발 과정은 관상용 식물의 육종(119쪽을 보라)과 크게 다르지 않다. 이 과정은 다음과 같은 단계로 이루어진다.

확인

야생 근연종과 오래된 재배품종은 유용한 내성 형질을 종종 지니고 있어, 식물 육종의 재료로 자주 활용된다. 그 결과, 많은 야생종과 재배품종의 유전물질은 유전자 은행이나 종자 은행에 보관되어 있다.

교잡

맛이나 수확량 같은 면에서 원하는 형질을 지닌 재배품종을 내성 형질을 지닌 식물과 교배한다.

재배

교잡을 통해 만든 새로운 식물 개체군을 병해충이 생기기 쉬운 환경에서 재배한다. 이런 환경은 대개 온실에 조성된다. 이때 신중하게 선택된 병해충을 인위적으로 주입해야 할 수도 있는데, 같은 병해충 종이라도 내성의 효과는 계통에 따라 의미 있는 차이가 날 수 있기 때문이다.

선택

내성을 지닌 식물을 선택한다. 식물 육종가들은 수확량이나 다른 좋은 특징과 관련된 형질 개선도 함께 하려고 해서, 다른 좋은 특징을 잃지 않도록 신중한 선택을 하는 것이 중요하다.

과일나무와 감자를 비롯해 여러 다년생 작물은 영양생식을 통해 번식된다. 이런 경우에는 더 진보된 방법으로도 질병에 대한 내성을 개선할 수 있다. 저항력이 있는 종이나 품종에서 유래한 유전물질을 식물 세포에 곧바로 집어넣는 것이다. 어떤 경우에는 전혀 연관이 없는 유기체의 유전자가 삽입되기도 한다. 유전자 조작이라고 알려진 이런 분야의 과학적 연구가 환경에 끼칠 영향을 많은 사람이 우려하고 있지만, 오늘날 식물 육종에서 없어서는 안 될 분야라는 점에는 의심의 여지가 없다.

내성이 지속된다는 것은 오랫동안 광범위한 지역에 퍼져 자라면서 효과가 계속된다는 뜻이다. 안타깝게도, 내성 중에는 병해충 개체군이 진화하여 그 내성을 극복하면 곧바로 사라지는 것도 있어, 계속적인 후속 연구와 육종이 필요하다.

말루스 플로리분다*Malus floribunda*,
꽃사과

생리적 이상

식물에서 일어나는 문제들 중에는 병해충과 관련 없는 것도 많다. 너무 강하거나 약한 빛, 날씨로 인한 손상, 배수 불량이나 양분 부족 같은 환경이나 재배 조건이 문제를 일으키기도 한다. 이런 조건들은 식물체의 작용과 체계의 기능에 직접적인 영향을 끼친다.

생리적 이상의 원인을 결정하려면, 먼저 식물의 환경과 토양 조건이 알맞은지 확인하고, 최근에 폭우, 가뭄, 너무 늦거나 이른 서리, 강풍 같은 궂은 날씨가 없었는지 확인해야 한다. 토양 분석도 도움이 될 수 있다. 환경 요인과 그것이 식물에 끼치는 효과에 관한 추가 정보는 제6장에서 확인할 수 있다.

아리사이마 트리필룸 f. 제브리눔*Arisaema triphyllum f. zebrinum*, 미국천남성

이 흥미로운 식물은 추위에 강하지만, 늦봄의 서리는 꽃에 피해를 줄 수 있으므로 주의해야 한다.

날씨로 인한 손상

폭풍우, 눈, 서리

추위나 서리로 인해 죽은 식물은 몇 달 후에 봄이 되었을 때 다시 잎이 돋아나기 시작하다가 갑자기 죽어 버리기도 한다. 잎이 난 가지는 정상처럼 보이더라도 뿌리가 죽어 있으면 잎에서 사라진 양만큼 수분을 다시 빨아들여 보충할 수 없기 때문이다. 서리와 추위는 내한성이 없는 식물이 손상되는 중요한 요인이다. 그러나 내한성이 있는 식물이라도 어린 새 가지가 된서리에 노출되면, 특히 따뜻한 날씨가 이어지다가 갑자기 서리가 내리면 피해를 입을 수도 있다. 이런 사례들에도 불구하고, 증상은 하룻밤 사이에 나타나는 것이 보통이다. 하룻밤 사이에 가장 끝부분이 시들고, 줄기가 말라 죽고, 눈이 변색된다. 서리를 맞은 꽃은 중간에 떨어져 열매를 맺지 못한다.

봄철의 서리와 추위로 인한 피해를 확실히 막으려면, 추위에 약한 식물은 서리의 위험이 완전히 지나간 뒤에만 노지에 심어야 한다. 그리고 서서히 찬 공기를 쐬어 튼튼해지게 하면서 야외 환경에 적응시킨다. 추위에 민감한 식물은 서리 예보가 있으면 원예용 부직포로 냉기를 막아 준다. 진짜 서리는 내리지 않아도 춥고 건조한 바람만으로도 봄철에 식물의 생장이 심각하게 저해될 수 있으므로, 적당한 바람막이를 세우는 것이 중요하다.

가뭄, 폭우, 침수

가뭄은 식물을 물로 인한 압박에 시달리게 하고 시들게 한다. 가뭄으로 뿌리에 심각한 손상을 입었다면, 회복이 되지 않을 수도 있다. 덥고 건조한 시기가 오래 지속되는 동안에는 물을 충분히 주어야 한다. 일주일에 두어 번 뿌리 주변의 토양이 흠뻑 젖을 정

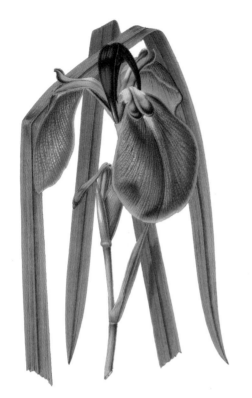

이리스 엔사타Iris ensata, 꽃창포는 마르지 않는 축축한 땅에서 키워야 한다.

도로 물을 주는 것이 날마다 조금씩 물을 주는 것
보다 훨씬 더 이롭다. 멀칭은 토양의 수분을 보존하고
뿌리를 시원하게 유지하는 데 도움이 된다.

폭우, 특히 가뭄이 이어지다가 내린 큰 비는 뿌리
작물과 토마토 열매를 갈라지게 할 수 있고, 감자는
모양이 변하거나 속이 곯을 수도 있다. 토양 속에 유
기물이 많고 멀칭을 해 주면, 급변하는 환경의 영향
을 완화하는 데 도움이 된다.

물이 잘 빠지지 않는 점토 토양에서는 폭우가 내린
뒤에 침수 피해가 생길 수 있다. 식물이 노랗게 변하
면서 성장이 저하될 수도 있고, 한번 침수 피해를 입
고 나면 가뭄과 질병에 더 취약해진다. 토양과 토양의
물 빠짐을 개선하는 것은 이런 문제를 완화하는 데
도움이 된다. 우박은 껍질이 얇은 열매에 균핵병을 일
으키거나 다른 식물 감염병을 유발하는 피해를 가져
올 수 있다. 사과의 한쪽 면에 갈색 반점이나 선의 형
태로 남아 있는 자국은 봄철에 우박을 동반한 폭풍

의 피해를 입었다는 것을 나타낸다.

폭풍우, 눈, 서리 같은 일회적인 날씨도 식물에 피
해를 줄 수는 있지만, 대부분의 피해는 장기간 지속
되는 날씨로 인해 일어난다. 어떤 경우에는 증상이
나타나기까지 몇 주나 몇 달이 걸리기도 한다. 잎이
갈색으로 변하거나 시들거나 말라 죽거나 다른 증상
을 보이면, 항상 지난 12개월 동안의 날씨를 잘 생각
해 보고, 병해충의 흔적도 함께 찾아보아야 한다.

영양 결핍

토양에 양분이 부족하면, 식물이 잘 자라지 않고
잎의 변색 같은 몇 가지 문제가 일어날 수 있다. 이런
문제들은 필수 영양소의 부족이나 과잉 때문일 수도
있고, 영양분은 있지만 토양의 pH가 맞지 않아 식물
이 이용할 수 없게 '묶여' 있기 때문일 수도 있다. 식
물의 영양 결핍을 피하려면, 잘 썩은 유기물을 많이
함유한 건강한 토양을 유지하는 것이 중요하다(제6장
을 보라).

영양 결핍의 주요 증세는 91~93쪽에 설명되어 있
지만, 특정 식물에 적용되는 특별한 증세가 몇 가지
있다. 이를테면, 사과의 고두병은 칼슘 부족으로 인
해 발생한다. 고두병에 걸린 사과는 껍질이 패면서 쓴
맛이 나는 갈색 반점이 생긴다. 토마토와 고추에서는
칼슘이 부족하면 배꼽썩음병이 발생한다. 열매의 배
꼽은 줄기에서 가장 멀리 있는 부분인데, 배꼽썩음병
은 이 배꼽이 썩어 움푹 들어가고 물러지는 병이다.

잎의 반점

잎의 반점은 균류와 세균으로 인한 병 때문에 생
기는 것도 많지만, 생리적인 장애로 인해 나타날 수
도 있다. 이는 상록수나 완전한 내한성을 지니지 않
은 종에서 특히 문제가 된다. 잎의 반점은 대개 자주
색-갈색으로 나타나며, 스트레스를 받는 식물의 전형
적인 증세이다. 잎의 반점은 추위나 습한 겨울이나 찬

바람이나 한파로 인해 나타나기도 하고, 이런 조건이 함께 작용하여 나타나기도 한다. 근래에 심은 식물, 특히 완전히 자라거나 적당히 자란 홀로 서 있는 식물이 더 취약하다.

그린백

토마토 열매에서 초록색의 단단한 부분은 그린백 greenback이라고 하며, 얼룩덜룩하게 익고 내부 조직이 하얗거나 노르스름한 부분은 화이트월whitewall이라고 한다. 두 증상 모두 지나친 빛이나 고온이나 불충분한 영양이 원인이다. 기온 변동이 크면 대부분의 식물이 스트레스를 받기 쉽지만, 특히 콜리플라워는 개개의 낱꽃이 발달하여 쌀알처럼 길쭉해지는 밥풀 현상이 나타나기 시작할 것이다.

부종

부종은 잎에 생기는 코르크질의 반점이다. 부종이라는 이름과 생김새를 보면 병과 연관이 있는 것 같지만, 사실 부종은 물이 과도하게 축적되어 생긴다. 이런 물의 축적은 뿌리에서 빨아들이는 물의 양이 잎에서 빠져나갈 수 있는 물의 양보다 더 많을 때 일어나며, 세포의 파열을 야기한다. 이런 문제는 대체로 물을 지나치게 많이 주거나 배수가 되지 않을 때, 또는 습도가 지나치게 높은 비닐터널이나 온실에서 식물을 기를 때 일어난다. 부종은 동백나무, 푸크시아, 제라늄, 선인장, 다육식물 같은 식물에서 가장 흔하게 나타난다.

크라술라 코키네아 Crassula coccinea, **붉은크라술라**
이 식물은 다년생 다육식물이어서, 물을 지나치게 주지 않도록 관리한다. 특히, 꽃이 피지 않을 때는 건조한 쪽에 비료를 준다.

장애가 되는 돌연변이

일반적으로 기형 또는 키메라라고 불리는 식물 돌연변이는 자연적으로 일어나는 유전적 돌연변이로서, 식물 기관의 외형을 변화시킬 수 있다. 돌연변이는 이상한 색깔의 꽃이나 겹꽃, 얼룩덜룩하거나 줄무늬가 있는 잎과 같은 다양한 방식으로 나타날 수 있다.

대부분의 돌연변이는 무작위로 일어나며, 세포 내에서 생긴 변화의 결과이다. 하지만 추운 날씨나 기온의 큰 변화, 또는 곤충에 의한 손상으로 인해서도 촉발될 수 있다. 돌연변이가 일어났다가 이듬해에 다시 원래 형태로 돌아가는 경우도 드물지 않다. 그러나 만약 돌연변이가 해마다 안정적으로 다음 세대에 전달된다면, 상업적으로 성공을 거둘 수 있는 신품종이 만들어질 가능성도 있다.

꽃식물에는 대화帶化라는 현상이 나타나기도 하는데, 대화는 새 가지나 꽃이삭이 마치 여러 개의 줄기를 눌러 합쳐 놓은 듯한 납작한 띠 모양을 형성하는 것이다. 이런 띠 모양의 새 가지는 종종 길게 자라기도 한다. 대화는 식물 생장점의 비정상적인 활동으로 인해 나타나기도 하고, 무작위적인 유전적 돌연변이, 세균이나 바이러스 감염, 서리나 동물에 의한 손상, 괭이질 같은 기계적인 손상으로 인한 결과일 수도 있다.

대화의 발생은 예측할 수 없고, 대개 줄기 하나에서만 나타난다. 일반적으로 대화가 잘 일어나는 식물로는 델피늄, 디기탈리스, 유포르비아, 개나리, 백합, 프리물라, 버드나무, 베로니카스트룸이 있다. 안정적으로 대화가 나타나는 일부 식물은 번식을 통해 그 형태를 유지하는 재배품종을 만든다. 이런 재배품종으로는 맨드라미(Celosia argentea var. cristata)와 사할린버들 '세카'(Salix udensis 'Sekka')가 있다. 만약 정원에 대화가 생겼는데 모양이 예쁘지 않다면, 깨끗한 전지가위로 제거해야 한다.

베라 스카스-존슨
1912~1999

베라 스카스-존슨Vera Scarth-Johnson은 저명한 식물학자이자 식물화가인 동시에 환경보전 활동가였다. 그녀는 식물학적으로 독특한 식물이 풍부한 오스트레일리아 퀸즐랜드 케이프요크 반도의 쿡타운 주변 지역을 좋아했고, 그중에서도 인데버 강 유역을 특히 좋아했다. 그녀는 많은 오스트레일리아인에게 국보급 인물로 여겨지고 있으며, 그 지역의 동식물 서식지를 소중하게 여기는 사람들에게 영감을 주려고 힘썼다.

스카스-존슨은 잉글랜드 리즈 근처에서 태어났고, 그녀가 다닌

베라 스카스-존슨은 존경받는 식물학자, 식물화가일 뿐 아니라 열정적인 환경보전 운동가이기도 했다.

학교 근처에는 오스트레일리아 동부 해안을 방문한 최초의 유럽인으로 기록된 탐험가 제임스 쿡 선장의 고향이 있었다. 그녀는 상류 사회의 사교술을 가르치는 파리의 여학교에 입학했지만 정원 외에는 학교에 별다른 흥미를 느끼지 못했고, 그다음에는 잉글랜드의 예술대학 두 곳에서 미술을 공부했다.

어릴 적부터 열정적인 정원가이자 식물학자였던 그녀는 간절히 원예 분야에서 일을 하고 싶어 했다. 그러나 여자를 흔쾌히 도제로 받아 주는 고용주를 찾기란 어려웠다. 그녀는 포기하지 않고, 5년 동안 여러 일을 하면서 하트퍼드셔 농업학교의 원예 과정을 충분히 수료할 수 있을 정도의 돈을 마련했다. 학교를 마친 후에는 한 채소 농원에서 일하다가, 마침내 큰 모직공장을 운영하는 할아버지로부터 자신만의 채소 농원을 시작할 수 있을 정도의 자금을 지원받았다.

제2차 세계대전 후, 30대 중반의 스카스-존슨은

제임스 쿡의 영향 때문이었는지 오스트레일리아로 이주했고, 처음에는 빅토리아에 살다 훗날 퀸즐랜드에 정착했다. 여기서 그녀는 채소와 담배, 사탕수수를 길렀고, 여성으로서는 두 번째로 사탕수수 재배 자격을 획득했다. 그녀는 손수 일하는 대단히 근면하고 성실한 농민이었다.

스카스-존슨은 시간이 날 때마다 그 지역에 자생하는 꽃들을 그렸고, 엄청난 양의 식물 표본을 수집했다. 1960년대 중반에 그녀는 한 라디오 인터뷰에서, 큐 왕립 식물원이 세계 전역에 있는 수집가들의 자발적인 도움에 크게 의존하고 있다는 큐 식물원장의 이야기를 들었다. 스카스-존슨은 큐 식물원장에게 도움을 주고 싶다는 내용의 편지와 자신의 그림을 함께 보냈다. 큐 식물원의 식물 표본원과 그녀의 오랜 인연은 그렇게 시작되었다.

스카스-존슨은 모두 자비를 들여 오스트레일리아와 태평양의 섬들을 두루 여행하면서, 오스트레일리아, 영국, 유럽, 북아메리카의 여러 식물 표본원을 위해 식물을 채집했다. 이 주제에 관한 그녀의 열정적인 연구는 많은 식물 표본원에 큰 혜택으로 돌아갔고, 퀸즐랜드 식물 표본원은 총 1,700점 이상의 식물 표본을 기증받았다.

60세가 된 스카스-존슨은 인데버 강 유역의 아름다움에 반해 쿡타운에 정착했고, 그 지역에 자생하는 식물을 채집하기 시작했다. 그녀는 구구-이미티르족 원주민들과 함께 수많은 곳을 찾아다니면서,

식물 종을 발견하고 그 활용법에 관한 정보를 기록했다. 그녀가 이 지역 식물상을 기록하고 그림으로 남기기 시작하도록 영감을 준 것으로 추측되는 인물은, 제임스 쿡 선장의 첫 번째 대항해에 참여하여 식물화를 그린 조지프 뱅크스와 대학 교육을 받은 과학자로서는 최초로 오스트레일리아 대륙을 밟은 대니얼 솔랜더Daniel Solander이다. 안타깝게도 그녀는 파킨슨병에 걸려 더 이상 식물화를 그릴 수 없게 되었고, 모두 160점의 식물화 작품을 남겼다.

스카스-존슨은 외향적이면서 카리스마 넘치는 사람이었다. 그녀는 열정적인 활동가가 되었고, 그녀가 '우리 강'이라고 부르던 지역에 악영향을 끼칠 만한 개발 계획에 대해 적극적인 반대 운동을 벌였다. 인데버 강의 북쪽 기슭에 규사 광산을 만들자는 제안이 있었지만, 그녀가 그런 개발 위협을 사람들에게 알린 덕분에 훗날 인데버 강 국립공원이 만들어질 수 있었다.

니코티아나 타바쿰 Nicotiana tabacum, **담배**
퀸즐랜드에 온 베라 스카스-존슨은 수입원으로서 작물을 기르기 시작했는데, 담배도 그중 하나였다.

바포데스 팔라이놉시스 Vappodes phalaenopsis, **쿡타운난초**
쿡타운난초는 퀸즐랜드 주의 상징화이다. 이 그림에서 스카스-존슨은 프란지파니나무에서 자라고 있는 쿡타운난초를 그렸다.

값을 따질 수 없는 그녀의 식물화 작품은 쿡타운 식물원 내의 네이처스 파워하우스 전시관에 전시되어 있다. 그녀의 바람은 네이처스 파워하우스와 그 소장품들을 통해 사람들이 자연 환경의 가치를 올바로 인식하고 보호하는 것이었다. 오스트레일리아 동부 해안에 위치한 킨쿠나 국립공원에서 가까운 번더버그의 동남쪽에는 그녀의 이름을 딴 베라 스카스-존슨 야생화 보호구역이 있다.

『국가의 보물: 쿡타운과 오스트레일리아 북부의 꽃식물National Treasures: Flowering Plants of Cooktown and Northern Australia』은 스카스-존슨의 그림과 메모, 그 외 다른 정보가 풍성하게 담긴 책이다. 그녀의 다른 저서로는 『따뜻한 동부 해안의 야생화Wildflowers of the Warm East Coast』와 『뉴사우스웨일스의 야생화Wildflowers of New South Wales』가 있다.

스카스-존슨은 예술과 환경에 기여한 공로를 인정받아 오스트레일리아 공훈 메달(OAM)을 받았다.

참고문헌과 웹사이트

Attenborough, D. *The Private Life of Plants.* BBC Books, 1995.

Bagust, H. *The Gardener's Dictionary of Horticultural Terms.* Cassell, 1996.

Brady, N. & Weil, R. *The Nature and Properties of Soils.* Prentice Hall, 2007.

Brickell, C. (Editor). *International Code of Nomenclature for Cultivated Plants.* Leuven, 2009.

Buczaki, S. & Harris, K. *Pests, Diseases and Disorders of Garden Plants.* Harper Collins, 2005.

Cubey, J. (Editor-in-Chief). *RHS Plant Finder 2013.* Royal Horticultural Society, 2013.

Cutler, D.F., Botha, T. & Stevenson, D.W. *Plant Anatomy: An Applied Approach.* Wiley-Blackwell, 2008.

Halstead, A. & Greenwood, P. *RHS Pests & Diseases.* Dorling Kindersley, 2009.

Harris, J.G. & Harris, M.W. *Plant Identification Terminology: An Illustrated Glossary.* Spring Lake, 2001.

Harrison, L. *RHS Latin for Gardeners.* Mitchell Beazley, 2012.

Heywood, V.H. *Current Concepts in Plant Taxonomy.* Academic Press, 1984.

Hickey, M & King, C. *Common Families of Flowering Plants.* Cambridge University Press, 1997.

Hickey, M & King, C. *The Cambridge Illustrated Glossary of Botanical Terms.* Cambridge University Press, 2000.

Hodge, G. *RHS Propagation Techniques.* Mitchell Beazley, 2011.

Hodge, G. *RHS Pruning & Training.* Mitchell Beazley, 2013.

Huxley, A. (Editor-in-Chief). *The New RHS Dictionary of Gardening.* MacMillan, 1999.

Kratz, R.F. *Botany For Dummies.* John Wiley & Sons, 2011.

Leopold, A.C. & Kriedemann, P.E. *Plant Growth and Development.* McGraw-Hill, 1975.

Mauseth, J.D. *Botany: An Introduction to Plant Biology.* Jones and Bartlett, 2008.

Pollock, M. & Griffiths, M. *RHS Illustrated Dictionary of Gardening.* Dorling Kindersley, 2005.

Rice, G. *RHS Encyclopedia of Perennials.* Dorling Kindersley, 2006.

Sivarajan, V.V. *Introduction to the Principles of Plant Taxonomy.* Cambridge University Press, 1991.

Strasburger E. *Strasburger's Textbook of Botany.* Longman, 1976.

웹사이트

Arnold Arboretum, Harvard University
www.arboretum.harvard.edu

Australian National Botanic Gardens & Australian National Herbarium
www.anbg.gov.au

Chelsea Physic Garden, London
www.chelseaphysicgarden.co.uk

Dave's Garden
www.davesgarden.com

International Plant Names Index (IPNI)
www.ipni.org

New York Botanical Garden
www.nybg.org

Royal Botanic Gardens, Kew
www.kew.org

Royal Horticultural Society
www.rhs.org.uk

Smithsonian National Museum of Natural History, Department of Botany
www.botany.si.edu

University of Oxford Botanic Garden
www.botanic-garden.ox.ac.uk

찾아보기

옮긴이 후기

이 책은 오랜 기간 영국의 원예와 정원 문화에서 중추적 역할을 해 온 영국 왕립 원예학회Royal Horticultural Society. RHS가 정원가를 위해 펴낸 식물학 입문서로, 원제는 'RHS Botany for Gardeners'이다. 모두 9장으로 이루어져 있으며, 식물의 종류, 생식, 명명법, 세포 구조와 식물의 형태, 식물 호르몬, 식물의 병, 토양의 성질 등 식물과 연관된 광범위한 내용을 너무 가볍지도, 너무 어렵지도 않게 다룬다. 간간이 실용적인 원예 지식이 곁들여지지만, 식물에 대한 이해를 돕기 위한 수준일 뿐 본격적인 원예서는 아니다. 식물을 잘 기르는 비법 같은 것은 없다. 식물에 대한 이해와 상식을 풍부하게 해 주는 기본적인 식물학 지식을 담백하고 짜임새 있게 잘 담아 놓은, 펴낸이들의 내공이 돋보이는 균형 잡힌 책이다. 식물학자들과 식물화가들의 간략한 일대기를 통해서는 과학사의 일면과 잘 알려지지 않았던 여러 과학자(특히 여성 과학자)의 삶을 엿볼 수 있고, 식물화 그리기를 어엿한 과학 연구의 한 갈래로 인정하는 것이 인상적이다.

간결하고 담백한 책의 내용과는 대조적으로, 거의 모든 쪽이 아름다운 18세기와 19세기 식물화로 화려하게 장식되어 있어 책장을 넘길 때마다 눈이 즐겁다. 마치 '너희는 이런 것 없지?' 하고 말없이 뽐내듯, 그들의 문화와 과학 유산을 한껏 자랑한다. 그러나 그런 자랑스러운 그들의 유산이 세계 전역에서 수탈한 식민주의의 산물이라는 것과 언뜻언뜻 느껴지는 가해자의 반성 없는 시각을 생각하면, 일제강점기 역사를 배운 한국인으로서는 조금 씁쓸하고 불편한 부분도 있다.

그럼에도 식물을 사랑하는 사람, 식물에서 일어나는 여러 현상을 배우고 싶은 사람에게는 매우 유용한 책이다. 이 책은 첫 장부터 차근차근 읽어도 좋고, 옆에 두고 아무 때나 아무 쪽이나 펼쳐 읽어도 좋다. 식물학이나 원예에 관심 있는 사람에게 이 책은 더 높은 단계의 식물학 지식으로 발돋움할 수 있는 좋은 발판이 되어 줄 것이다.

그래서 모쪼록 많은 이들이 쉽게 펼쳐 볼 수 있는 책이 되기를 바라면서, 어려운 용어가 걸림돌이 되지 않고 쉽게 읽힐 수 있도록 옮겨 보려고 노력했다. 그런 의도가 독자들에게 잘 전달되었으면 좋겠다. 이 책에 소개된 식물의 국명은 '국가 표준 식물 목록'에 올라 있는 이름을 우선적으로 따랐다. 국가 표준 목록에 없을 때는 두루 쓰이는 이름을 썼고, 더러는 특징이나 유연관계를 참고해 직접 짓기도 했다. 개인적으로는 꽤 오래전에 들었던 식물학 수업의 기억이 새록새록 떠올라서 무척 즐거운 시간이었다.

가드닝을 위한 식물학

정원을 가꾸는 이들과 숲을 산책하는 이들이 궁금해하는 식물의 모든 것

초판 1쇄 발행 | 2021년 11월 25일
초판 3쇄 발행 | 2024년 3월 15일

지은이 | 제프 호지
옮긴이 | 김정은

펴낸곳 | 도서출판 따비
펴낸이 | 박성경
편   집 | 신수진, 정우진
디자인 | 이수정

출판등록 | 2009년 5월 4일 제2010-000256호
주소 | 서울시 마포구 월드컵로28길 6(성산동, 3층)
전화 | 02-326-3897
팩스 | 02-6919-1277
메일 | tabibooks@hotmail.com
인쇄·제본 | 영신사

잘못된 책은 구입하신 서점에서 바꾸어 드립니다.

ISBN 978-89-98439-95-8 03480
값 22,000원